U0873733

新编21世纪
高等职业教育精品教材

经贸类通用系列

大数据技术应用基础

主　编　蒲　凌　蔡大勇　李增欣
副主编　荣新艳　李雁行　马丽娟　钟伟萍
　　　　李　波　刘祥羊　季振凯　姚　炯

DASHUJU
JISHU YINGYONG
JICHU

中国人民大学出版社
·北京·

图书在版编目（CIP）数据

大数据技术应用基础 / 蒲凌，蔡大勇，李增欣主编．北京：中国人民大学出版社，2025. 3. --（新编 21 世纪高等职业教育精品教材）. -- ISBN 978-7-300-32987-1

Ⅰ. TP274

中国国家版本馆 CIP 数据核字第 2024AU1901 号

新编 21 世纪高等职业教育精品教材・经贸类通用系列

大数据技术应用基础

主　编　蒲　凌　蔡大勇　李增欣

副主编　荣新艳　李雁行　马丽娟　钟伟萍　李　波　刘祥羊　季振凯　姚　炯

Dashuju Jishu Yingyong Jichu

出版发行	中国人民大学出版社		
社　　址	北京中关村大街 31 号	**邮政编码**	100080
电　　话	010－62511242（总编室）		010－62511770（质管部）
	010－82501766（邮购部）		010－62514148（门市部）
	010－62515195（发行公司）		010－62515275（盗版举报）
网　　址	http://www.crup.com.cn		
经　　销	新华书店		
印　　刷	北京溢漾印刷有限公司		
开　　本	787 mm×1092 mm　1/16	**版　　次**	2025 年 3 月第 1 版
印　　张	13	**印　　次**	2025 年 3 月第 1 次印刷
字　　数	305 000	**定　　价**	38.00 元

Preface 前言

全球范围内，数据已成为重组要素资源、重塑经济结构、改变竞争格局的关键力量，是加快经济社会发展质量变革、效率变革、动力变革的重要引擎。大数据作为战略新兴数字产业，从 2014 年被写入政府工作报告至今，已陆续出台了大数据行动纲要、大数据产业发展规划和数字经济相关产业政策，推动了我国大数据行业的快速发展。党的二十大报告提出，“加快发展数字经济，促进数字经济和实体经济深度融合”。大数据产业已成为我国数字经济发展的重要构成和支撑经济社会发展的优势产业。

在行业方面，信息技术的快速发展和应用已打破传统的行业界限，“大智移云物区”等新兴数字技术加速向企业渗透，数字化转型已成为财经服务行业发展变化的新方向，对企业从业人员的能力提出了更高要求。财经专业人才除了要具备基本的岗位职业素养和扎实的专业技能，还需要具备优良的数字素养。

大数据技术和应用型人才是产业、行业、企业数字化转型的关键。2022 年 9 月，教育部发布了《职业教育专业简介（2022 年修订)》，从中可明显看出国家对数字化人才培养的导向。《职业教育专业简介（2022 年修订)》明确要求财经商贸类专科层次的资产评估与管理专业、政府采购管理专业、大数据与财务管理专业、大数据与会计专业、大数据与审计专业、会计信息管理专业新增开设“大数据技术应用基础”课程作为专业基础课，要求职业本科层次的大数据与财务管理专业、大数据与审计专业分别新增开设“数据库基础”和“大数据技术应用基础”课程作为专业基础课。掌握大数据的基础知识和基本技能，培养大数据的思维方式，已成为职业院校学生的必修内容。

顺应以数据生成、采集、存储、加工、分析、服务为主的大数据产业发展，基于大数据时代对专业人才能力培养的新需求，编者为高职院校财经类专业学生量身定制，编写了这本入门教材《大数据技术应用基础》。首先，本书紧紧围绕大数据技术入门和基础教育理念，按照数据处理的流程向学生介绍在不同数据处理阶段可以运用的主要处理方法和工具，帮助学生熟悉大数据基础知识、大数据技术及处理分析工具，让学生对大数据有一个基本而全面的认知，为后续深入学习其他大数据课程打下基础；其次，本书以立德树人、德技兼修为主要目标，在每个项目中设置拓展知识和素养课堂板块，集专业知识、专业技能培养、立德树人于一体。此外，本书配套了丰富的微课、视频、动画等在线教学资源，学生扫描二维码即可获取和学习。

本书在内容设置上，主要包括以下几部分：

项目一主要介绍大数据的概念、分类、特征等相关基础知识，以及专业术语和大数据常用的技术和工具。

项目二主要介绍大数据发展的历程、大数据思维方式和数字公民应具备的数字素养等内容，培养学生的大数据思维。

项目三到项目六着重介绍大数据在采集与预处理、存储与管理、分析与挖掘、可视化等数据处理过程中采取的技术和方法，培养学生基本的大数据处理技能。

项目七着重介绍大数据时代存在的数据风险，提醒大家在享受大数据带来的便捷的同时，一定要谨慎、正确地使用大数据，做好数据保护，维护数据安全。

本书由蒲凌、蔡大勇和李增欣担任主编，由荣新艳、李雁行、马丽娟、钟伟萍、李波、刘徉羊、季振凯和姚炯担任副主编。各项目编写分工如下：秦皇岛职业技术学院的蒲凌、钟伟萍、荣新艳和李雁行分别编写了项目一、项目二、项目五和项目六，河北对外经贸职业学院的马丽娟和刘徉羊分别编写了项目三和项目七，河北能源职业技术学院的李波编写了项目四，秦皇岛职业技术学院的蔡大勇与李增欣、河北建材职业技术学院的姚炯及厦门网中网软件有限公司的季振凯全程参与本书编写指导。在本书的编写过程中，还得到了厦门网中网软件有限公司的其他人员和中国人民大学出版社相关编辑的大力支持和帮助，在此表示诚挚谢意。

由于我们的理论水平和专业知识有限，书中难免出现不足和错误，恳请读者批评指正。

编者

Contents 目录

项目一 大数据概述

学习目标

知识目标：

(1) 掌握数据的概念和类型；

(2) 掌握大数据的概念、分类和特征；

(3) 了解大数据处理的相关工具和技术。

能力目标：

(1) 理解数据的价值；

(2) 理解传统数据处理技术与大数据处理技术的区别；

(3) 把握大数据的发展趋势。

素质目标：

(1) 持续学习，适应不断涌现的新技术、新产业、新业态、新模式；

(2) 勇于创新，服务国家战略、经济发展和产业升级转型需要；

(3) 勇于承担时代赋予的伟大使命，树立为中华民族伟大复兴而奋斗的志向。

项目综述

随着信息技术的迅猛发展和互联网的快速普及，人类社会已经进入了一个数据爆炸时代，各行各业每时每刻都会产生和制造大量数据。

数据的种类和形式多样，主要包括文本、音频、视频、图像、位置信息、浏览记录等，这些规模巨大、类型多样、价值密度低、时效性强的数据集合就是大数据。对于商业企业来说，利用大数据可以更加精准地挖掘用户的真实需求，实现企业经营业绩的提升。同时，大数据还可以广泛应用于政务、农业、工业、教育、金融、医疗、交通、旅游、电信等领域，进而为国民经济的发展带来新的推动力。

但是，大数据的规模和种类的爆炸式增长已经使传统的数据处理方法无法胜任处理和分析工作，因此大数据技术应运而生。大数据技术是指对这些数据进行采集、存储、管理、分析和应用的技术、方法和工具。

任务一　数据认知

引导案例

大数据行业发展现状及趋势分析

◎**案例描述**

大数据（Big Data）是指无法在一定时间内用常规软件工具对其内容进行抓取、关联和处理的大量而复杂的数据集合，是超过传统数据库系统处理能力的数据，需要运用新的处理和分析模式才能使之成为具有更强决策力、洞察发现力和流程优化能力的信息资产。

2023年5月23日，国家互联网信息办公室发布了《数字中国发展报告（2022年）》。报告显示，数据资源规模快速增长，2022年我国数据产量达8.1ZB，同比增长22.7%，全球占比达10.5%，位居世界第二；我国大数据产业规模达1.57万亿元，同比增长18%。

工业和信息化部发布的《“十四五”大数据产业发展规划》明确指出，到2025年，大数据产业规模预计将会突破3万亿元，年均复合增长率保持在25%左右，创新力强、附加值高、自主可控的现代化大数据产业体系基本形成。

大数据产业是以数据生成、采集、存储、加工、分析、服务为主的战略性新兴产业，是加快经济社会发展质量变革、效率变革、动力变革的重要引擎。

从大数据产业链上下游来看，大数据行业上游是基础支撑层，主要包括网络设备、计算机设备、存储设备等硬件供应；大数据行业中游立足海量数据资源，围绕各类应用和市场需求，提供辅助性的服务，包括数据交易、数据资产管理、数据采集、数据加工分析、数据安全，以及基于数据的IT运维等；大数据行业下游则是大数据应用市场，随着我国大数据规模和技术水平的不断提升，目前大数据已广泛应用于政务、工业、金融、医疗、交通、电信和空间地理等行业。

◎**案例解析**

如今，大数据作为一种重要的战略资产，已经不同程度地渗透到每个行业领域和部门，其深度应用不仅有助于企业经营活动，还有利于推动国民经济发展。它在推动信息产业创新、应对大数据存储管理挑战、改变经济社会管理面貌等方面都意义重大。

知识学习

一、什么是数据

数据是客观世界的测量和记录。一切皆可数据化，正如“大数据之父”维克托·迈尔·舍恩伯格所言，世界上的一切事物都可看作是由数据构成的，一切皆可“量化”，都可以用编码数据来表示。数据是人类分析和解构世界的基本角度和元素。它可以是一串数字、一张表格、一个名称，或者是一段记录的文字等。

（一）数据的概念

按照2022年中国信息通信研究院发布的《数据要素白皮书（2022年）》，广泛意义上，数据（Data）就是对事实/活动等现象的记录。《辞海》（第七版）将数据定义为“描述事物的数字、字符、图形、声音等的表示形式”。按照《中华人民共和国数据安全法》中给出的定义，数据是指任何以电子或者其他方式对信息的记录。

一般意义上，数据是指以符号形式存储的信息。它可以是数字、文字、图像、声音等形式，记录和描述事物的属性、关系和行为。由此可见，数据本身可以有丰富的表现形式。

（二）数据的表现形式

数据一直伴随着人类的发展而变迁。在古代，数据呈现出规则化汇聚的特征。例如，我国古代的黄册（全国户口名册）、天文观测记录等均以特定规则进行登记造册，它们对人类社会和物理世界的性质、状态与相互关系进行的记录和计算，都是宝贵的古代数据遗产。计算机问世后，数据与计算机编码产生了重要联系。凡可被编码为一系列0和1组成的二进制记录，都是计算机可处理的数据。早期计算机的采集、存储、计算技术尚不成熟，只能有效处理行列结构明确的数据表，此时数据更多指代这类结构化数据。近十几年来，数据存储、传输和计算的性能不断突破，数据管理、数据处理技术快速迭代，网页、声音、图像等半结构化、非结构化数据也逐渐得到有效处理和利用。

（三）数据的性质

人类社会已经从农业经济、工业经济进入了数字经济时代。农业经济时代的核心生产要素是土地，工业经济时代的核心生产要素是技术和资本，数字经济时代的核心生产要素就是数据。

数据作为一种新兴生产要素，是一种技术产物，其与土地、劳动、资本、技术等传统生产要素相比，具有独特的虚拟性、低成本复制性、主体多元性、非排他性和异质性。

数据具有虚拟性。土地、劳动力等传统生产要素是看得见、摸得着的物理存在，数据是一种存在于数字空间中的虚拟资源。

数据具有低成本复制性。数据作为数字空间中的存在，表现为数据库中的一条条记录，而数据库技术和互联网技术又使得数据可以以相对较低的成本无限复制自身，在数字空间中发生实实在在的转移。

数据具有主体多元性。数字空间中的每条数据可能记录了不同用户的信息，数据集的采集和汇聚规则又是由数据收集者设定的，用户、收集者等主体间存在复杂的关系。同时，数据使用者也会对数据资源进行一定程度的加工，每一次增删改的操作都会使数据集发生改变，从某种意义上说，这些数据加工者也是数据构建的主体之一。

数据具有潜在的非排他性。土地、劳动、资本等生产要素具有明显的竞争性和排他性，而数据可以被低成本复制，同一组数据能同时被多个主体使用，额外的使用者并不会对数据产生量和质的损耗，也不会影响其他数据使用者的使用。

数据具有异质性。同一数据对不同使用者和不同应用场景的价值不同，一个领域高价值的数据对另一领域来说可能一文不值。与数据形成鲜明对比的是资本，资本是均质的，每份资金都有相同的购买力，对所有主体同质。

拓展知识

1-1 数据、信息、知识和智慧

数据、信息、知识和智慧

数据、信息、知识和智慧是人类认识事物的四个层次。

数据（Data）是信息的来源和基础，是反映客观事物属性的记录，这些记录不仅包括数字，还包括字符、文字、图形等。

信息（Information）是隐藏在数据背后的规律，是对客观世界各种事物特征的反映，是关于客观事实的可通信的知识，需要人类的挖掘和探索才能够发现。数据本身没有意义，需要经过加工处理之后，才能成为信息，是信息的具体表现形式，而信息需要经过数字化转变成数据才能存储和传输。

知识（Knowledge）是一种理解、掌握和运用信息的能力，是由人们通过学习和积累获得的，形成能够运用于实践的经验和智慧，具有系统性、规律性和可预测性。

智慧（Wisdom）是对知识的深度挖掘和整合，需要将已有的知识体系与实际应用情境相结合，并从中提炼出有效的解决方案。

知识与智慧是人类认知的高层次，它们的区别在于，知识更多的是对已知事物的认识和了解，智慧则涉及高度的创造性和创新性，是对未知事物的理解和处理。

数据、信息、知识和智慧是相互补充、相互促进的。数据是信息的基础，信息是知识的来源，知识进一步提高了人们获取、利用和分析数据和信息的能力，获得智慧则可以进一步完善已有的知识体系，从而实现认知的不断深化和进步。DIKW 模型金字塔结构图如图 1-1 所示。

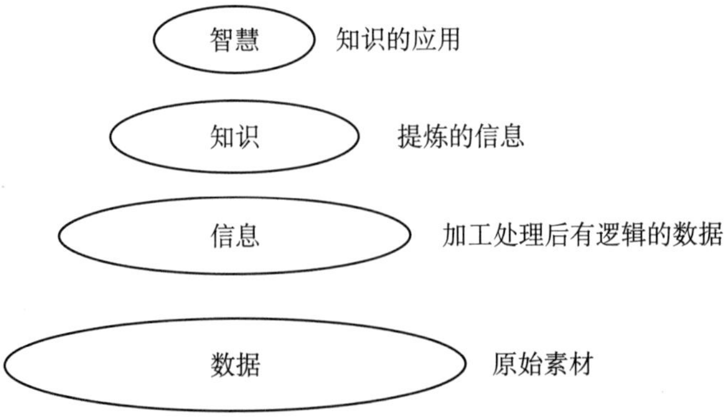

图 1-1　DIKW 模型金字塔结构图

二、数据的类型

数据可以按照不同的标准进行分类，常见的分类方式有以下几种：

（一）按收集方法分类

（1）观测数据。观测数据是通过直接调查或测量得到的数据，几乎所有与社会经济现象有关的统计数据都是观测数据，如 GDP、CPI、房价等。

（2）实验数据。实验数据是通过在实验中控制实验对象以及其所处的实验环境收集到的数据，比如，某种新产品使用寿命的数据，一种新药疗效的数据等。自然科学领域的数据大多都是实验数据。

（二）从使用者的角度分类

（1）一手数据。一手数据是来源于数据使用者亲自参与调查和科学实验得到的数据，对使用者来说，这是直接来源数据。

（2）二手数据。二手数据是来源于别人调查或实验的数据，对使用者来说，这是间接来源数据。

（三）按来源分类

（1）原始数据。原始数据指直接从事物中获取的数据，如企业的财务数据、股票交易数据等。

（2）派生数据。通过对原始数据进行加工处理后得到的平均值、相对数等数据是派生数据，如资产负债率行业均值、股价涨跌幅等。

（四）按数据类型分类

1. 定性数据

定性数据又叫分类数据，主要用于确定数据的属性，不支持算术运算，只用于说明事物的品质，可以是文字或数字。包括以下两类数据：

（1）无序数据。比如，人的性别一般分为男和女两类，可以把它们记为 0 和 1；学生的成绩可以分为及格和不及格。为了便于理解，一般可按惯例来定义，也可以按具体的业务需求来处理。该类数据用数字表示时其数值仅表示不同类别的品质是什么，而不表示量的顺序或大小，该类数据尺度的数学特征是“＝”或“≠”。

（2）顺序数据。比如，企业经营业绩可以分为优、良、中、差四个级别，可以用 1、2、3、4 来标识这几种分类。此时的数值也不能用于表明级别的量，仅能表明其等级差异，该类数据尺度的数学特征是“＞”或“＜”。

2. 定量数据

定量数据又称为数值型数据，主要用于说明事物的数量，形式是数字，按数值是否连续可以划分为两类：

（1）离散型数据。离散型数据通过计数得到，其数值只能用自然数或整数单位计算。比如，2023 年第一季度全市 100 家大中型企业中仅有 45 家企业上年同季环比增长速度为正；北京市去年净流出 200 万人，今年净流出 100 万人。它不仅能区分不同类型的事物，还能对其进行排序和数学运算。

（2）连续型数据。在一定区间内可以任意取值的变量，其数值是连续不断的，相邻两个数值可作无限分割，即可取无限个数值。比如，企业的营业收入金额可以是 99.50 万元、100.11 万元、105.15 万元。

拓展知识

数据的质量

数据质量的好坏直接决定数据分析的成功与否。评价数据的质量主要从内容质量、表述质量、约束标准三方面着手。

1. 内容质量

内容质量是数据最基本的特征，包括相关性、准确性、及时性，这是数据质量的基本特征，缺少其中一个，数据就失去了转化为信息的作用。

（1）相关性。

相关性指数据是否为用户感兴趣的统计数据，它反映了数据满足需求的程度。对相关性的评价是主观的，会随用户需求目标的改变而改变，所以要平衡不同用户的需求目标，在给定的资源条件限制下，尽可能满足大部分用户的大部分需求。

（2）准确性。

准确性指观测值或估计值与未知的真实值之间的距离（接近程度），通常用统计误差来衡量，它是数据质量的基础和核心。数据的准确性会受预算成本、环境等各种因素制约，很难做到完全准确。因此只要误差为用户可以接受的程度即可。

（3）及时性。

与用户需求相关且准确的数据，如果没有在用户做出决策之前完成传递，那么该数据对用户来说是无用的。因此，及时性也是衡量统计数据能否满足用户需求的重要特征。如果现象变化较快，则对该类数据的及时性要求高；如果现象变化较缓慢，则对该类数据的及时性要求低。

2. 表述质量

仅考虑数据内容的质量是不够的，还应考虑表述的质量问题。比如，单个数据的内容是正确的，但表述不清晰、不充分，就会影响整套数据的质量，甚至引起误解。统计数据的表述质量可用可比性、可衔接性和可理解性三者来衡量。

（1）可比性。

可比性是指同一项目的统计数据在时间上、空间上的可比程度。要求统计的概念和方法要相对稳定，使用统一的统计制度方法和分类标准，确保统计数据的口径范围、计算方法一致。

（2）可衔接性。

可衔接性是指同一统计机构内部不同项目、不同机构及与国际组织间统计数据的衔接程度。要求所有专业统计项目在统一的统计框架体系、分类标准下，按统一的方法统计、调查、加工整理，使用统一的方法和程序，同时采用国际统计标准，如国际标准时间等。

（3）可理解性。

可理解性是指统计数据便于用户正确理解、使用的程度。如果用户看不懂数据和分析报告，也就谈不上使用数据。

3. 约束标准

在实现统计数据目标的过程中，除了注意统计数据的内容质量和表述质量，还需注意以下两项约束标准。

（1）可取得性。

可取得性是指用户获取数据的便利程度。统计数据必须以一种用户方便使用且能够负担的形式提供给用户。

（2）有效性。

有效性指利用统计数据所产生的效益要大于提供该数据的成本。在数据的其他质量不受较大影响的前提下，应尽可能降低数据的生产费用，提高效率。

三、数据的价值

2020 年 4 月 9 日，《中共中央 国务院关于构建更加完善的要素市场化配置体制机制的意见》（以下简称《意见》）印发。《意见》将数据作为与土地、劳动力、资本、技术并列的生产要素，并进一步提出加快培育数据要素市场，充分挖掘数据要素价值。数据可以像土地一样进行定价、确权和买卖，其作为国民经济中基础性战略资源的地位日益凸显。

数据到底有什么价值？

数据本身并不具备任何含义，但通过适当的解读和分析，数据可以转换为有用的信息，为决策和行动提供支持。因此，数据的价值归根到底是能帮助人们建立对事物的洞察和做出正确的决策，具体包括以下四个方面：

（一）帮助人们获得知识和洞察

用数据可以完成对事物的精准刻画，帮助人们全面了解事物的本身面目，从而减少信息的不对称，帮助人们获得新的知识和洞察。在数据的支持下，人们实现了从“不知道”到“知道”，从“不清晰”到“清晰”的转变。

（二）帮助人们做出正确的决策

数据的作用还在于引导人们发现和认识问题，并做出正确的判断与决策，告诉他们应该做什么、怎么做，让人们通过分析做出正确的决策。

（三）帮助人们快速做出决策

在瞬息万变的市场环境中，机遇稍纵即逝，数据可以帮助人们快速地判断并做出决策，缩短人们做决策的时间耗损，降低决策成本，提高决策效率。特别是在信息爆炸的万物互联时代，数据能帮助人们在纷繁复杂的信息网络中，抽丝剥茧、条分缕析，帮助人们快速找到“确定性”的路径和决策，在激烈的市场竞争中赢得“时间差”优势。

（四）帮助人们少犯错误

人们通过统计与分析数据，预测未来即将发生什么，发生的概率是多大。人们通过数据发现异常状况时，可以实时预警，帮助降低决策风险，及时止损，减少试错成本。

总的来说，数据在现代社会中有着重要的作用和价值。人们通过数据分析和挖掘可以发现数据中蕴含的趋势和规律，从而为决策提供依据和指导。数据还可以帮助人们展开预测和预测分析，帮助人们做预案，这是数据最核心的价值。

需要注意的是，数据的质量、准确性和完整性是影响数据分析结果价值的重要因素，当数据不具备质量、准确性和完整性时，分析结果将会毫无意义。此外，数据的隐私和安全问题也需要注意，需要确保使用数据的合法性和保密性，避免产生违法行为。

拓展知识

1－2 大数据的价值-动画

数据价值三要素

1. 收入

为什么很多广告商对百度的付费搜索广告非常依赖？因为百度的付费搜索广告确实为它们带来了收入的增加。为什么百度可以做到这点？一个最基本的原因是，通过对用户搜索数据的深入分析，理解用户意图，进行精准匹配。所以，对于诸如医疗、教育、电商等行业而言，百度的广告投入能够直接带来销售收入。

2. 支出

呼叫中心最重要的成本是什么？人工坐席成本。如果通过数据分析可以精确把握电话呼入量的规律，就可以合理安排坐席，包括应该安排多少全职坐席、多少兼职坐席。

为此，数据分析可以通过研究电话呼入量与星期几的关系、与一天中时间段的关系、与企业重大市场行为的关系，甚至与天气状况之间的关系来解决这个问题。如果技术进一步提高，可以通过准确的语音数据分析理解客户意图。那么这能带来多大的成本节省？是不是人工坐席成本就可以被彻底省略了？

3. 风险

很多商业银行都有网上申请系统，允许用户通过互联网直接申请信用卡或者其他金融信贷产品。为什么要在网上做？因为流量大、成本低、效率高，但缺点是风险比较大，而且有些通过线下面签才能提供的材料无法获得。怎么办？那就只能提高在线申请的门槛，降低通过率。这样做的优点是安全，把“坏人”拦在外面，而缺点是“错杀”了很多“好人”。而“好人”之于银行就是客户，就是收入。为什么会错杀“好人”？因为不了解他们，缺乏信任，无法实现风险管控。这是一件非常遗憾的事情。

如果能够为这家银行提供独特的数据分析，帮助它更加准确地区分哪些线上申请者是

“好人”，哪些是“坏人”，银行就可以放心大胆地给更多的人发卡放贷，进而增加收入。数据分析这样的价值是如何实现的？主要通过把控风险提高收入。同时，因为风险把控做得好，坏账率就低，所以还节省了催收成本。

四、数据的生命周期

1－3 大数据也有生命周期

数据如同企业其他资产一样，也具有生命周期。企业只有充分地认识数据的全生命周期，才能更好地描述、衡量、量化和管理数据。特定的数据所经历的生命周期由实际的业务场景所决定，并非所有的数据都会完整地经历每个阶段。根据看待问题的角度不同，数据的生命周期可分为静态数据的生命周期和动态数据的生命周期。

（一）静态数据的生命周期

（1）生成期。数据的生成阶段包括 Who（由谁生成）、When（生成时间）、Where（生成地点）以及 How（如何生成）。数据的生成无时无刻不在进行，一旦开始将几乎无法进行人为干预。因此，如果没有事先指定数据生成规则就会导致数据生成失控，从而严重影响数据使用的安全性。

（2）活动期。数据生成后，将会被用于查询、更新、聚合、复制等各种活动方式。不同数据的活动期差异度很大，不是所有数据都具有活动期，如很多日志数据生成后就直接进入归档期。

（3）衰退期。数据活动一段时间后，数据的使用强度开始逐步降低，往往会经过多个阶梯式降低的阶段。数据进入衰退期后，活动会日益减少，如果某组数据突然出现剧烈活动，则可能预示着数据价值的再发现或数据安全性事件的发生。

（4）归档期。当数据访问进入非常稀疏的阶段，并禁止数据被更新时，就认为其进入归档期。由于数据会存在价值再发现的过程，因此归档期的数据可能存在再次进入活动期的可能性。归档数据往往容易出现监管不足的问题，因此需要对其进行周全的保护。

（5）销毁期。当数据已经没有使用或被监管的价值时，就需要被销毁，一次性降低成本和数据安全风险。从数据安全的角度来看，销毁操作必须是符合预期的。

（二）动态数据的生命周期

（1）数据采集。数据采集指在业务操作过程中，对数据进行采集、输入、生成等过程。对于组织机构而言，数据的采集既包含在组织机构内部系统中生成的数据，也包含组织机构从外部采集的数据。数据采集的范围包括语音数据、图片数据、视频数据、用户上网行为埋点、设备地理位置信息、业务或管理系统日志、可穿戴设备等生活信息和网站信息等。在这个阶段，需要对数据进行格式化、标准化、验证等处理，以确保数据的完整性、准确性和一致性。

（2）数据存储。数据存储指将数据保存到存储介质中，如数据库、文件系统、云存储等。根据数据热度不同，对存储量、时效性、读写查询性能等差异性要求，应当选择合适的存储技术。存储技术分为传统关系数据库、分布式关系数据库、NoSQL存储、消息系统、文件系统等。在这个阶段，需要对数据进行备份、恢复、加密、压缩等处理，以确保数据的安全性和可用性。

（3）数据处理。数据处理指对数据进行分析、计算、转换等操作，以提取有价值的信息。在这个阶段，需要使用各种算法和工具，例如数据挖掘、数据清洗、数据治理、机器学习、数据模型设计、大数据处理等，以实现数据的价值最大化。

（4）数据传输。数据传输指数据在组织机构内部从一个实体通过网络流动到另一个实体的过程，如网络传输、文件传输等。在这个阶段，需要对数据进行压缩、加密、验证等处理，以确保数据的完整性和安全性。

（5）数据交换。数据交换指将数据分享给其他人或组织，以实现信息共享和协作。在这个阶段，需要对数据进行权限管理、访问控制等处理，以确保数据的保密性和隐私性。

（6）数据销毁。数据销毁指将数据从存储介质中删除或销毁，使数据彻底消失且无法通过任何手段恢复，以确保数据不被滥用或泄露的过程。在这个阶段，需要对数据进行彻底清除和覆盖，以确保数据的不可恢复性。

随着存储成本的进一步降低，很多企业采取了“保留全部数据”的策略，然而从价值成本角度来说，存储超过业务需求的数据未必是一个好选择。

拓展知识

数据生命周期管理的实践价值

随着数据爆发式的增长，越来越多的企业认识到数据的重要性，把数据当作数据资产。但数据不等于数据资产，只有以合理、易用、安全和易于理解的方式组织起来，能为业务注入有效价值的数据才能作为数据资产。

企业进行数据生命周期管理，具有以下几方面的实践价值：

第一，降低成本。数据成本和效率之间本身存在矛盾，很多公司在做大数据时会用空间换时间，随着数据的增长，如不及时进行管理和存储，最终会影响计算效率，导致成本及存储空间不断增长。

第二，规避风险。在对数据进行监管和审计时，会对相关数据进行保留，在客户丢失个人信息时，可以进行全程追溯，做到风险规避。

第三，提高数据质量。数据管理的重要目标之一就是提升数据的质量，不通过全生命周期管理数据很难保证数据整体的质量水平，在系统前期建设和开发过程中需要制定完善的业务规则和标准，保证得到高质量的数据。

第四，价值最大化。不做全生命周期管理则无法从数据上着眼价值和利益的最大化，企业在投资项目前可以通过数据看到产品背后的成本和预期收益，从而对投资是否合理作出判断。

任务二　大数据认知

引导案例

大数据在生活中的应用

◎案例描述

大数据已经渗透到了人们生活的方方面面，下面以从早到晚的时间线来举例说明。

清晨：

(1) 闹钟提醒。根据你的睡眠习惯和历史数据，闹钟会在最合适的时间响起，避免打扰你的休息。

(2) 天气预报。通过实时收集和分析天气数据，大数据可以预测未来的天气情况，帮助你提前做好出行安排。

(3) 新闻推荐。根据你的阅读习惯和兴趣，新闻 App 会为你推送最相关的新闻，让你了解实时热点。

(4) 健康管理：通过监测你的生理数据（如心率、血压等），大数据可以为你提供个性化的健康建议。

上午：

(1) 日程安排。大数据可以帮助你合理安排工作和生活，提醒你重要的日程安排，确保不遗漏任何事情。

(2) 社交互动。通过分析你的社交行为和喜好，大数据可以帮助你找到志同道合的朋友，拓展社交圈子。

(3) 交通规划。通过分析实时交通数据，大数据可以为你提供最佳的出行路线和时间，避免拥堵。

(4) 在线购物。大数据可以分析你的购物历史和偏好，为你推荐最符合需求的商品，节省你的时间和精力。

中午：

(1) 餐饮推荐。通过分析你的饮食习惯和口味，大数据可以为你推荐附近的餐厅和菜品，满足你的口味需求。

(2) 健康管理。大数据可以分析你的饮食数据，为你提供饮食建议，帮助你保持健康的饮食习惯。

下午：

(1) 办公协作。通过实时共享和分析团队成员的工作数据，大数据可以提高团队的协作效率，确保项目按时完成。

(2) 金融管理。大数据可以帮助你管理财务，分析投资风险，为你提供个性化的理财建议。

(3) 娱乐推荐。大数据可以分析你的娱乐行为和兴趣，为你推荐最符合你喜好的电影、音乐、游戏等。

晚上：

(1) 学习计划。通过分析你的学习数据，大数据可以为你制订个性化的学习计划，帮助你提高学习效果。

(2) 睡眠管理。通过分析你的睡眠数据，大数据可以为你提供改善睡眠质量的建议，让你拥有更好的睡眠体验。

(3) 健康管理。大数据可以分析你的运动数据，为你提供运动建议，帮助你保持健康的生活方式。

◎案例解析

从早到晚，随时随地，大数据都可以为我们的生活和工作提供便利，帮助我们做出更便捷高效的决策。随着大数据技术的持续发展，在未来，大数据将会渗透到人类社会的方方面面，广泛地应用于各个行业和领域，为我们提供宝贵的数据和信息资源，推动社会的创新和发展。

知识学习

一、什么是大数据

大数据是 1980 年由美国著名未来学家阿尔文·托夫勒最早在《第三次浪潮》一书中提出的，他称赞大数据是第三次浪潮中最华彩的乐章。

大数据本身是一个比较抽象的概念，从字面意义看，它表示数据规模的庞大。但仅仅是数量上的庞大并不能区分大数据和以往的“海量数据”（Massive Data）、“超大规模数据”（Very Large Data）等。针对大数据，目前存在多种不同的理解和定义。

2008 年，维克托·迈尔·舍恩伯格和肯尼斯·库克耶在《大数据时代》一书中为“大数据”下了定义。他们认为，大数据是指对所有数据进行整体分析处理，而不是采用随机分析法，即抽样调查进行分析。

麦肯锡全球研究所针对“大数据”给出的定义是：大数据指的是大小超出常规的数据库工具获取、存储、管理和分析能力的数据集。但它同时强调，并不是说一定要超过特定 TB 值的数据集才能算是大数据。

维基百科对“大数据”的解读是：大数据（Big Data），也称巨量数据、海量数据、大资料，指的是所涉及的数据量规模巨大到无法通过人工，在合理时间内截取、管理、处理、整理成为人类所能解读的信息。

百度百科对“大数据”的定义为：大数据（Big Data），也称巨量资料，指的是所涉及的资料量规模巨大到无法通过目前主流软件工具，在合理时间内撷取、管理、处理、整理成为帮助企业经营决策的资讯。

按照美国国家标准与技术研究院（National Institute of Standards and Technology，NIST）发布的研究报告的定义，大数据是用来描述我们在网络的、数字的、遍布传感器的、信息驱动的世界中呈现出的数据泛滥的常用词语。大量数据资源为解决以前不可能解决的问题带来了可能性。

大数据是一个宽泛的概念，不同人的观点可能都不一样。在综合各家观点的基础上，我们认为，大数据（Big Data）是一种海量数据集合，在处理、分析和存储这些信息的过程中，超出了传统数据处理软件的处理能力，需要运用新的数据分析模式来提升决策能力、洞察力和流程优化能力的庞大、多样化和高增长率的数据资产。这种数据通常被称为“非结构化”或“半结构化”数据，因为它们可能包含多种类型的信息，如文本、图片、音频、视频等，而不是像传统数据那样多以结构化的方式存储。

大数据的价值不仅仅在于其数量的巨大，“大”只是信息技术不断发展所产生的海量数据的表象，我们更应该关注的是如何对这些海量数据进行深度挖掘、分析和应用，以帮助政府、企业和组织更好地了解事物现状、发展变化趋势等，帮助它们更好地优化运营、降低成本、增加收益、加强监管、控制风险等，提高工作和决策效率。

拓展知识

大数据发展的三个阶段

大数据发展历程可划分为以下三个阶段：

1. 起步阶段（2010 年之前）

这一阶段的主要特征是数据量逐渐增长，但尚未形成大数据的概念。在这个阶段，数据以结构化数据为主，存储和处理的技术也较为简单。这一阶段的代表性技术是关系型数据库，如 MySQL、Oracle 等。

2. 发展阶段（2010—2015 年）

随着互联网的快速发展，网络数据量急剧增长，人们开始关注如何有效存储和处理这些数据。在这个阶段，Hadoop、NoSQL、云计算等技术开始兴起，使得大数据处理变得更加高效。大数据技术的发展为企业带来了更多的商业机会，推动了各行业的数字化转型。

3. 成熟阶段（2015 年至今）

大数据技术在这个阶段已经相对成熟，各种大数据处理框架和工具逐渐完善，大数据的应用也从数据挖掘、分析等领域拓展到各个行业。人工智能、机器学习等技术的发展使得大数据的价值得到了更好地挖掘。此外，数据安全和隐私保护也成为大数据发展的重要议题。

在大数据发展的三个阶段中，企业和政府逐渐认识到大数据的重要性，并积极推动大数据技术的应用。随着技术的不断进步，大数据将在未来继续为各行业带来更多的创新和价值。

二、大数据的分类

1－4 大数据的分类

大数据包括结构化数据、非结构化数据、半结构化数据三种类型。其中，结构化数据是传统数据的主体，而半结构化和非结构化数据是大数据的主体，且后两者的增长速度比前者快很多。国际数据公司（International Data Corporation，IDC）的调查报告显示，企业中 80%的数据都是非结构化数据，这些数据每年都按指数增长 60%。

这三种类型数据在不同的领域都有着广泛的应用，了解它们的特点和区别能帮助我们更好地理解和利用大数据。

1-5 什么是 CSV 格式

（一）结构化数据

结构化数据是指那些以固定格式存储、访问和处理，类似于 Excel 电子表格中预定义的行列布局，并具有明确规则和定义的具体的数据，包括数字、日期、文本等。结构化数据很容易分门别类，数据库设计人员和管理员只需要定义简单的算法就能实现搜索和分析，是最容易被计算机理解和处理的数据类型。

结构化数据的应用范围非常广泛，如金融、医疗、电商、旅游等领域，适用于需要对数据进行精确分析、统计、预测的领域。如在金融领域，结构化数据可用于分析股票、债券、期货等投资品种的价格、交易量和市场趋势等信息；在医疗领域，结构化数据可以用于管理病历、药品、诊断结果等信息；在电子商务平台上，结构化数据可用于分析库存商品、分析用户购买行为、预测销售趋势等。

结构化数据通常具有以下特点：

（1）数据有明确的格式和定义，如表格、字段、数据类型、数值范围等。

（2）数据可以轻松地存储在关系型数据库中，并可以使用 SQL 等语言进行查询和分析，如企业使用的人事系统、财务系统、ERP 系统，这些系统中的数据都是结构化的。

（3）数据格式统一，可以被轻松处理和分析。比如，我们可使用 SQL 查询语言从数据库中筛选出所有销售额大于 100 万的订单记录，得到精确的结果。同时可以轻松地对数据进行加、减、乘、除等运算操作，对数据进行统计分析、数据挖掘、预测建模等应用。

不过，即使结构化数据数量非常大，也不一定能被称为大数据，因为结构化数据本身比较易于处理和分析，不是很符合大数据的定义标准。

1-6 洞察非结构化数据

（二）非结构化数据

与结构化数据相对的是不由数据库二维表来表现的非结构化数据。非结构化数据是指那些没有固定格式和定义的数据。这些数据不同于结构化数据，不仅包含文字、数字、日期等易于计算和存储的数据，还包括自然语言描述、情感倾向、声音、图像和视频等内容，通常以文本、图像、音频、视频等形式存在，难以使用传统的、标准的行列关系型数据库进行存储和管理，如社交媒体帖子、音视频文件、图片、电子邮件、网站浏览记录、开放式客户评论等。

非结构化数据同样可用于电商、医疗、旅游等领域，还可用于社交媒体、大数据监控、教育、服务等其他领域，应用范围非常广泛。如在电商领域，非结构化数据可以通过分析用户评论、社交媒体内容和产品图片等，提供客户细分、个性化推荐、舆情监测和品牌形象管理等服务；在医疗领域，非结构化数据可以通过分析临床文献、医学影像和患者记录等，提供个性化治疗方案、新药研发和疫情预警等服务；在社交媒体领域，非结构化数据可以用于智能客服、管理用户发表的文本和图片等信息。

非结构化数据通常具有以下特点：

（1）数据没有固定的格式和定义，难以使用传统的数据库进行存储和管理。这些不规则、无固定格式的数据，通常存储在数据湖、数据仓库、NoSQL 数据库、文件系统、云存储等地方，存储方式比较灵活。

（2）数据以文本、图像、音频、视频等形式存在，是最难以被计算机理解和处理的数据类型。

（3）数据量非常大，处理起来非常困难，需要使用特殊的技术，如机器学习、自然语言处理、计算机视觉等，才能对其进行分析和处理。

（三）半结构化数据

顾名思义，半结构化数据是介于结构化数据和非结构化数据之间的一种数据类型。它具有一定的结构，但不像结构化数据那样具有固定的格式和定义。Web 应用程序数据就是一种典型的半结构化数据，它同时具有结构化数据和非结构化数据两种数据形式，如日志文件、事务历史记录文件、电子邮件、Windows 处理的文字、互联网上看到的新闻等。以电子邮件为例，其邮件正文属于非结构化数据，发件人、收件人、主题和日期等属于结构化数据。使用地理标记、时间戳或语义标记的设备也可以同时提供结构化数据和非结构化内容，如一张未做标识的智能手机图片可以展示其是否是自拍照、拍摄的时间和地点等信息。

半结构化数据的应用范围非常广泛，如电子商务、社交网络、移动应用等领域。在电子商务领域，半结构化数据可以用于管理商品信息、订单信息、用户信息等；在社交网络领域，半结构化数据可以用于管理用户关系、动态信息、评论信息等。

半结构化数据通常具有以下特点：

（1）数据具有一定的结构，但没有固定的格式和定义。

（2）数据通常存储在 XML、JSON 等格式中，可以使用 XPath、XQuery 等语言进行查询和分析。

（3）数据量相对较小，但处理起来比结构化数据更复杂。

但要注意的是，在数据分析和挖掘时，不少工具都要求输入结构化数据，因此需要把半结构化数据先转换成结构化数据。

拓展知识

传统数据和大数据的区别如表 1-1 所示。

表 1-1　传统数据和大数据的区别

区别点	传统数据	大数据
产生层面	在企业层面产生	在企业层面之外产生
数据规模	较小	非常大

续表

区别点	传统数据	大数据
存储计量单位	存储计量单位为 GB 或 TB	存储计量单位为 PB 到 ZB 或 EB
处理数据类型	传统的数据库系统处理的是结构化数据	大数据系统处理的是结构化、半结构化和非结构化数据
产生时间	每小时或每天或更长时间产生	生成频率按秒计算
管理形式	传统的数据源集中，以集中的形式进行管理	大数据源是分布式的，以分布式的形式进行管理
数据整合难易程度	数据整合非常容易	数据整合非常困难
系统配置	普通系统配置能够处理	需要高度的系统配置处理大数据
数据库处理工具	利用传统的数据库工具执行任何数据库操作	需要特殊的数据库工具来执行任何基于数据库 Schema 的操作
操作函数	普通函数可以操作数据	特殊类型的函数可以操作数据
数据模型	数据模型是基于严格的模式，是静态的	大数据的数据模型是基于平面模式的，是动态的
数据关系	数据之间关系稳定且相互依赖	数据之间关系不稳定且未知
数据是否可管理	传统的数据很容易管理和操纵	大数据很难管理和操纵
数据来源	数据来源包括 ERP 交易数据、CRM 交易数据、财务数据、组织数据、网络交易数据等	数据来源包括社交媒体、设备数据、传感器数据、视频、图像、音频等

1－7 大数据的特征

三、大数据的特征

大数据主要具有四个方面的典型特征，分别是数据的规模性（Volume）、多样性（Variety）、高速性（Velocity）和价值性（Value），即所谓的“4V”特征。

（一）数据的规模性

大数据的第一个特征就是数量极其巨大。随着信息化技术的高速发展，数据开始爆发性增长，大数据中的数据不再是以几个 GB 或几个 TB 为单位来衡量，而是以 PB（1 000T）、EB（100 万 T）或 ZB（10 亿 T）为计量单位。例如，某购物网站平常每天的商品交易数据约为 20TB（1TB＝1 024GB）；全球最大设计平台的用户，每天产生的日志数据超过了 300TB（日志数据仅记录用户操作记录，并非发帖内容）。如此庞大的数据量已远远超过了传统数据库的处理能力，是无法通过人工进行处理的，需要智能的算法、强大的数据处理平台和新的数据处理技术来处理这些大数据。

拓展知识

数据存储计量单位之间的关系

1956 年，美国 IBM 成功研发了世界上第一台磁盘存储设备，如图 1－2 所示，其重量约为 1t，总容量为 5MB，数据传输速度为 10K/s。从此，数据存储的时代开启了。

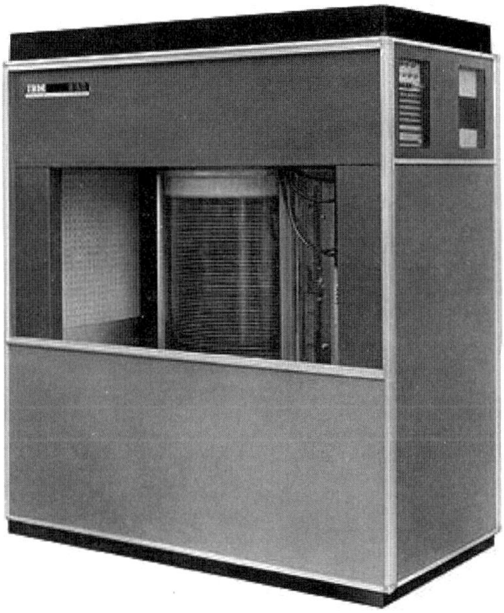

图 1－2　世界上第一台磁盘存储设备

60 多年的时间里，数据存储设备已经发生了翻天覆地的变化。几经迭代后，现在的存储设备的体积和重量都越来越小，数据存储量与当年相比也有天壤之别。

在数据存储时，计量单位从小到大依次为 Byte、KB、MB、GB、TB、PB、EB、ZB、YB 等，它们之间的换算关系如表 1－2 所示。

表 1－2　数据存储计量单位换算关系

单位	换算关系	示例
Byte（字节）	1Byte＝8bit	Byte 是数据的基本存储单位，一个汉字所占空间即为 2Byte 一页 500 字的文档约为 12KB 一首普通 MP3 格式的歌曲为 3～4MB 一部电影约为 2GB 20 万张高清图片约为 1TB
KB（Kilobyte，千字节）	1KB＝1 024Byte	
MB（Megabyte，兆字节）	1MB＝1 024KB	
GB（Gigabyte，吉字节）	1GB＝1 024MB	
TB（Terabyte，太字节）	1TB＝1 024GB	
PB（Petabyte，拍字节）	1PB＝1 024TB	
EB（Exabyte，艾字节）	1EB＝1 024PB	
ZB（Zettabyte，泽字节）	1ZB＝1 024EB	
YB（Yottabyte，尧字节）	1YB＝1 024ZB	

（二）数据的多样性

数据的多样性不仅表现为数据来源多样，还体现在数据类型多样和数据之间关联性强这两个方面。

1. 数据来源多样

企业所面对的传统数据主要是交易数据，而互联网和物联网的发展，带来了诸如社交网站、传感器等多种来源的数据，如气象数据、交通数据、政府数据、人口统计数据等公共数据资源；市场调查数据、用户行为数据、企业经营数据等商业数据资源；社交媒体数据、搜索引擎数据、网页数据等网络数据资源。

2. 数据类型多样

传统的数据基本上都是以表格型的结构化数据形式存在，而大数据受数量庞大的互联网用户和设备等因素影响，其来源十分广泛，因此大数据的类型也具有多样性。主要包括三类：一是结构化数据，如财务系统数据、信息管理系统数据、医疗系统数据等，其特点是数据间因果关系强；二是非结构化数据，如视频、图片、音频等，其特点是数据间没有因果关系；三是半结构化数据，如 HTML 文档、邮件、网页等，其特点是数据间因果关系弱。

有资料显示，结构化数据在整个大数据中所占比例虽高达 75%，但能产生高价值的大数据却是非结构化数据。

3. 数据之间关联性强

数据之间交互频繁，如游客在旅游途中上传的照片和日志，就与游客的位置、行程等信息有很强的关联性。

（三）数据的高速性

数据的高速性主要体现在数据数量的高速增长和数据处理的快速响应两方面。

在大数据时代，信息的生产和传播方式发生了巨大改变，在互联网和云计算等方式作用下，大数据的交换和传播远比传统媒介时代的信息交换和传播快速。

由于信息具有时效性，在处理大数据的过程中要快速响应，实时分析而非批量分析，数据输入、处理与丢弃几乎无延迟，为决策者提供及时、准确的信息。而大数据的增长速度非常快，通常以“毫秒”为单位来衡量，这使得传统的数据处理方式难以满足实时分析的需求。

因此，数据的高增长速度和高处理速度是大数据区别于传统数据挖掘最显著的特征。

拓展知识

我们的世界每天能产生多少数据？

1－8 我们的世界每天能产生多少数据？

在这个数字洪流汹涌澎湃的新时代，具体到每一天，我们的世界到底能产生多少数据？

IDC发布的《数据时代2025》报告显示，全球每年产生的数据将从2018年的33ZB增长到175ZB，相当于每天产生491EB的数据。

那么175ZB的数据到底有多大呢？1ZB相当于1.1万亿GB。如果把175ZB全部存在DVD光盘中，那么DVD叠加起来的高度将是地球和月球距离的23倍（月地最近距离约为39.3万千米），或者绕地球222圈（一圈约为4万千米）。假设一个人的平均网速为25Mb/s，他要下载完这175ZB的数据，需要18亿年。

随着物联网基础设施及智能手机、可穿戴设备的普及，我们每个人时刻都在产生大量的数据。据IDC预测，2025年，全世界每个联网的人每天平均有4 909次数据互动，是2015年的8倍多，相当于每18秒产生1次数据互动。

根据Statista的预测，到2025年，全球电子邮件用户将增至46亿，预计有3 764亿封电子邮件被发送。

无处不在的物联网设备正在将世界变成一个“数字地球”。据HIS的数据预测，到2025年，全球物联网连接设备的总安装量预计将达到754.4亿，约是2015年的5倍。

据Smart Insight估计，目前全球每天有50亿次搜索，其中35亿次搜索来自谷歌，占全球搜索量的70%，相当于每秒处理4万多次搜索。而谷歌在2000年时一年的搜索量才140亿次。

智能手机让人们的社交生活彻底数字化，每天在社交网络上花费的时间越来越多，产生的数据量也相应地不断增长。据Facebook统计，Facebook每天产生4PB的数据，包含100亿条消息，以及3.5亿张照片和1亿小时的视频浏览。此外，在Instagram上，用户每天要分享9 500万张（条）照片和视频；Twitter用户每天要发送5亿条信息；至于微信，2021年初的数据显示，每天有10.9亿人打开微信，3.3亿人进行视频通话，7.8亿人进入朋友圈，1.2亿人发朋友圈，4亿用户使用小程序，微信上有3.6亿个公众号，朋友圈每天有1亿条视频内容。

（四）数据的价值性

1-9 运用大数据，生活可以更智慧

大数据具有高价值是大数据的核心特征，但大数据的价值密度与其数据总量之间呈反比变动关系。

大数据中包含了大量无价值或低价值信息，发挥价值的仅占其中非常小的比例，但大数据背后潜藏的价值巨大。大数据最大的价值是从大量不相关的、各种类型的数据中，挖掘出对未来发展变化趋势与模式预测分析有价值的数据，并通过机器学习、人工智能或其他数据挖掘工具对其进行深度分析，运用于农业、金融、医疗、教育、电商等各个领域，以期创造更大的价值。比如，电商平台每天产生大量商品浏览记录和交易数据，我们可以依据这些数据分析出具有某些特征的人可能会喜欢什么类型的商品，然后根据客户特征，推荐其喜好的商品，从而提高成交量。

拓展知识

大数据推荐系统

大数据推荐系统是一种能够根据用户的历史行为和兴趣偏好为其提供个性化推荐的系统。以下是一些大数据推荐系统的例子：

1. Netflix

Netflix是世界上最大的电影和电视流媒体服务之一。其推荐系统基于用户的观看历史、评分、搜索历史和喜好，为用户提供个性化的推荐。

2. 亚马逊（Amazon）

亚马逊是全球最大的在线零售商之一。其推荐系统基于用户的购物历史、浏览记录、搜索历史和喜好，为用户推荐个性化的商品。

3. YouTube

YouTube是全球最大的视频分享网站之一。其推荐系统基于用户的观看历史、搜索历史、喜好和地理位置，为用户推荐个性化的视频。

4. Spotify

Spotify是全球最大的音乐流媒体服务之一。其推荐系统基于用户的播放历史、喜好、流派和地理位置，为用户推荐个性化的歌曲和播放列表。

5. 淘宝

淘宝是中国最大的在线购物平台之一。其推荐系统基于用户的购买历史、浏览记录、搜索历史、喜好和地理位置，为用户推荐个性化的商品。

6. 抖音

抖音是中国最受欢迎的短视频分享平台之一。其推荐系统基于用户的观看历史、搜索历史、喜好和地理位置，为用户推荐个性化的短视频。

这些推荐系统都是基于大数据和机器学习技术来实现个性化推荐的，它们可以帮助用户发现新的兴趣爱好，提高用户的满意度和忠诚度。

四、大数据处理技术和工具

大数据处理技术，就是从大量不同类型的数据中快速获得有价值信息的技术。大数据领域已经涌现出了大量新技术和新工具，它们成为大数据采集、存储、处理和呈现的有力武器。大数据处理的关键技术一般包括大数据采集、大数据预处理、大数据存储与管理、大数据分析与挖掘、大数据可视化和大数据应用等。

（一）大数据采集技术

大数据采集是指使用大数据采集工具从不同的数据源，如射频识别（RFID）、传感器、社交网络及移动互联网等，获得海量的结构化、半结构化和非结构化数据，它是挖掘大数据价值的基础和根本。

常用的大数据采集工具有 Flume、Sqoop、Kettle、Scribe、Content Grabber、Data Miner、八爪鱼等；大数据采集软件主要有 Excel、SAS、R 语言、SPSS、Tableau、Python 等。

（二）大数据预处理技术

在实际应用中，大数据包含大量不同来源的各种类型的数据，其中有很多无效或冗余数据，在开始处理和分析之前，需要将这些数据进行清洗、转换、集成和归约等预处理操作，如删除重复数据、填充缺失值、处理异常值、格式转换等，以便进行后续数据分析和处理。

这个过程需要一些数据处理工具和软件，如 Pandas、Excel、OpenRefine、Trifacta、IBM InfoSphere 等。

（三）大数据存储与管理技术

大数据存储与管理是指把采集到的数据存储在本地服务器、云存储或分布式存储系统中，建立相应的数据库，并进行管理和调用，主要解决大数据的可存储、可表示、可处理、可靠性及有效传输等几个关键问题。

数据存储技术是大数据处理的关键一步，包括开发可靠的分布式文件系统（DFS），能效优化的存储、计算、去冗余数据及高效低成本的大数据存储技术；突破分布式非关系型大数据管理与处理技术，异构数据的数据融合技术和数据组织技术；突破大数据索引技术；突破大数据移动、备份、复制等技术。

常见的数据存储方案包括 Hadoop、Hive、HBase、MongoDB、Cassandra、Elasticsearch 等，这些工具提供了可靠的、可扩展的和高性能的数据存储方案。

（四）大数据分析与挖掘技术

在大数据采集、预处理和存储工作完成之后，需要对大数据进行处理和分析，利用机器学习、深度学习等信息技术，使用大数据处理工具对数据进行分析和挖掘，发现隐藏在数据中的模式和规律，以获取有价值的信息。

1. 大数据分析技术

大数据分析技术主要包括改进已有数据挖掘和机器学习技术；开发数据网络挖掘、特异群组挖掘、图挖掘等新型大数据挖掘技术；突破基于对象的数据连接、相似性连接等大数据融合技术；突破用户兴趣分析、网络行为分析、情感语义分析等面向领域的大数据挖掘技术。

2. 大数据挖掘技术

大数据挖掘技术是指从大量的、不完全的、有噪声的、模糊的、随机的实际应用数据中，提取隐含在其中的、人们事先不知道的、潜在有用的信息和知识的过程。大数据挖掘涉及的技术方法很多，具体分类方式如下：

（1）根据挖掘任务可分为预测模型发现、数据总结、聚类、关联规则发现、序列模式发现、依赖关系或依赖模型发现、异常和趋势发现等。

(2) 根据挖掘对象可分为关系数据库、面向对象数据库、空间数据库、时态数据库、文本数据库、多媒体数据库、异质数据库、遗产数据库以及环球网 Web。

(3) 根据挖掘方法可分为机器学习方法、统计方法、神经网络方法和数据库方法。

1) 机器学习方法，可分为归纳学习方法（决策树、规则归纳等）、基于范例学习方法、遗传算法等。

2) 统计方法，可分为回归分析（多元回归、自回归等）、判别分析（贝叶斯判别、费歇尔判别、非参数判别等）、聚类分析（系统聚类、动态聚类等）、探索性分析（主元分析法、相关分析法等）等。

3) 神经网络方法，可分为前向神经网络（BP 算法等）、自组织神经网络（自组织特征映射、竞争学习等）等。

4) 数据库方法主要是多维数据分析或 OLAP 方法，另外还有面向属性的归纳方法。

3. 大数据分析与挖掘工具

常用的大数据分析与挖掘工具主要有 Python、R 语言、TensorFlow、Apache Spark、Apache Flink、Hadoop 等。这些工具可以帮助我们对大数据进行高效处理和分析。

(五) 大数据可视化技术

在大数据处理和分析挖掘完成之后，就可以使用可视化工具，如 Tableau、Power BI 等，将数据的分析结论和变化趋势以图表、报告等形式呈现给用户，使用户直观清晰地了解数据背后的信息。

常见的大数据可视化工具可分为四种类型：一是数据可视化语言工具类，如 Python、R 语言；二是 BI 可视化工具类，如 Power BI、Wyn Enterprise、Tableau 等；三是统计分析可视化工具类，如 Matlib、SPSS 等；四是 JS 可视化组件类，如 Echarts、HighCharts、AntV 等。

(六) 大数据应用技术

大数据应用是指使用机器学习、人工智能等技术构建模型，预测未来的趋势和行为模式，并将结果应用到实际业务中，如推荐系统、风险控制、市场预测等，以支持业务决策，提高业务效率和降低成本。

除此之外，大数据技术还包括数据治理技术，对数据进行规范化管理，确保数据的质量、安全和一致性，常用的数据治理工具有 DataStage、Informatica、Talend 等；包括数据安全技术，以确保数据在传输、存储和处理过程中的安全性，并保证遵循相关法律法规和行业标准等。

拓展知识

常见的大数据技术与工具

1. Hadoop

Hadoop 是一个开源的大数据处理框架，它可以处理大量的非结构化和半结构化数据。

它使用分布式文件系统（HDFS）来存储数据，并使用 MapReduce 来处理和分析数据。

2. Spark

Spark 是一个开源的分布式计算框架，它提供了一种更快的数据处理和分析方法。它可以处理各种类型的数据，包括结构化、半结构化和非结构化数据。

3. Flink

Flink 是一个开源的分布式流处理框架，它可以实时处理和分析大量的数据流。它使用分布式存储来存储数据，并提供了各种数据转换和处理功能。

4. Kafka

Kafka 是一个分布式消息队列系统，它可以处理实时数据流和事件流。它使用分布式存储和分区技术来确保数据的高可用性和可伸缩性。

5. Hive

Hive 是一个基于 Hadoop 的数据仓库工具，它提供了一种类似于 SQL 的查询语言来处理结构化数据。它可以将 SQL 查询转换为 MapReduce 任务，以便在 Hadoop 集群上执行。

6. HBase

HBase 是一个分布式数据库，它可以处理大量的结构化数据。它使用分布式存储和列式存储技术来提供高性能的读写操作。

7. Impala

Impala 是一个开源的实时大数据处理引擎，它提供了一种更快的查询方式来处理和分析大量的数据。它使用分布式存储和查询优化技术来提高查询性能。

8. SparkSQL

SparkSQL 是 Spark 的一个模块，它提供了一种类似于 SQL 的查询语言来处理结构化数据。它可以将 SQL 查询转换为 Spark 任务，以便在 Spark 集群上执行。

9. NoSQL 数据库

NoSQL 数据库是一种非关系型数据库，它可以处理大量的非结构化和半结构化数据。常见的 NoSQL 数据库有 MongoDB、Cassandra、Redis 等。

10. 数据集成平台

数据集成平台可以将不同来源的数据进行整合，实现数据的一致性和互操作性。常见的数据集成平台有 Informatica、Datastage、Dynatrace 等。

11. 数据仓库

数据仓库是一种用于存储、管理和分析大量结构化数据的技术。常见的数据仓库有 Greenplum、Hive、Vertica 等。

12. 机器学习框架

机器学习框架可以帮助我们自动学习数据的模式并做出预测。常见的机器学习框架有 TensorFlow、PyTorch、Scikit-learn 等。

13. 分布式存储系统

分布式存储系统可以将数据分散存储在多台计算机上，从而实现高可用性和扩展性。常见的分布式存储系统有 Hadoop Distributed FileSystem（HDFS）、Google Cloud Storage 等。

14. 时序数据库

时序数据库用于存储和查询时间序列数据，以便进行实时分析和监控。常见的时序数据库有 InfluxDB、TimescaleDB 等。

15. 数据管道和 ETL

数据管道和 ETL 是将数据从源系统传输到目标系统的过程。常见的数据管道和 ETL 工具有 Talend、Apache NiFi 等。

16. 自然语言处理（NLP）

自然语言处理技术可以让计算机理解和处理自然语言。常见的 NLP 工具有 NLTK、SpaCy 等。

17. 数据湖

数据湖是一种用于存储和管理大量原始数据的技术，可以用于数据挖掘、机器学习和实时分析。常见的数据湖技术有 Amazon Redshift、Google Cloud Datastore 等。

18. 数据质量管理

数据质量管理是确保数据准确性和完整性的过程。常见的数据质量管理工具有 Apache Airbyte、Quest Diagnostics 等。

19. 数据清洗和转换

数据清洗和转换是一种将不完整的、错误的或不一致的数据转换为高质量数据的过程。常见的数据清洗和转换工具有 Presto、Impala、Hive 等。

20. 数据集成工具

数据集成工具用于将不同来源的数据整合到一个统一的平台上。常见的数据集成工具有 Apache NiFi、DataX 等。

21. 数据安全和隐私

数据安全和隐私是确保数据在存储、处理和传输过程中的安全性和隐私性的过程。常见的数据安全和隐私工具有 Amazon Security Hub、Dataproc 等。

22. 数据备份和恢复

数据备份和恢复是一种确保数据在意外情况下能够恢复的过程。常见的数据备份和恢复工具有 Cohesity、OtterTune 等。

常见的大数据技术和工具有很多，且都有各自的特点和适用场景，我们应该根据自己的需要和应用场景选择合适的工具。

项目总结

本项目介绍了数据和大数据的相关理论，主要包括二者的概念和分类、数据的生命周期、大数据的特征、大数据常见的处理技术和工具等内容。大数据的类型可分为结构化数据、非结构化数据、半结构化数据三种；大数据的“4V”特征包括数据的规模性、多样性、高速性和价值性；大数据技术主要包括大数据采集技术、预处理技术、存储与管理技术、分析与挖掘技术、可视化技术等。了解和掌握本项目内容，是学习大数据技术应用基础课程后续内容的前提。

素养课堂

大数据技术创新与伦理道德的平衡

大数据技术的快速发展对人类社会产生了深远的影响。随着数据资源的爆炸式增长和数据处理技术的不断创新，大数据已成为推动经济社会发展的重要引擎，在很多领域都得到了广泛应用，如金融、医疗、教育、零售等。在金融领域，大数据技术可以帮助银行和金融机构更好地分析客户的信用状况，从而更好地管控风险；在医疗领域，大数据技术可以帮助医生更好地了解病人的病情，并提供更精确的诊断和治疗方案；在教育领域，大数据技术可以帮助学校更好地了解学生的学习情况，并提供更有针对性的教学方案。

同时，大数据技术也在不断创新和发展，不断有新的技术和应用出现。比如，人工智能技术的发展，可以让大数据技术更加智能化，能够更好地理解和处理数据，从而提供更加精确的分析结果。

大数据技术通过对大量数据进行分析和处理，从中提取有价值的信息，为政府管理和企业决策提供有力支持，给个人生活带来了很大便利。但在大数据技术创新的同时，也会引发一系列关于数据安全和伦理道德的问题，如数据隐私、数据安全、人工智能伦理等。

（1）金融行业。大数据技术可以帮助金融机构进行风险控制、信贷评估和欺诈检测，但同时也可能增加信息不对称和数据滥用的风险。

（2）医疗行业。大数据技术可以辅助疾病诊断、治疗方案选择和药物研发，但也可能出现患者隐私泄露和医疗数据滥用的问题。

（3）教育行业。大数据技术可以提供个性化教学和学生行为分析，但也可能增加教育不平等和数据滥用的风险。

（4）政府管理。大数据技术可以提高政府决策效率和公共服务质量，但也可能出现政府数据安全和个人隐私保护的问题。

我们需要关注数据隐私、数据安全、人工智能伦理等问题，并采取相应的应对策略，只有这样，我们才能在充分利用大数据技术的同时，确保技术发展和伦理道德的平衡。

同时，我们还应注意大数据技术创新与伦理道德方面的其他挑战。

（1）跨境数据流动与国家安全。大数据技术涉及大量跨境数据流动，需要妥善管理国家安全和数据主权问题。

（2）人工智能伦理与责任。随着人工智能技术的发展，如何确保人工智能系统的伦理性和责任性是一个亟待解决的问题。

（3）数据伦理与法律法规。制定符合时代发展的法律法规，规范大数据技术的应用，确保伦理道德底线。

（4）个人信息保护与数据权益。如何在保护个人隐私和数据权益的同时，充分发挥大数据技术的优势，是一个需要深入探讨的问题。

为应对这些挑战，我们需要在技术创新的同时关注伦理道德问题。具体措施包括：制定完善的法律法规，加强数据安全与隐私保护，加强伦理道德教育和宣传，提高公众对大数据技术及伦理道德问题的认识和重视，建立公正、透明的数据交易市场，以及推动全球合作，共同应对数据安全挑战。

在未来的发展中，我们应该以可持续发展为原则，充分发挥大数据技术的潜力，同时关注伦理道德问题，确保技术发展与伦理道德的平衡，这将有助于为人类社会带来更加和谐、繁荣的未来。

课后自测

一、单项选择题

1.（　　）指对客观事件进行记录并可以鉴别的符号，是对客观事物的性质、状态以及相互关系等进行记载的物理符号或这些物理符号的组合。

A. 数据　　B. 数字　　C. 文字　　D. 信息

2.（　　）年大数据被赞扬为“第三次浪潮的华彩乐章”。

A. 1980　　B. 2005　　C. 2008　　D. 2009

3. 大数据最核心的价值是（　　）。

A. 预测　　B. 统计　　C. 分析　　D. 收集

4. 大数据最明显的特点是（　　）。

A. 数据体量大　　B. 数据类型繁多　　C. 价值密度低　　D. 处理速度快

5. XML 文档属于（　　）。

A. 结构化数据　　B. 半结构化数据

C. 非结构化数据　　D. 以上均不对

6. 大数据以多元形式从许多来源搜集，庞大数据组往往具有（　　）。

A. 多样性　　B. 规模性　　C. 流通性　　D. 专业性

7. 大数据的特性不包括（　　）。

A. 稳定性　　B. 高速性　　C. 多样性　　D. 规模性

8. 下列文档中，属于结构化数据的是（　　）。

A. MySQL 文档　　B. PDF 文档　　C. JPG 文档　　D. TXT 文档

9. 无法在一定时间范围内用常规软件工具进行捕捉、管理和处理的数据集合称为（　　）。

A. 非结构化数据　　B. 大数据　　C. 数据库　　D. 异常数据

10. 数据度量单位从小到大的正确顺序是（　　）。

A. EB、GB、PB、TB　　B. EB、TB、PB、GB

C. GB、TB、PB、EB　　D. TB、GB、PB、EB

二、多项选择题

1. 大数据的特征包括（　　）。

A. 数据体量大　　B. 数据类型繁多　　C. 价值密度低　　D. 处理速度快

2. 大数据也称为巨量资料，指的是需要新处理模式，才能具有更强的（　　）的海量高增长率和多样化的信息资产。

A. 决策力　　B. 洞察力　　C. 流程优化能力　　D. 预测能力

3. 以下属于非结构化数据的是（　　）。

A. 数字　　B. 语音　　C. 图像　　D. 文档

4. 下列关于大数据的分析理念的说法中，正确的是（　　）。

A. 在数据基础上倾向于全体数据而不是抽样数据

B. 在分析方法上更注重相关分析而不是因果分析

C. 在分析效果上更追究效率而不是绝对精确

D. 在数据规模上强调相对数据而不是绝对数据

5. 下列关于大数据的说法中，错误的是（　　）。

A. 大数据具有体量大、结构单一、时效性强的特征

B. 处理大数据需采用新型计算架构和智能算法等新技术

C. 大数据的应用注重相关分析而不是因果分析

D. 大数据的应用注重因果分析而不是相关分析

三、判断题

1. 大数据源于互联网的发展。（　　）

2. 2020 年，大数据被正式列为新型生产要素。（　　）

3. 2018 年，工业与信息化部发布了《大数据产业发展规划 2016—2020 年》，进一步明确了促进我国大数据产业发展的主要任务、重大工程和保障措施。（　　）

4. 数据本身没有意义，数据只有对实体行为产生影响时才成为信息。（　　）

5. 大数据更强调批量式分析而非实时分析。（　　）

6. 大数据研究的对象是抽样样本，而非所有数据。（　　）

7. 大数据并不在于“大”，而在于“有用”，价值含量、挖掘成本比数量更为重要。（　　）

8. 在数据分析师获取的大量数据中，所有的数据都具有价值。（　　）

9. 对个人而言，在享受大数据带来的便利的同时，也应重视大数据的隐私保护。（　　）

项目二 大数据思维与素养

学习目标

知识目标：

（1）熟悉大数据的发展历程；

（2）熟悉大数据与信息技术的融合；

（3）熟悉大数据的典型应用场景；

（4）熟悉大数据战略和数字经济。

能力目标：

（1）掌握大数据思维的十大核心原理；

（2）掌握大数据思维的四个认知路径；

（3）掌握数字公民素养的五个素养领域。

素质目标：

（1）具备基本的大数据思维和大数据素养；

（2）树立客观公正的财经人员职业道德。

项目综述

大数据被认为是继互联网革命之后的又一次技术革命。大数据的发展历程总体上分为三个重要阶段：萌芽期、成长期和完善发展期。经过不断发展，大数据实现了与信息技术的融合，实现了在各行各业的应用。2015 年，国务院印发了《促进大数据发展行动纲要》，力求实现数字强国，实现大数据战略背景下数字经济发展。大数据是一次思维革命。大数据思维有十大核心原理：数据核心原理、数据价值原理、全样本原理、关注效率原理、关注相关性原理、预测原理、信息找人原理、机器懂人原理、电子商务智能原理、定制产品原理；有四个认知路径：全局性认知路径、模糊性认知路径、关联性认知路径和动态性认知路径。在大数据时代背景下，大数据素养应是每个公民必须具备的基本素养。

任务一 大数据时代

引导案例

食品大数据之舌尖上的安全

◎**案例描述**

民以食为天，食品安全问题一直是国家的重点关注问题，关系着人们的身体健康和国家安全。近些年，毒胶囊、镉大米、瘦肉精、洋奶粉等食品安全事件不断考验着消费者的承受力，让消费者对食品安全产生了担忧。

随着科学技术和生活水平的不断提高，食品添加剂品种越来越多，传统手段难以满足当前复杂的食品监管需求，从不断出现的食品安全问题来看，食品监管成了食品安全的棘手问题。通过大数据管理将海量数据聚合在一起，将离散的数据需求聚合，形成数据长尾，从而满足传统中难以实现的需求。在数据驱动下，采集人们在互联网上提供的举报信息，国家可以掌握部分乡村和城市的死角信息，挖出不法加工点，提高执法透明度，降低执法成本。国家可以参考医院提供的就诊信息，分析出涉及食品安全的信息，及时进行监督检查，第一时间进行处理，降低已有不安全食品的危害。参考个体在互联网的搜索信息，掌握流行疾病在某些区域和季节的爆发趋势，及时进行干预，降低其流行危害。政府可以提供不安全食品厂商信息、不安全食品信息，帮助人们提高食品安全意识。

当然，有专业人士认为食品安全涉及从田头到餐桌的每一个环节，需要覆盖全过程的动态监测才能保障食品安全。以稻米生产为例，产地、品种、土壤、水质、病虫害、农药种类与数量、化肥等要素，收获、储藏、加工、运输、销售等环节，无一不影响稻米安全状况，通过收集、分析各环节的数据，可以预测某产地收获的稻谷或生产的稻米是否存在安全隐患。

◎**案例解析**

大数据不仅能带来商业价值，也能产生社会价值。随着信息技术的发展，食品监管也面临着各种类型的海量数据，如何从中提取有效数据是关键。相信大数据管理在食品监管方面的应用，可以为食品安全撑起一把有力的保护伞。现如今，从商业到科学，从决策到创新，大数据已经在各个领域产生了深远的影响。大数据时代的到来不仅意味着技术的进步，更是时代的变革，将塑造我们未来的生活和工作方式。

知识学习

2-1 大数据的发展历程

一、大数据的发展历程

大数据的发展历史最早可追溯到18世纪80年代，美国统计学家赫尔曼·霍尔瑞斯发明了一台打孔卡片制表机，可以自动统计识别卡片特定位置上的孔洞。该设备被运用在了美国1890年的人口普查工作中，让美国仅用一年时间就完成了原本需要耗费八年时间的数据统计工作，由此，这一惊人的速度开启了数据收集的新纪元。

“大数据”这个概念虽然在1980年就被著名未来学家托夫勒提出来了，但在很长一段时期内，由于信息技术产业发展能力以及信息资源的产业应用都还处于初级阶段，因此“大数据”这个概念并未得到人们的重视。

而后，互联网、移动互联网、物联网、云计算的快速兴起以及移动智能终端的快速普及，使得全球数据增长比以往任何一个时期都要快，数据出现了爆炸式的增长。据统计，全球产生和存储的数据总量从2009年的0.8ZB（万亿GB）增加到2018年的33ZB，并预计在2025年达到175ZB。在数据量暴增的背景下，“大数据”成为整个社会关注的焦点。

大数据的发展历程总体上可以划分为三个重要阶段：萌芽期、成长期、完善发展期。

（一）萌芽期（1980—2008年）

20世纪80年代后期至20世纪90年代中期，PC开始出现并不断普及，Word、Excel等办公软件被广泛应用，数据录入与收集变得更加容易，数据在这一阶段得到了较大规模的扩张。20世纪90年代至21世纪初，随着数据挖掘理论和数据库技术的逐步成熟，一批商业智能工具和知识管理技术开始被应用，如数据库、知识管理系统等。2005年9月，蒂姆·奥莱利发表了《什么是Web2.0》一文。在文中，他指出“数据将是下一项技术核心”“数据库管理是Web2.0公司的核心竞争力，以至于我们有些时候将这些应用称为‘讯件’，而不仅仅是软件”。2008年9月，《自然》杂志推出了“大数据”封面专栏。

（二）成长期（2008—2012年）

在此时期，大数据市场迅速成长，互联网数据呈指数级增长，大数据技术逐渐被大众熟悉和使用。

2008年的金融危机，使得IT行业的跨国公司，如IBM提出“智慧城市”的概念，大力推行物联网以及云计算，从而使得信息资料得以海量增长，同时其技术能力也面临大规模的紧迫需求。在这种情况下，美国的一些数据处理公司着眼于研发大规模的并行处理系统，在此需求的驱动之下，大数据技术很快得到应用。从2010年开始，全球IT巨头纷纷通过收购大数据相关厂商来实现技术整合，体现出其对大数据战略布局的重视。同时，由于一些大型IT公司，如谷歌、亚马逊、中国移动、阿里巴巴等需要以更加优化的方式存储和分析数据，还有健康医疗、地理空间遥感、数字媒体等行业的大数据需求，更加推动了“大数据”的成长。2010年2月，肯尼斯·库克尔在《经济学人》上发表了大数据专题报告《数据，无所不在的数据》。2012年，牛津大学教授维克托·迈尔·舍恩伯格的著作《大数据时代》开始在国内流行，这是海外大型数据系统研究的第一个文献。《大数据时代》一书指出，信息大数据引发的风暴，改变我们的生活、工作和思维方式，开启了大数据时代，并用三部分讲述了大数据时代的思维变革、商业变革和管理变革。这本书详细说明了大数据的核心功能为预测，而更大的变化正在悄悄到来。

（三）完善发展期（2012年至今）

2012年3月，美国政府发布了《大数据的研究和发展倡议》，该倡议涉及美国国家科学基金、美国国家卫生研究院、美国能源部、美国国防部、美国国防部高级研究计划局、美国地质勘探局六个联邦政府部门，旨在提高从海量数字数据中提取知识和观点的能力，从而加快科学与工程发现的步伐。美国政府将大数据开发上升为美国国家发展战略，被视为美国政府继信息高速公路计划之后在信息科学领域的又一重大举措。

大数据也引起了我国政府的高度关注。《国务院关于推进物联网有序健康发展的指导意见》（国发〔2013〕7号）提出，要“加快传感器网络、智能终端、大数据处理、智能分析、服务集成等关键技术研发创新”；2012年12月，国家发展改革委员会将数据分析软件开发和服务列入专项指南；科技部在2013年初公布的《国家重点基础研究发展计划（973计划）》2014年度重要支持方向中，将大数据计算的基础研究作为其中的一项重要内容；2015年8月，国务院印发《促进大数据发展行动纲要》，全面推进我国大数据发展和应用，加快建设数据强国；2016年5月，在“2016大数据产业峰会”上，工业与信息化部透露，我国将制定出台大数据产业“十三五”发展规划，有力推进我国大数据技术创新和产业发展；2017年，我国大数据产业进入爆发期，国内成立多家大数据管理机构，多所大学已成立“数据科学与大数据技术”相关专业；2019年5月，《2018全球大数据发展分析报告》显示，中国大数据产业发展和技术创新能力有了显著提升。

大数据已渗透各行各业，数据驱动决策，大数据价值不断凸显，信息社会智能化程度大幅提高，大数据产业迎来快速发展和不断完善发展时期。

二、大数据与信息技术的融合

2-2 发展三类互联网技术 建设新时代网络强国

信息技术（Information Technology，IT），是主要用于管理和处理信息所采用的各种技术的总称。它主要是应用计算机科学和通信技术来设计、开发、安装和实施的信息系统及应用软件，也常被称为信息和通信技术（Information and Communications Technology，ICT）。它主要包括传感技术、计算机与智能技术、通信技术和控制技术四种。

（一）大数据和传感技术的融合

传感技术就是传感器的技术，可以感知周围环境或者特殊物质，比如气体感知、光线感知、温/湿度感知、人体感知等，把模拟信号转化成数字信号，由中央处理器处理。最终结果形成气体浓度参数、光线强度参数、范围内是否有人探测的信息、温度/湿度数据等，并显示出来。大数据作为一种重要的战略资源和商业创新的源泉，已经不同程度地渗透到众多行业和领域，其与传感技术的融合运用有助于经济进入新的周期，从根本上转变发展方式，制定并实施科学的经济政策，实现经济高质量发展。比如，作为中国工程机械的龙头企业，三一重工在20万余台工程机械上加装传感器，根据历经多年产生的大量数据，建立了“挖掘机指数”。通过这些数据，可以实时监测全国设备的作业情况、关键零件磨损情况、油耗和承压情况等，形成 5 000 多个维度、每天 2 亿条、超过 40TB 的大数据资源。该指数还能显示设备的施工时长和开工率等数据，在一定程度上反映出经济走势。

2-3 人工智能和大数据，你分得清吗？

（二）大数据和计算机与智能技术的融合

计算机与智能技术是一种能存储大量信息和知识，会推理（包括演绎与归纳），具有学习功能，能以自然语言、文字、声音、图形、图像与人交流信息和知识的非冯·诺依曼结构的通用高速并行处理的计算机技术。它是现代计算技术、通信技术、人工智能和仿生学有机结合，供知识处理用的一种工具和技术。该技术不仅可以模拟人的思维方式，还可以模拟其他一些自然规律、定理，总体目的是使计算机能够更加符合所要模拟的事物形态，使其凌驾于普通计算机程序执行之上，从而达到常规计算机运算不能达到的效果。比如，人工智能需要庞大的数据样本才能进行模型的训练和学习。在大数据场景下，人工智能的数据来源比较多，如社交媒体、传感器、物联网等。在无人驾驶技术的应用中，大数据可以为车辆提供实时路况和交通流量信息，提高车辆的自主行驶能力和安全性。在提高企业销售额和用户体验中，通过分析大量购物记录数据，可以针对不同消费者人群进行分类和推荐等。

（三）大数据和通信技术的融合

通信技术是指将信息从一个地点传送到另一个地点所采取的方法和措施。通信技术是电子技术极其重要的组成部分。按照历史发展的顺序，通信技术先后由人体传递信息通信到简易信号通信，再发展到有线通信和无线通信。现代通信技术，一般是指电信，国际上称为远程通信。随着电信业务从以话音为主向以数据为主转移，交换技术也相应地从传统的电路交换技术逐步转向基于分组的数据交换和宽带交换，以及适应下一代网络基于 IP 的业务综合特点的软交换方向发展。信息传输技术主要包括光纤通信、数字微波通信、卫星通信、移动通信以及图像通信。5G 通信技术以其高速度、低时延的优势，成为当前我国重点推广的通信技术。在 5G 通信技术向纵深推进的同时，大数据技术成为根本依托，两者科学充分地融合在一起，从一定程度上促进了数据决策能力和 5G 基站通信使用效率的提升。而 5G 通信技术也助力大数据实现更大发展，如华为与山西煤矿企业的 5G 深度合作，“工业大数据”平台开始服务于我国的工业制造领域，依托有力的数据支撑，打通工业生产中的信息壁垒，推动工业领域的数字化转型。

（四）大数据和控制技术的融合

控制技术是应用计算机参与控制并借助一些辅助部件与被控对象相联系，以达到一定控制目的而构成的系统，如大数据技术应用于智能温控系统的智能化控制方面，它可以根据用户的需求和环境变化，自动调整温度等，同时可以通过分析用户的使用习惯和历史数据，预测用户需求，进行智能化控制。

三、大数据的典型应用场景

现如今，大数据几乎在每个行业都有应用，并且应用范围越来越广。目前较多应用的领域主要有互联网、金融、医疗、教育、政府等，下面介绍几种大数据的典型应用场景。

（一）大数据助力互联网企业精准营销

2－4 推荐系统的电商应用场景

互联网企业通过大数据技术采集有关用户的各类数据，并通过大数据分析建立“用户画像”来抽象地描述用户的信息全貌，从而可以对用户进行精准营销。比如，用户登录网站的瞬间，系统就能预测出该用户想要做什么，然后将用户所想推荐给他。大数据助力互联网企业营销的核心在于，该企业商品会通过合适的载体，在合适的时间，以合适的方式推送给需要该商品的用户。甚至大数据技术还能对用户的信息进行多维度的关联分析。比如，通过发现用户购物车中不同商品之间的联系，分析出用户的其他消费习惯；通过了解一些商品频繁地被一些用户同时购买，发现用户可能的潜在消费商品，从而帮助互联网企业制定出针对该用户的商品营销策略。

（二）大数据助力公安部门精细化治理

公安部门利用大数据技术，如人脸识别、人像聚类、特征融合等，提升大数据分析研判能力，同时汇聚接入视频、图片、案件等多维数据，建立人脸、人体、车辆、案件等多维度数据仓库。通过对多维数据碰撞、融合、挖掘、关系分析，建立多种技战法模型、积分模型和人员全息档案，绘制关系图谱，实现对目标人员的快速有效管控，对重点人员异常行为进行预警，挖掘潜在高危人员风险。

积分模型是依据嫌疑人的一些异常行为按照预先设计的规则进行积分统计。通过该模型分析算法实现对嫌疑人异常行为的预警，同时通过积分模型还可反映出关系人之间的亲密度。比如，疑似吸毒人员经常在吸毒高发区域驻留，驻留超过一定时间就开始积分，当积分到一定阈值后即产生预警。除此之外，还可以实现人员区域频繁出没积分、昼伏夜出积分、活动骤降积分、活动骤增积分、群体区域出没积分、区域聚集积分等模型。

人像聚类是通过将人像数据对象的集合分成由类似的对象组成的多个类的过程。由聚类所生成的簇是一组数据对象的集合，这些对象与同一个簇中的对象相似，与其他簇中的对象相异。“物以类聚，人以群分”，在自然科学和社会科学中，存在着大量的分类问题。聚类分析又称群分析，是研究人像聚类分类问题的一种统计分析方法。聚类分析起源于分类，但是聚类不等于分类。聚类与分类的不同在于，聚类所要求划分的类是未知的。人像聚类采用高维聚类分析方法，通过对人像特征数据多维度的分析聚类，实现人像特征数据的融合分析。

关系图谱基于人像数据库建立关系网络图，是一种可视化的智能分析产品。通过数据抽取和转换，图计算引擎对数据进行查询和分析，实现秒级数据运算和数据可视化，并以图谱的形式展示给用户。业务单位可以基于已建好的图谱进行查询、分析和探索，通过关系图谱可以实现犯罪嫌疑人团伙成员之间的关系网络结构、活动成员规律分析和亲密度分析等应用。

（三）大数据助力民航机场航班延误预警

民航机场发生突发性大面积航班延误，会严重损害民航机场、航空公司以及旅客的经济利益。大数据技术可以预测分析出机场大面积延误的可能性，为机场和航空公司发出预警信息，使管理部门可以提前准备应对措施，将经济损失降到最低。

航班延误分析预测是大数据分析应用的综合体现，需要依赖于航班历史数据统计，并结合各种历史因素和现状，综合考虑天气、排班等情况，才能得到准确的预测结果。

航班延误预测主要涉及的规则包括但不限于如下内容：

（1）航班延误的整体趋势和特征，如航班季节性、区域性、时段性延误特征以及延误的航空公司、延误类型、飞机机型、航班类型等；

（2）保障资源的调配；

（3）前序航班延误情况、延误波及的程度、延误波及的机场或区域等；

（4）其他影响航班延误的因素。

航班延误预测除了包括准点预测，还可给出不同延误时长的概率预测。一般可结合大数据统计分析和预测模型，给出 15 分钟以内、15 分钟～1 个小时、1～2 个小时、2～3 个小时、3～4 个小时这几个延误时长的概率分析，甚至给出航班取消的概率供旅客参考。

航班延误分析预测应用可以为生产调度平台提供航班延误预警数据，辅助运行指挥中心、各保障管理单位做出决策。航班延误预警数据主要包括延误时间范围、延误航班数量、取消航班数量、航班延误原因等。

（四）大数据助力医疗疾病预测

大数据疾病预测是指通过分析患者的症状、体征、病史等信息，结合大数据的运算能力和算法模型建立预测模型，从中获取有关疾病的一些预测结论。在大数据技术的助力下，疾病预测可以提高医疗预警和检测的准确性，可以及时识别并预防潜在的传染病暴发，也有助于医疗资源的有效配置，从而使医生可以对患者的症状和病史进行更加全面精确的分析，做出精准的诊断和治疗。

2021 年 10 月 21 日，陈润生院士于全国高性能计算学术年会上指出，人类历史上只有最近 30 年才可以破译自己的遗传密码。能够测出遗传密码，也就得到了前所未有的、与生物相关的大数据。大数据必然会带来大量的信息，信息的解析给生物医学带来的推动力是巨大的。比如，美国某著名影星来自所谓的乳腺癌家族，过去没有大数据的帮助，不知道病因，有大数据测量遗传密码后，她发现她的家族有基因 BRCA1 的突变。由于这么一点遗传序列的变化，她的家族大多数人到一定年龄就会罹患乳腺癌去世。在她还很年轻的时候，她也测了自己的遗传密码，发现自己也是如此，所以决定做预防性治疗，杜绝了自己此后患乳腺癌的可能性。再如，一个发表在重要学术刊物《自然》上的例子，一位美国教授定期抽自己的血液进行大数据检测，希望通过大数据判断他的健康情况和预测未来的疾病。测量结果说明，他是糖尿病的危险者。过了一段时间，他发现自己的血糖确实是升高了，就开始控制自己的饮食、减肥等。

（五）大数据助力风能资源开发与管理

在风能资源的开发与管理中，风电场选址一直是风电项目的最前端、最关键的工作之一。由于风力具有间歇性和难以量化的特征，传统风电场选址的难点体现在三个方面：一是可以利用的统计数据资源较少，可利用的测风塔的数据不具有绝对的代表性；二是依靠当地人的信息和过往经验做出的判断并非完全精确，风险较大；三是人工实地现场选址覆盖范围广，操作难度大且选址周期长。格林威治平台是远景能源公司全球首创的基于智能传感网和云计算的智慧风场全生命周期管理系统。该系统可以为客户提供风电场规划、风资源评估、精细化微观选址等技术解决方案。远景能源公司通过风电管理平台格林云，用大数据产品将风电企业数据整合，绘制高精度风资源图谱。用户可以通过电脑终端登录云平台，或者通过云平台的移动端，迅速查到某个地方的风速、海拔、风资源情况等。系统可以在短时间内迅速给出风机布置规划、项目容量、计算投资收益率，并给出具体的测风方案。高精度的风资源图谱可以实现全局宏观选址，也将测风方案和整个区域的规划绑定在一起，这改变了传统做法，让测风塔具有真正的代表性。传统的选址方法，需要请专门的设计研究部门进行专项选址工作，不但要耗费更多的时间，而且需要沟通的精力及不可控的经济成本。大数据的助力实现了成本的降低。

四、大数据战略与数字经济

（一）大数据战略

2-5 推动大数据与实体经济深度融合，提高经济发展质量和效益

2015 年 8 月 31 日，国务院印发了《促进大数据发展行动纲要》，这是促进大数据发展的第一份纲领性文件。其从国家战略资源的高度上，明确地提出了建设数据强国的目标，突出强调了大数据资源的战略地位，系统地部署了促进大数据发展的主要任务。2015 年 10 月 29 日，习近平总书记在党的十八届五中全会上明确提出实施网络强国战略，实施“互联网＋”行动计划，发展分享经济，实施国家大数据战略。实施国家大数据战略，旨在全面推进我国大数据发展和应用，加快建设数据强国，发挥大数据在市政及经济管理层面的作用，为国家未来的经济发展和公共服务提供更多的信息支持和决策参考，促进保障和改善民生、保障国家数据安全、推动数据资源开发共享，释放技术红利、制度红利和创新红利，促进经济转型升级。

（二）数字经济

2-6 推动数据高效流通 构筑数字经济新优势

数字经济作为一个内涵比较宽泛的概念，凡是直接或间接利用数据来引导资源发挥作用，推动生产力发展的经济形态都可以纳入其范畴。作为经济学概念的数字经济，是人类通过大数据（数字化的知识与信息）的识别、选择、过滤、存储、使用，引导、实现资源的快速优化配置与再生、实现经济高质量发展的经济形态。《数字经济及其核心产业统计分类（2021）》（国家统计局令第 33 号）则将数字经济界定为以数据资源作为关键生产要素、以现代信息网络作为重要载体、以信息通信技术的有效使用作为效率提升和经济结构优化的重要推动力的一系列经济活动。

数字经济作为一种有别于农业经济和工业经济的新型经济形态，其呈现出一些传统经济所不存在的数字化、智能化、平台化和共享化的独有特点。

（三）实现大数据战略背景下数字经济发展

数字经济是建设数字中国的重要内容，大力发展数字经济有利于促进产业结构优化升级，推动经济转型发展，实现效率变革、质量变革、动力变革，建设现代化经济体系。习近平特别强调大数据在建设现代化经济体系中的作用，强调要推动大数据同实体经济深度融合，构建以数据为关键要素的数字经济，为发展数字经济、加快建设中国提供了行动指南。

推动大数据与实体经济深度融合，是建设数字经济、实现高质量发展的重要途径。当前，我国经济发展问题在供给和需求两侧都有，但主要集中在供给侧，具体表现为：落后产业产能严重过剩与高端技术产业产品供给不足并存，产业内部产品类型单一与消费者需求复杂多样并存，产品市场需求量大与产品质量低、有效供给不足并存。因此，当前经济工作的主要内容是以供给侧结构性改革为着力点，重点解决经济新常态下我国经济发展中的结构性问题，即通过改革创新解决传统发展方式、经济结构下供给能力与需求变化不相适应的矛盾。大数据的资源和技术优势与产业结构优化需求之间契合度高，能够助力传统产业转型升级，促进制造业、农业、服务业向数字化、网络化、智能化方向发展。具体而言，大数据与实体经济融合，可以依托“互联网＋”积累的数据资源优势和平台优势，实现传统产业内外部生产链条的连接，促进传统产业体系向现代产业体系过渡。随着工业云、工业互联网等基础设施和工业大数据平台的建设和完善，大数据能够放大消费群体需求，引领制造业生产个性化、定制化产品，为用户提供针对性服务，发挥出大数据与传统产业融合的叠加效应，使实体经济发展效益倍增，促进经济发展模式由物质生产向信息生产转变，服务模式由以物质服务为主向以信息服务为主转变，提高生产力水平和质量，增加有效供给，推动经济发展质量和效益的同步提升。

大数据是加快发展数字经济的新动能，具有精细化、高效性、可循环使用的优势，在促进数字产业化和产业数字化两方面具有重要作用。在数字产业化方面，大数据产业作为数字经济领域的重要组成部分，是推进供给侧结构性改革、建设现代化经济体系的重要抓手。我国高度重视大数据技术产业的发展，将推动大数据技术产业创新发展作为实施国家大数据战略的首要要求，并强调在核心技术、基础设施建设等方面推动大数据技术产业的发展。大数据技术产业日益成为新的经济增长点，在全国范围内正逐步由互联网、电信等领域深入其他领域，对未来信息产业格局产生重大影响。在产业数字化方面，在大数据技术产业创新发展的带动下，数据的基础资源和创新引擎作用日益凸显。以数据为引领的共享经济、绿色低碳经济等数字经济发展，催生着供给侧改革过程中的新兴经济业态，激发经济发展中管理模式、生产模式、服务模式、商业模式创新，塑造现代化经济体系。大数据作为经济转型发展新动能的效益得以彰显，为我国从制造大国向制造强国、智造强国迈进注入了新动力。

在习近平关于实施国家大数据战略重要论述的指导下，发展中国经济要以数据为核心，不断完善数字基础设施、推动数据资源开放共享、保障数据安全，以数字经济为重点，促进大数据与实体经济深度融合，推动数字经济发展。

拓展知识

什么是商业智能？

商业智能（Business Intelligence，BI），又称商业智慧或商务智能，指用现代数据仓库技术、线上分析处理技术、数据挖掘和数据展现技术进行数据分析以实现商业价值。

网上普遍认为，商业智能的概念最早在1996年由加特纳集团（Gartner Group）提出。加特纳集团将商业智能定义为：商业智能描述了一系列的概念和方法，通过应用基于事实的支持系统来辅助商业决策的制定。商业智能技术提供使企业迅速分析数据的技术和方法，包括收集、管理和分析数据，将这些数据转换为有用的信息，然后分发到企业各处。

事实上，IBM的研究员汉斯·彼得·鲁恩早在1958年就用到了这一概念。他将“智能”定义为“对事物相互关系的一种理解能力，并依靠这种能力去指导决策，以达到预期的目标”。

在1989年，霍华德将商业智能描述为“使用基于事实的决策支持系统，来改善业务决策的一套理论与方法”。

商业智能通常被理解为将企业中现有的数据转化为知识，帮助企业做出明智的业务经营决策的工具。这里所谈的数据包括来自企业业务系统的订单、库存、交易账目、客户和供应商等来自企业所处行业和竞争对手的数据以及来自企业所处的其他外部环境中的各种数据。而商业智能能够辅助的业务经营决策，既可以是操作层的，也可以是战术层和战略层的。为了将数据转化为知识，需要利用数据仓库、联机分析处理（OLAP）工具和数据挖掘等技术。因此，从技术层面上讲，商业智能不是新技术，它只是数据仓库、联机分析处理和数据挖掘等技术的综合运用。

可以认为，商业智能是对商业信息的搜集、管理和分析过程，目的是使企业的各级决策者获得知识或洞察力（Insight），促使他们做出对企业更有利的决策。商业智能一般由数据仓库、联机分析处理、数据挖掘、数据备份和恢复等部分组成。商业智能的实现涉及软件、硬件、咨询服务及应用，其基本体系结构包括数据仓库、联机分析处理和数据挖掘三个部分。

因此，把商业智能看作一种解决方案比较恰当。商业智能的关键是从许多来自不同的企业运作系统的数据中提取出有用的数据并进行清理，以保证数据的正确性，然后经过抽取（Extraction）、转换（Transformation）和装载（Load），即ETL过程，合并到一个企业级的数据仓库里，从而得到企业数据的一个全局视图。在此基础上，利用合适的查询和分析工具、数据挖掘工具（大数据魔镜）、联机分析处理工具等对其进行分析和处理（这时信息变为辅助决策的知识），最后将知识呈现给管理者，为管理者的决策过程提供支持。

提供商业智能解决方案的著名IT厂商包括微软、IBM、Oracle、SAP、Informatica、Microstrategy、SAS、Royalsoft、帆软等。

任务二　大数据思维

引导案例

淘宝数据魔方和阿里信用贷款

◎**案例描述**

每天有数以万计的交易在淘宝上进行。与此同时，相应的交易时间、商品价格、购买数量会被记录。更重要的是，这些信息可以与买方和卖方的年龄、性别、地址，甚至兴趣爱好等个人特征信息相匹配。各大中小城市的百货大楼和大大小小的超市都做不到这一点，而互联网时代的淘宝可以。

淘宝数据魔方就是淘宝平台上的大数据应用方案。通过这一服务，商家可以了解淘宝平台上的行业宏观情况、自己品牌的市场状况、消费者行为情况等，并可以据此做出生产、库存决策。与此同时，更多的消费者也能以更优惠的价格买到更心仪的商品。

阿里信用贷款是阿里巴巴通过掌握的企业交易数据，借助大数据技术自动分析判定是否给予企业贷款，全程不会出现人工干预。截至目前，阿里巴巴已经放贷300多亿元，坏账率约为0.3%，大大低于商业银行。

◎**案例解析**

目前国内的互联网金融行业正处于发展阶段，而大数据技术对互联网金融的发展有着至关重要的作用。互联网金融不可避免地会产生海量的数据，如何利用大数据技术对这些数据进行合理分析是互联网金融成功发展的关键。

知识学习

一、具备大数据思维的意义

大数据技术为人们的生活和工作带来了巨大的改变，在社会生活中占据着重要位置。随着对大数据的重视度越来越高，数据种类不断全面化，其来源也越来越多，同时数据的计算、存储等功能也在快速进步。在当前大数据背景下，合理运用大数据思维，不仅可以促进人们思维方式的有效转变，还可以加强各行业的数据分析与处理效率，这具有十分重要的应用意义。相关工作人员只有具备正确的大数据思维，才能够充分利用大数据技术，进而转变传统思维模式，以此保证相关决策更具备科学性和准确性。如金融相关行业与企业财务管理工作都纷纷运用大数据思维，以保证数据分析、处理结果更加准确、快速等。运用大数据思维不仅可以升级与优化传统管理思维内容，而且可以积极补缺以往管理方式存在的不足之处，推广性较强。

二、大数据思维的原理

2－7百度大数据看迁徙

2－8大数据思维核心原理

大数据思维有十大核心原理：

（一）数据核心原理——从“流程”核心转变为“数据”核心

数据核心原理阐述了大数据时代计算模式的转变，也就是从“流程”核心转变为“数据”核心。以数据为核心，反映了当下IT产业的变革，数据成为人工智能的基础，也成为智能化的基础，所以数据比流程更重要，数据可开发出更深层次的信息。科学进步越来越多地由数据来推动，海量数据给数据分析既带来了机遇，也构成了新的挑战。例如，2022年7月28日，以“共生、共创、共赢”为主题的第二届“华为数据存储用户精英论坛”在广州成功举行。在该论坛上，华为围绕客户业务实际需求，全面阐述了数据存储产业“以数据为中心”的理念，通过突破数据存储的边界、突破数据保护的边界、突破数据管理的边界、突破产业合作的边界、突破绿色节能的边界，切实帮助企业解决业务问题，助力客户实现商业成功。

（二）数据价值原理——从功能是价值转变为数据是价值

各行各业在非互联网时期的产品，功能就是它们的价值；而现在互联网的产品，数据才是它们的价值。如今大数据这个概念几乎应用到了所有人类致力于发展的领域中，数据能告诉我们每一个用户的需求倾向，他们想要什么服务，对什么感兴趣，每个用户的需求有哪些特性，哪些需求可以被集合到一起来进行分类。大数据是数据数量上的增加，能够实现从量变到质变的过程。

（三）全样本原理——从抽样转变为需要全部数据样本

大数据思维的理念需要完整的数据样本，而不是抽样数据，这意味着你不了解的信息比你了解的信息更重要。但如果抽样数据足够多，就会让人能够全方位了解，能够看得见、摸得着规律，这种统计推断的思维方式和大数据的思维是很相像的，就是说掌握的数据足够多，多到为研究总体的全部数据，那么就能做出相对准确的判断，这就是大数据。数据越多，真实性也就越大，因为大数据包含了全部的数据。

（四）关注效率原理——从关注精确度转变为关注效率

竞争是企业的动力，而效率是企业的生命，效率低与效率高是衡量企业成败的关键。一般来讲，投入与产出比是效率，追求高效率也就是追求高价值。手工、机器、自动机器、智能机器之间效率是不同的，智能机器效率更高，已能代替人的部分思维和劳动。智能机器核心是大数据制动，而大数据制动的速度更快。在快速变化的市场，快速预测、快速决策、快速创新、快速定制、快速生产、快速上市成为企业行动的准则。也就是说，速度就是价值，效率就是价值，而这一切离不开大数据思维。

（五）关注相关性原理——从关注因果关系转变为关注相关性

大数据的特点是由传统的因果思维向相关性思维转变。因果思维就是找到原因，得到结果，而大数据没有必要找到原因，不需要科学的手段证明事件与事件之间的必然联系。我们只需要知道，当出现某种行为迹象的时候，按照一般情况统计数据，数据高概率显示会有相应的结果，当再次发现这种迹象的时候，我们就可以做出决策。也就是说，我们需要放弃对因果关系的渴求，而仅需关注相关性，即只需要知道是什么，而不需要知道为什么。

（六）预测原理——从不能预测转变为可以预测

大数据的核心就是预测，大数据能够预测体现在很多方面。大数据不是要教机器像人一样思考，相反，它是把数学算法运用到海量的数据上来预测事情发生的可能性。正因为在大数据规律面前，每个人的行为都跟别人一样，没有本质变化，所以商家会比消费者更了解消费者的行为。

现在各行各业通过大数据预测、大数据记录预测、大数据统计预测、大数据模型预测、大数据分析预测、大数据模式预测、大数据深层次信息预测等，将数据算法运用到海量数据上，进而预测事件发生的可能性。

例如，金融行业应该是运用大数据技术最频繁的一个行业。证券和银行经常会运用大数据技术进行数据分析，通过对数据的监控和分析，有效规避风险。金融行业面临的行业挑战有很多，如证券欺诈预警、超高金融分析、信用卡欺诈和企业信用风险等一系列数据风险挑战。行业内面临的种种问题，都需要大数据发挥其预测的核心功能，有效规避风险。

（七）信息找人原理——从人找信息转变为信息找人

现在互联网和大数据的发展，是一个从人找信息，到信息找人的过程。先前是人找信息，人找人，信息找信息，现在是信息找人的时代。信息找人的时代，我们回到了一种最初的方式，广播模式是信息找人，我们听收音机和看电视，这是信息推给我们的，但是有一个缺陷，不知道我们是谁。后来互联网反其道而行，提供搜索引擎，让我们知道如何找到我们所需要的信息，所以搜索引擎是一个很关键的技术。我们如果用到了这些技术就能够用好这个思维方式。

现在从搜索引擎向推荐引擎转变。如今，推荐引擎时代已经正式到来，使用搜索引擎的频率会大大降低，使用的时长也会大大缩短。就是说从人找信息到信息找人会成为一个趋势，推荐引擎知道我要知道，所以是更好的技术。乔布斯说，让人感受不到技术的技术是最好的技术。

（八）机器懂人原理——从人懂机器转变为机器更懂人

大数据时代，机器能够从各种各样的数据中模拟和实现人类的思维获取知识，创新重构，提升自身处理问题的能力，最终帮助我们获取各种有价值的信息。机器从原本的没有常识，到如今逐步变得有点常识，这就是智能化的最大变化，也是大数据的最大体现。

大数据技术的一个核心目标是要从体量巨大、结构繁多的数据中挖掘出潜在的规律，从而使数据发挥最大化的价值。由计算机代替人去挖掘信息、获取知识，从各种各样的数据（包括结构化、半结构化和非结构化数据）中快速获取有价值的信息。

（九）电子商务智能原理——改变电子商务模式，让电子商务更加智能

大数据改变了电子商务模式，让电子商务更智能。例如，购物网站可以推荐我们想买的东西，短视频平台知道我们的喜好等。这些软件就是通过记录用户的互联网行为，经过计算处理，产生深层次的信息，再经过数据挖掘，为企业提供更好的决策和营销，从而让服务变得更加智能。

（十）定制产品原理——从企业生产产品转变为客户定制产品

大规模定制为大量消费者定制产品和服务，成本低，又兼具个性化。要做到为客户定制产品，就必须了解客户的需要，定制产品成为客户的心愿，也就成为企业发展的新方向，这需要依靠大数据技术。

大数据思维是客观存在的，是新的思维观。用大数据思维方式思考问题、解决问题是当下潮流。大数据思维开启了一次重大的时代转型。

三、大数据思维方式

大数据技术带来的变革是多方面的，但是首要的变革是思维方式上的，主要表现为全局性、模糊性、关联性以及动态性认知路径，这些新的认知路径具有复杂的思维特性，并得到了技术层面的实现。

（一）大数据思维的全局性认知路径

在没有大数据技术的时候，人们认知复杂现象，即需要很长时间获取大量资料的时候，出于资料时效性的要求，通常会采用随机抽取样本，选择具有代表性的资料或者选取具有重要作用的样本数据研究，从而认知现象总体特征。这样的做法虽然能近似获取研究结论，但并不能得到现象总体数据，这种局部性认知路径下对现象总体的认知往往具有一定的局限性和片面性。如今，在计算机技术和互联网广泛运用、计算机运行速度不断提高、存储空间逐渐加大的前提下，使用大数据思维去认知现象总体，就可以运用几乎所有的相关数据资源，对现象总体能有一个全局性的认知，从而避免一些细节性的、容易被忽略的信息被遗漏，实现高效率地利用大数据思维去认知外界事物。

不过，大数据思维的全局性认知路径也有明显的不足。虽然现如今的计算机技术可以处理和容纳足够多的数据，但这些数据中大部分都是无用数据或者价值含量比较小的数据。若想从足够多的数据中筛选出有价值的数据，还需要技术进步的支持，这样一来，不仅增加了不必要的成本，而且筛选出的数据缺乏一定的有效性和针对性。所以，不能一味夸大全局性认知路径，不能完全摒弃以往传统的样本获取方法。

（二）大数据思维的模糊性认知路径

由于以往传统的样本获取方法的局限性，在认识现象总体的过程中，为了使认知结果

的准确性得到保证，从而为下一步研究提供资料，就需要获取的数据资料尽可能结构化、精确化。然而，随着计算机技术的不断进步，大量的非结构化、异构化的数据资料能够得到储存和分析，这对以往传统的精确性认知路径构成了一定的挑战，因为以往只有少量结构化数据。为了能够运用到所有数据，包括大量的非结构化、异构化的数据，就不得不运用模糊性认知路径，容许一定程度上的隐约与混杂，这样，才能极大地提高认知效率，从数据中获得更多更好的知识资源和洞察视角。大数据思维的模糊性认知路径在一定程度上弥补了全局性认知路径的不足，即减少了分析计算的时间和流程，不再一味地追求精准性，而是追求高效性和实用性。

不过，模糊性认知路径在一些数据要求高的领域，如航空科技等，并不适用，因为这些领域的数据不容许一点模糊和差错，必须要求精准。所以是否采用模糊性认知路径需要根据具体情况具体分析。

（三）大数据思维的关联性认知路径

由于传统的数据认知过程中认知的数据较少，可能无法反映现象中的全部关系，也就是说相关性无法得到应有的满足。而大数据技术可以挖掘出现象内部之间隐约的关联关系，大数据的核心是预测，预测正是建立于数据关联关系分析的基础上的，从而能够做到比较精准的认知、预知和预测。另外，通过关注这种大数据线性的关联关系以及复杂的非线性关联关系，还能发现以往不曾关注的事物之间的关联，进一步掌握以前无法理解的复杂技术和社会动态。

（四）大数据思维的动态性认知路径

由于传统的数据认知遵循非对即错的原则，即静态的、一维的、直线式的思维方式，而世界上的事物与现象都是以多维度状态和多层次形态呈现出来的，所以静态性认知路径无疑制约了人类对数据价值的判断和更深层次的理解。大数据分析技术可以从事物现象的多维度层面认知，即动态的、灵活的、模糊的、立体的思维方式，从而使人类的认知过程不会受到复杂背景环境的限制和影响。

另外，静态性认知路径为了做到数据分析结果的准确性，需要花费大量精力去检测并去除错误数据。相反，动态性认知路径会借助一定的反馈机制来利用这些错误数据，最终获得数据精准的内在价值。

拓展知识

《促进大数据发展行动纲要》中“主要任务”部分

一、加快政府数据开放共享，推动资源整合，提升治理能力

（一）大力推动政府部门数据共享

加强顶层设计和统筹规划，明确各部门数据共享的范围边界和使用方式，厘清各部门数据管理及共享的义务和权利，依托政府数据统一共享交换平台，大力推进国家人口基础信息库、法人单位信息资源库、自然资源和空间地理基础信息库等国家基础数据资源，以及金税、金关、金财、金审、金盾、金宏、金保、金土、金农、金水、金质等信息系统跨部门、跨区域共享。加快各地区、各部门、各有关企事业单位及社会组织信用信息系统的互联互通和信息共享，丰富面向公众的信用信息服务，提高政府服务和监管水平。结合信息惠民工程实施和智慧城市建设，推动中央部门与地方政府条块结合、联合试点，实现公共服务的多方数据共享、制度对接和协同配合。

（二）稳步推动公共数据资源开放

在依法加强安全保障和隐私保护的前提下，稳步推动公共数据资源开放。推动建立政府部门和事业单位等公共机构数据资源清单，按照“增量先行”的方式，加强对政府部门数据的国家统筹管理，加快建设国家政府数据统一开放平台。制定公共机构数据开放计划，落实数据开放和维护责任，推进公共机构数据资源统一汇聚和集中向社会开放，提升政府数据开放共享标准化程度，优先推动信用、交通、医疗、卫生、就业、社保、地理、文化、教育、科技、资源、农业、环境、安监、金融、质量、统计、气象、海洋、企业登记监管等民生保障服务相关领域的政府数据集向社会开放。建立政府和社会互动的大数据采集形成机制，制定政府数据共享开放目录。通过政务数据公开共享，引导企业、行业协会、科研机构、社会组织等主动采集并开放数据。

（三）统筹规划大数据基础设施建设

结合国家政务信息化工程建设规划，统筹政务数据资源和社会数据资源，布局国家大数据平台、数据中心等基础设施。加快完善国家人口基础信息库、法人单位信息资源库、自然资源和空间地理基础信息库等基础信息资源和健康、就业、社保、能源、信用、统计、质量、国土、农业、城乡建设、企业登记监管等重要领域信息资源，加强与社会大数据的汇聚整合和关联分析。推动国民经济动员大数据应用。加强军民信息资源共享。充分利用现有企业、政府等数据资源和平台设施，注重对现有数据中心及服务器资源的改造和利用，建设绿色环保、低成本、高效率、基于云计算的大数据基础设施和区域性、行业性数据汇聚平台，避免盲目建设和重复投资。加强对互联网重要数据资源的备份及保护。

（四）支持宏观调控科学化

建立国家宏观调控数据体系，及时发布有关统计指标和数据，强化互联网数据资源利用和信息服务，加强与政务数据资源的关联分析和融合利用，为政府开展金融、税收、审计、统计、农业、规划、消费、投资、进出口、城乡建设、劳动就业、收入分配、电力及产业运行、质量安全、节能减排等领域运行动态监测、产业安全预测预警以及转变发展方式分析决策提供信息支持，提高宏观调控的科学性、预见性和有效性。

（五）推动政府治理精准化

在企业监管、质量安全、节能降耗、环境保护、食品安全、安全生产、信用体系建设、旅游服务等领域，推动有关政府部门和企事业单位将市场监管、检验检测、违法失信、企业生产经营、销售物流、投诉举报、消费维权等数据进行汇聚整合和关联分析，统一公示企业信用信息，预警企业不正当行为，提升政府决策和风险防范能力，支持加强事中事后监管和服务，提高监管和服务的针对性、有效性。推动改进政府管理和公共治理方式，借助大数据实现政府负面清单、权力清单和责任清单的透明化管理，完善大数据监督和技术反腐体系，促进政府简政放权、依法行政。

（六）推进商事服务便捷化

加快建立公民、法人和其他组织统一社会信用代码制度，依托全国统一的信用信息共享交换平台，建设企业信用信息公示系统和“信用中国”网站，共享整合各地区、各领域信用信息，为社会公众提供查询注册登记、行政许可、行政处罚等各类信用信息的一站式服务。在全面实行工商营业执照、组织机构代码证和税务登记证“三证合一”“一照一码”登记制度改革中，积极运用大数据手段，简化办理程序。建立项目并联审批平台，形成网上审批大数据资源库，实现跨部门、跨层级项目审批、核准、备案的统一受理、同步审查、信息共享、透明公开。鼓励政府部门高效采集、有效整合并充分运用政府数据和社会数据，掌握企业需求，推动行政管理流程优化再造，在注册登记、市场准入等商事服务中提供更加便捷有效、更有针对性的服务。利用大数据等手段，密切跟踪中小微企业特别是新设小微企业运行情况，为完善相关政策提供支持。

（七）促进安全保障高效化

加强有关执法部门间的数据流通，在法律许可和确保安全的前提下，加强对社会治理相关领域数据的归集、发掘及关联分析，强化对妥善应对和处理重大突发公共事件的数据支持，提高公共安全保障能力，推动构建智能防控、综合治理的公共安全体系，维护国家安全和社会安定。

（八）加快民生服务普惠化

结合新型城镇化发展、信息惠民工程实施和智慧城市建设，以优化提升民生服务、激发社会活力、促进大数据应用市场化服务为重点，引导鼓励企业和社会机构开展创新应用研究，深入发掘公共服务数据，在城乡建设、人居环境、健康医疗、社会救助、养老服务、劳动就业、社会保障、质量安全、文化教育、交通旅游、消费维权、城乡服务等领域开展大数据应用示范，推动传统公共服务数据与互联网、移动互联网、可穿戴设备等数据的汇聚整合，开发各类便民应用，优化公共资源配置，提升公共服务水平。

二、推动产业创新发展，培育新兴业态，助力经济转型

（一）发展工业大数据

推动大数据在工业研发设计、生产制造、经营管理、市场营销、售后服务等产品全生命周期、产业链全流程各环节的应用，分析感知用户需求，提升产品附加价值，打造智能工厂。建立面向不同行业、不同环节的工业大数据资源聚合和分析应用平台。抓住互联网跨界融合机遇，促进大数据、物联网、云计算和三维（3D）打印技术、个性化定制等在制造业全产业链集成运用，推动制造模式变革和工业转型升级。

（二）发展新兴产业大数据

大力培育互联网金融、数据服务、数据探矿、数据化学、数据材料、数据制药等新业态，提升相关产业大数据资源的采集获取和分析利用能力，充分发掘数据资源支撑创新的潜力，带动技术研发体系创新、管理方式变革、商业模式创新和产业价值链体系重构，推动跨领域、跨行业的数据融合和协同创新，促进战略性新兴产业发展、服务业创新发展和信息消费扩大，探索形成协同发展的新业态、新模式，培育新的经济增长点。

（三）发展农业农村大数据

构建面向农业农村的综合信息服务体系，为农民生产生活提供综合、高效、便捷的信息服务，缩小城乡数字鸿沟，促进城乡发展一体化。加强农业农村经济大数据建设，完善村、县相关数据采集、传输、共享基础设施，建立农业农村数据采集、运算、应用、服务体系，强化农村生态环境治理，增强乡村社会治理能力。统筹国内国际农业数据资源，强化农业资源要素数据的集聚利用，提升预测预警能力。整合构建国家涉农大数据中心，推进各地区、各行业、各领域涉农数据资源的共享开放，加强数据资源发掘运用。加快农业大数据关键技术研发，加大示范力度，提升生产智能化、经营网络化、管理高效化、服务便捷化能力和水平。

（四）发展万众创新大数据

适应国家创新驱动发展战略，实施大数据创新行动计划，鼓励企业和公众发掘利用开放数据资源，激发创新创业活力，促进创新链和产业链深度融合，推动大数据发展与科研创新有机结合，形成大数据驱动型的科研创新模式，打通科技创新和经济社会发展之间的通道，推动万众创新、开放创新和联动创新。

（五）推进基础研究和核心技术攻关

围绕数据科学理论体系、大数据计算系统与分析理论、大数据驱动的颠覆性应用模型探索等重大基础研究进行前瞻布局，开展数据科学研究，引导和鼓励在大数据理论、方法及关键应用技术等方面展开探索。采取政产学研用相结合的协同创新模式和基于开源社区的开放创新模式，加强海量数据存储、数据清洗、数据分析发掘、数据可视化、信息安全与隐私保护等领域关键技术攻关，形成安全可靠的大数据技术体系。支持自然语言理解、机器学习、深度学习等人工智能技术创新，提升数据分析处理能力、知识发现能力和辅助决策能力。

（六）形成大数据产品体系

围绕数据采集、整理、分析、发掘、展现、应用等环节，支持大型通用海量数据存储与管理软件、大数据分析发掘软件、数据可视化软件等软件产品和海量数据存储设备、大数据一体机等硬件产品发展，带动芯片、操作系统等信息技术核心基础产品发展，打造较为健全的大数据产品体系。大力发展与重点行业领域业务流程及数据应用需求深度融合的大数据解决方案。

（七）完善大数据产业链

支持企业开展基于大数据的第三方数据分析发掘服务、技术外包服务和知识流程外包服务。鼓励企业根据数据资源基础和业务特色，积极发展互联网金融和移动金融等新业态。推动大数据与移动互联网、物联网、云计算的深度融合，深化大数据在各行业的创新应用，积极探索创新协作共赢的应用模式和商业模式。加强大数据应用创新能力建设，建立政产学研用联动、大中小企业协调发展的大数据产业体系。建立和完善大数据产业公共服务支撑体系，组建大数据开源社区和产业联盟，促进协同创新，加快计量、标准化、检验检测和认证认可等大数据产业质量技术基础建设，加速大数据应用普及。

三、强化安全保障，提高管理水平，促进健康发展

（一）健全大数据安全保障体系

加强大数据环境下的网络安全问题研究和基于大数据的网络安全技术研究，落实信息安全等级保护、风险评估等网络安全制度，建立健全大数据安全保障体系。建立大数据安全评估体系。切实加强关键信息基础设施安全防护，做好大数据平台及服务商的可靠性及安全性评测、应用安全评测、监测预警和风险评估。明确数据采集、传输、存储、使用、开放等各环节保障网络安全的范围边界、责任主体和具体要求，切实加强对涉及国家利益、公共安全、商业秘密、个人隐私、军工科研生产等信息的保护。妥善处理发展创新与保障安全的关系，审慎监管，保护创新，探索完善安全保密管理规范措施，切实保障数据安全。

（二）强化安全支撑

采用安全可信产品和服务，提升基础设施关键设备安全可靠水平。建设国家网络安全信息汇聚共享和关联分析平台，促进网络安全相关数据融合和资源合理分配，提升重大网络安全事件应急处理能力；深化网络安全防护体系和态势感知能力建设，增强网络空间安全防护和安全事件识别能力。开展安全监测和预警通报工作，加强大数据环境下防攻击、防泄露、防窃取的监测、预警、控制和应急处置能力建设。

任务三　大数据素养

引导案例

某广告公司的数字素养和技能提升

◎案例描述

某广告公司是一家以数字营销为主要业务的公司。在数字化时代，数字素养和技能提升对该公司的核心竞争力至关重要。因此，公司通过以下几个方面对员工进行数字素养和技能提升的培训：

（1）基础培训：每个员工都必须参加一系列电脑和网络等方面的基础培训，并进行考核，以确保基础技能达标。

（2）专业培训：公司邀请各个领域资深专家进行专业培训，如数据分析工具的使用、数字营销策略的制定等，以帮助员工不断提升专业技能水平。

（3）社交培训：公司为员工提供各种社交培训机会，如领导力培训、团队活动等。这有助于员工增强团队合作能力，提高社交技能。

此外，公司还通过技能提升的方式，创新业务模式。例如，在数字营销领域，公司通过创新数字产品和服务，与竞争对手形成差异化竞争。这也进一步证明了数字素养和技能提升对公司发展的重要性。

◎案例解析

数字素养和技能提升是信息化时代人们必备的能力和经验。通过案例可以看出数字素养和技能提升是企业和个人的价值所在。因此，不断提升数字素养和技能水平，是保持生存竞争力和促进职业发展的必要条件。

知识学习

一、大数据素养的含义和内容

大数据素养包含了个体从意识到能力再到伦理道德层次的全面要求，它要求个体对于数据本身所代表的事物应当有全面而细致的判断、分析和转化能力。从具体内容上看，大数据素养包含数据意识、数据管理能力、数据分析能力、数据交流能力和数据伦理五大方面的能力集合。

（一）数字公民素养

2-9 数字公民素养的内容

所谓数字公民，就是指在数字社会中，能遵守法律和道德规范，履行其权利和义务，能够理解与信息技术相关的人文和社会问题，并能合理使用信息技术参与社会活动、促进社会发展的公民。

作为一位合格的数字公民，需要具备一定的数字素养。数字公民素养是对于传统公民素养的发展、深化与升华，融入了数字化时代对公民素养的新要求，是公民在数字化社会中生存的基本能力，是合格数字公民所应展现出来的关键素养。按照联合国教科文组织的相关要求，具备数字素养的个体应掌握一定的硬件设备和软件操作能力，具备浏览、搜索和过滤信息及数字内容的能力，可以通过数字技术进行互动、分享和合作，并以公民身份参与社会事务和服务，能够保护个人数据和隐私，能够创造性地使用数字技术等。

中央网络安全和信息化委员会印发的《提升全民数字素养与技能行动纲要》指出，数字素养是数字社会公民学习工作生活应具备的数字获取、制作、使用、评价、交互、分享、创新、安全保障、伦理道德等一系列素质与能力的集合。

数字公民素养有五个素养领域，分别为数字生存能力、数字安全能力、数字思维能力、数字生产能力以及数字创新能力。这五种能力呈金字塔式分布，数字生存能力为塔底，是数字公民素养中最基本的能力，依次排开，数字创新能力为塔尖，相对要求最高。

（1）数字生存能力。现如今我国数字化程度越来越高，比如，使用软件购买食物衣物、使用电子设备查看旅行目的地相关信息、通过 App 社交、通过电脑搜索疑问问题、使用手机拍照并整理照片等。这些日常生活中的事情都需要浏览、检索、查询等能力，缺少这些能力，生活会十分不便。所以国家提出要提升我国的全民数字素养，要特别关注老年人、残疾人、经济困难群体等特殊群体的基本数字生存能力的获取。

（2）数字安全能力。数据隐私和安全是数字化社会面临的重大挑战之一。每个人都需要具备数字安全能力，保护自己的数字资产或物理资产不被侵害。面对电信诈骗、网络陷阱、钓鱼网站、网络谣言和虚假信息等，我们要有辨别能力与安全防护能力。

（3）数字思维能力。数字思维能力是指能用数字技术（如大数据、人工智能等）解决自己或他人在生活、工作中的问题，比如，智能家电、远程医疗、智慧交通等。我们要具备数据思维能力，能利用数据发现问题、找到根源，进行精准研判或对未来进行预测。

(4) 数字生产能力。数字生产能力包括能输出数字产品、数字内容或其他数字解决方案，帮别人解决问题，提升自己或企业在数字世界的品牌和影响力。比如，制作介绍产品短视频、数字产品设计图等。

(5) 数字创新能力。个人或企业在数字经济中要起到引领带头作用，就需要具备数字创新能力，提出自己独特的观点，或在基础技术、开放平台、商业模式等方面具备独特的竞争力。比如，数字基础设施创新、数字开放平台创新、数字应用和商业模式创新等。

（二）财经人员应具备的大数据素养

2-10 财经人员应具备哪些数据素养

2-11 财务大数据思维

由于财经人员经常与经济类数据接触，可能会用到各类数据统计分析软件，或通过调研获取一手数据或查找专业数据库获取二手数据。所以，财经人员需具备数据意识、数据管理、数据分析、数据交流、数据伦理等数据素养。数据意识是指对数据有行业发展、企业经营状况或所在单位情况等的数据敏感性以及数据可靠性或准确性等的判断；数据管理是指如何运用恰当的数据获取方式搜集所需数据以及如何选用恰当的数据整理方式整理出所需数据；数据分析是指选用合理有效的数据分析方法评估数据，并依据数据得出正确结论、做出合理决策；数据交流是指依据结论能进行交流与共享，并能利用数据与结论撰写调查报告；数据伦理是指在数据获取、整理、分析、得出结论以及交流共享、撰写调查报告的整个过程中，能坚持科学、客观、公正、严谨、批判性和伦理原则，保持职业操守和职业道德。

二、大数据素养提升策略

大数据素养的提升首先需要提升数据技能，其次还需秉持数据伦理道德。这对于国家建设、社会发展、居民生活幸福指数提高具有重要意义。

提升数据技能是一项系统工程，不仅离不开整个社会环境的大数据氛围，而且离不开整个社会大数据方面的基础设施和人才队伍建设。政府部门应当联合各类社会组织、学校等，并鼓励它们参与到公民数据技能的提升工作中来。政府、媒体、各类基层单位等做好公民大数据素养提升的推广宣传、意识构建等工作；学校、培训机构等培养具备数据管理服务能力的专业人才，打造出专业素养高、多层次的人才中坚力量，为后期公民数据素养培养及提升服务做好人才储备。从而使得更多的公民个体掌握一定的硬件设备和软件操作能力，具有浏览、搜索和过滤数据的能力，可以通过数据进行互动、共享和合作，能够保护个人数据隐私，能够创造性地使用数字技术等。

秉持数据伦理道德，是大数据素养提升的根本保障。大数据时代下，数据无处不在，数据为公民的生活、工作等提供便利的同时，一些数据应用的风险也随之产生，如数据滥用、数据诈骗等，大数据发展正面临着一个法治关口。因此，大数据时代需要法律约束，更需要公民能秉持数据伦理道德。大数据时代，需要积极开展网络普法，增强网民法律意识和法治思维，尤其需要公民自觉遵守大数据时代规则，秉持数据获取、制作、使用、交互、共享、创新等过程中的伦理道德，形成良好行为规范。

拓展知识

大数据分析的六个基本方面

一、可视化分析（Analytic Visualizations）

不管是对于数据分析专家还是对于普通用户，数据可视化是使用数据分析工具最基本的要求。可视化可以直观地展示数据，让数据自己说话，让观众听到结果。

二、数据挖掘算法（Data Mining Algorithms）

可视化是给人看的，数据挖掘是给机器看的。集群、分割、孤立点分析以及其他算法，让我们深入数据内部，挖掘价值。这些算法不仅要处理大数据的量，还要处理大数据的速度。

三、预测性分析能力（Predictive Analytic Capabilities）

数据挖掘可以让分析员更好地理解数据，而预测性分析可以让分析员根据可视化分析和数据挖掘的结果做出一些预测性的判断。

四、语义引擎（Semantic Engines）

由于非结构化数据的多样性带来了数据分析的新的挑战，我们需要一系列的工具去解析、提取、分析数据。语义引擎需要被设计成能够从“文档”中智能提取信息。

五、数据质量和数据管理（Data Quality and Data Management）

数据质量和数据管理是一些管理方面的最佳实践。通过标准化的流程和工具对数据进行处理可以保证一个预先定义好的高质量的分析结果。大数据是下一个重要的技术革新，我们要把精力放在大数据能给我们带来的好处，而不仅仅是挑战。

六、数据存储和数据仓库（Data Storage and Data Warehouse）

数据仓库是为了便于多维分析和多角度展示数据，按特定模式进行存储所建立起来的关系型数据库。在商业智能系统的设计中，数据仓库的构建是关键，是商业智能系统的基础，承担对业务系统数据整合的任务，为商业智能系统提供数据抽取、转换和加载的数据源，并按主题对数据进行查询和访问，为联机数据分析和数据挖掘提供数据平台。

项目总结

本项目介绍了大数据思维与素养相关知识，主要包括大数据的发展历程、大数据与信息技术的融合、大数据的典型应用场景、大数据思维的原理与方式、大数据素养的含义与内容等。了解和掌握本项目内容，为后续大数据方面的应用奠定基础。

素养课堂

当前，数据已成为与土地、资本、劳动力同等重要的生产要素。发展好大数据产业，是发挥我国海量数据规模和丰富应用场景优势，激活数据要素潜能的时代要求，是加快经济发展变革、构建现代化产业体系的必然选择。

2022 年，我国大数据产业规模达 1.57 万亿元，同比增长 18%，成为推动数字经济发展的重要力量。

事实上，国家高度重视大数据在推进经济社会发展中的地位和作用。

2014 年，大数据首次写入政府工作报告，逐渐成为各级政府关注的热点；2015 年，国务院发布《促进大数据发展行动纲要》，大数据正式上升至国家战略层面；2019 年 10 月，党的十九届四中全会首次将数据纳入生产要素范畴；2021 年 3 月发布的“十四五”规划中，大数据标准体系的完善成为发展重点；2022 年 12 月，《中共中央 国务院关于构建数据基础制度更好发挥数据要素作用的意见》发布，以数据产权、流通交易、收益分配、安全治理为重点，系统搭建了数据基础制度体系的“四梁八柱”。

现阶段，数据成为除土地、劳动力、资本、技术以外的又一项关键生产要素，数据的战略价值越来越重要。

2023 年，中共中央、国务院印发的《数字中国建设整体布局规划》（以下简称《规划》），将数据要素放到一个更为宏大的“数字中国”图景中。《规划》明确提出，数字中国建设按照“2522”的整体框架进行布局，即夯实数字基础设施和数据资源体系“两大基础”，推进数字技术与经济、政治、文化、社会、生态文明建设“五位一体”深度融合，强化数字技术创新体系和数字安全屏障“两大能力”，优化数字化发展国内国际“两个环境”。同时，《规划》提出，到 2025 年，基本形成横向打通、纵向贯通、协调有力的一体化推进格局，数字中国建设取得重要进展。到 2035 年，数字化发展水平进入世界前列，数字中国建设取得重大成就。

2023 年 3 月，十四届全国人大一次会议在北京人民大会堂举行第二次全体会议。根据国务院关于提请审议国务院机构改革方案的议案，组建国家数据局。据新华社报道，国家数据局将由国家发改委管理，负责协调数据基础制度建设，统筹数据资源整合共享和开发利用，统筹推进数字中国、数字经济、数字社会规划和建设等。

随着国家政策的密集发布，数据作为关键生产要素的地位进一步明确。

课后自测

一、单项选择题

1. 信息技术，是主要用于（　　）和处理信息所采用的各种技术的总称。

A. 展示　　B. 管理　　C. 存储　　D. 索引

2. 《促进大数据发展行动纲要》明确地提出了建设（　　）的目标。

A. “大数据发展”　　B. “经济为中心”

C. “大数据为中心”　　D. “数据强国”

3. 数据价值原理是从功能是价值转变为（　　）。

A. 数据是价值　　B. 数据是核心　　C. 效率是核心　　D. 数据要精确

4. 大数据思维的理念需要（　　）数据样本。

A. 全部的　　B. 准确的　　C. 抽样的　　D. 经济的

5. 大数据的核心是（　　）。

A. 核算　　B. 存储　　C. 预测　　D. 价值

二、多项选择题

1. 大数据的发展历程总体上可以划分为哪几个重要阶段？（　　）

A. 萌芽期　　B. 完善发展期　　C. 爆发期　　D. 成长期

2. 信息技术主要包括（　　）。

A. 传感技术　　B. 计算机与智能技术

C. 通信技术　　D. 控制技术

3. 大数据是加快发展数字经济的新动能，具有（　　）的优势。

A. 精确性　　B. 精细化　　C. 高效性　　D. 可循环使用

4. 大数据思维方式的特点包括（　　）。

A. 动态性　　B. 全局性　　C. 关联性　　D. 模糊性

5. 数字公民素养的素养领域有（　　）。

A. 数字生存能力和数字生产能力　　B. 数字安全能力和数字创新能力

C. 数字思维能力和数字生产能力　　D. 数字生存能力和数字管理能力

三、判断题

1. 《大数据时代》一书认为大数据的核心功能为获取数据。（　　）

2. 计算机与智能技术只可以模拟人的思维方式，却不能模拟其他一些自然规律。（　　）

3. 5G 通信技术以其高速度、低时延的优势，成为当前我国重点推广的通信技术。（　　）

4. 数字经济呈现出了一些传统经济所不存在的数字化、智能化、平台化和共享化的独有特点。（　　）

5. 大数据素养包含了个体从意识到能力再到伦理道德层次的全面要求。（　　）

6. 对于大数据思维的动态性认知路径来说，错误数据会影响到认知结果。（　　）

项目三 大数据采集与预处理

学习目标

知识目标：

（1）理解大数据采集和大数据预处理的基本概念；

（2）了解大数据采集的数据来源；

（3）了解大数据采集的技术方法；

（4）了解网络爬虫采集数据的基本原理；

（5）熟悉大数据清洗的流程。

能力目标：

（1）能够对大数据进行简单清洗操作；

（2）能够明晰对大数据进行集成、转换和规约等预处理的原理。

素质目标：

（1）形成动手能力和自主学习新知识的能力；

（2）具备基本的程序逻辑素养；

（3）树立隐私数据保护意识，既要保护自己公司的隐私数据，也不能破坏别的公司的隐私数据；

（4）感受我国在运用大数据保障和改善民生方面的改革创新举措，提升专业能力和社会责任感。

项目综述

大数据采集与预处理包含大数据采集和大数据预处理两大任务。

大数据采集是大数据分析的基础。俗语曰“巧妇难为无米之炊”，完备的数据采集是提升大数据分析准确性和有效性的基石。通过大数据采集，可获取传感器数据、互联网数据、日志文件、企业业务系统数据等，用于后续的数据分析。

通过各种方法和手段采集到的数据，可能掺杂着各种错误、缺陷、重复、不规则等不完美数据。直接对这类数据进行分析和挖掘，不仅增加了数据分析和挖掘的难度与工作量，而且可能会严重影响数据分析的最终结果。这就需要对采集的数据进行预处理。大数据预处理的总体目标是得到高质量的数据集。大数据预处理有多种方法，主要包括数据清洗、数据集成、数据转换和数据归约等。

任务一　大数据采集

引导案例

竞技体育：大数据“雪中送炭”，助力科学训练

◎案例描述

回溯历史，在大数据技术还未崭露头角时，竞技体育中运动训练计划的制订往往依赖于教练员的执教经验，在对成绩不佳的运动员进行问题分析时，往往也都趋于“经验化”。

在过去，这种经验化的训练方式培养出了很多冠军，但也存在很多问题，比如困扰很多运动员的伤病。现在，运动训练学高度发展，竞技体育的各项运动成绩几乎达到人类身体极限，要想从无数优秀者中脱颖而出，大数据技术的应用尤为重要。

数字竞技训练运动表现测量工具的出现，可谓是“雪中送炭”。众所周知，竞技体育中的大数据是对大规模、多源性、多维度运动训练数据的整合，它是建立在竞技体育本身的复杂性之上的多因素分析，它的运用旨在解决与运动员成绩相关的多因素之间的关系，而非单一因素对运动员成绩的影响。

运动表现测量工具正是如此，它的大数据涉及训练中的多方面，即运动员外在的运动能力表现和内在的生理表现。也就是说，它不是单一的数据采集，而是综合的运动表现评价。“以往我们常常只关注训练成绩这一外在的方面，这很容易由于过分追求成绩而训练过度，产生疲劳甚至导致损伤，断送了运动员的职业生涯。”建立在庞大的量化指标下的针对性分析才是解决运动训练和成绩不佳的科学途径，也是降低运动员承担经验化风险的可行之道。

例如在50米短跑训练中，在较短的距离和时间内，运动员要经过起跑加速、途中跑、匀速跑、终点冲刺四个阶段，这些都是影响跑步成绩的因素。运动表现测量工具的分段计时功能，将分别测量和分析每个运动员起跑加速、途中跑、匀速跑、终点冲刺阶段的运动表现，通过大数据分析发现其中弱项，实施针对性的训练。

◎案例解析

大数据时代的到来，不仅使人类的思维方式产生了变化，也对竞技体育的“进化”起到了强大的推动作用。大数据分析在竞技体育中的应用，让运动训练从经验型进化到科学化，让运动员能够更科学地提升运动表现，降低受伤的概率。

知识学习

一、大数据采集概述

联合国秘书长安东尼奥·古特雷斯在2023年联合国世界数据论坛上提到，在21世纪的今天，数据的重要意义就如同石油在20世纪的意义，是推动发展和进步的驱动力。大数据处理的是数据，数据采集是所有数据系统必不可少的关键环节，是数据分析的入口。

数据采集的目的是收集和整理数据，以便于进一步处理、分析和应用，从而支持决策和解决问题。在数据采集过程中，需要考虑数据来源的可靠性、数据质量的保证、数据隐私和安全等方面的问题。

(一) 大数据采集的概念

大数据采集又称“数据获取”，是指从各种来源获取数据的过程，包括但不限于传感器、智能设备、企业在线系统、企业离线系统、社交网络和互联网平台等。如在智能交通领域，大数据采集有基于GPS的定位信息采集、基于交通摄像头的视频采集、基于交通卡口的图像采集、基于路口的线圈信号采集等。

在当今数据爆炸的互联网时代，被采集的数据来源和数据类型繁多，包括RFID数据、传感器数据、用户行为数据、社交网络数据及移动互联网数据等各种类型的结构化、半结构化和非结构化数据。大数据采集需要有庞大的数据库的支撑，有时也会利用多个数据库同时进行大数据采集，比如一些购物网站都会通过关系数据库来存储数据，对于一些用户使用量或者访问量比较大的网站，其事务数据的数量惊人。

(二) 大数据采集要点

大数据采集要点有：(1) 全面性。全面性是指采集内容以全量采集为主，而不是抽样数据，要求数据量足够产生分析价值和支撑分析需求。(2) 多维性。多维性要求收集足够全面的属性、维度、指标，最终实现交叉贯穿，实现有效分析数据，比如采集电商平台“查看商品详情”这一行为的相关信息，采集用户查看的商品名称、价格、类型、停留时长等多个属性。(3) 高效性。数据采集一定要明确采集目的，带着问题搜集信息，使信息采集更高效、更有针对性。

(三) 传统的数据采集与大数据采集的区别

在大数据时代，大数据采集有别于传统的数据采集：(1) 数据来源不同。传统的数据采集，数据来源单一，如从传统企业的客户关系管理系统、企业资源计划系统等中获取数据，而大数据采集系统还从智能设备、传感器、社交系统、互联网系统等中获取数据。(2) 数据规模不同。大数据采集的数据量远远大于传统的数据采集量。传统数据技术主要利用现有关系性数据库中的数据，利用数据关联性创造价值，数据规模相对较小，可以利用数据库的分析工具处理。大数据的数据量非常大，不可能利用数据库分析工具分析。(3) 数据结构不同。传统数据采集的数据是结构化数据，而大数据采集系统需要采集大量的音频、视频、图片等非结构化数据，以及网页、日志、邮件、博客等半结构化数据。传统的数据采集与大数据采集的区别可参见表3-1。

表3-1 传统的数据采集与大数据采集的区别

	传统的数据采集	大数据采集
数据来源	来源单一	来源广泛
数据规模	相对较小	数量巨大
数据结构	结构单一，结构化数据	数据类型丰富，包括结构化、半结构化、非结构化数据

拓展知识

RFID技术

RFID是Radio Frequency Identification的缩写，即射频识别，常称为感应式电子晶片或近接卡、感应卡、非接触卡等。RFID应用领域众多。高速公路收费是RFID技术最成功的应用之一，它充分体现了非接触识别的优势，车辆在通过收费站的同时成功缴费，解决了交通拥堵的瓶颈问题，提高了行车速度和收费结算效率。在图书馆的应用中，图书在进入图书馆时会粘贴RFID标签，出入门处安装电子防盗安全门，当图书没有办理借阅手续时，防盗系统就会发出声光报警，解决了图书失窃的问题。

京东的数据采集

京东具有EB级规模的历史数据，每天有近PB级的数据增长。京东包含电商所涉及的营销、交易、仓储、配送、售后等环节，每个环节都会产生大量的业务数据，同时用户在网站上进行的浏览、购物、消费等活动，以及用户在移动设备上对应用的使用情况，包括各种系统的操作行为，也会生成海量的行为数据。为了对上述结构化业务数据以及非结构化的用户行为日志进行采集，京东搭建了一套标准化采集方案，能够对业务分析所需的数据进行标准化采集，并将数据传输到大数据平台，以便后续的加工处理及上层的数据应用。

数据采集也可能失误

第二次世界大战期间，美国统计学家沃德教授被授命研究如何降低战机被击落的可能性。他通过采集返航的战机数据发现：飞机的机翼是最容易被击中的部位，而飞机的尾部是被击中最少的部位。根据当时的航空技术，机器的装甲只能局部加强，那你会选择加强机翼还是加强尾部？

似乎从数据上来看，答案是显而易见的——加强机翼，可真的是这样吗？沃德教授并不这样认为，因为在数据采集时已经存在了采集异常。返航的飞机机尾部分很少中弹，并不是它真的很少中弹，而是一旦中弹，就无法返航，也就无法进入数据集。

后来军方动用敌后工作人员重新去采集飞机的残骸，发现中弹的部位果然如沃德教授所预料，主要集中在尾部位置。

二、大数据来源

3－1 大数据采集的来源

大数据的来源广泛，数据采集器、传感器、数据库、网络购物、网络浏览等产生的各种结构化或者非结构化的数据都是大数据的来源。据互联网数据中心（IDC）发布的《数据时代2025》报告显示，全球每年产生的数据将从2018年的33ZB增长到175ZB，相当于每天产生491EB的数据。如果把175ZB的数据全部存在DVD光盘中，那么DVD叠加起来的高度将绕地球222圈，按网速

25Mb/s 计算，一个人要下载完这 175ZB 的数据，需要 18 亿年。随着物联网基础设施及智能手机、可穿戴设备的普及，我们每个人时刻都在产生大量的数据。通常将大数据采集来源划分为商业数据、互联网数据和物联网数据三大来源。

（一）商业数据

商业数据是指来自企业资源计划（ERP）系统、销售系统、客户关系管理（CRM）系统等的数据，是传统数据的来源。例如，沃尔玛公司有一个庞大的大数据生态系统，每小时可收集 2.5PB 以上的数据量，每天处理 TB 级的新数据和 PB 级的历史数据。沃尔玛公司详细记录了消费者的购买清单、消费额、购买日期以及当天的天气和气温，通过对消费者的购物行为等非结构化数据进行分析，发现商品关联关系，优化商品陈列。

（二）互联网数据

互联网是大数据最主要的来源之一，因为互联网上的各种应用和服务都会产生大量的数据，如网络搜索、网络购物、微信、QQ、微博等。互联网数据又称为线上数据，可分为线上行为数据与内容数据两大类。线上行为数据主要记录上网用户的上网行为，如用户的 IP 地址、浏览或操作过哪些网页等。这些数据主要以网站日志文件的形式存在，可能包含了大量的与业务和客户相关的很有价值的信息。内容数据包括通信记录、各种音视频文件、图像、电子文档等，主要是网上实际呈现的数据。

（三）物联网数据

物联网（Internet of Things，简称 IoT）是指通过各种信息传感器、射频识别技术、全球定位系统、红外感应器、激光扫描器等各种装置与技术，实时采集任何需要监控、连接、互动的物体或过程，采集各种需要的信息，通过各类可能的网络接入，实现物与物、物与人的泛在连接，实现对物品和过程的智能化感知、识别和管理。

物联网的核心和基础仍是互联网，它是在互联网基础上延伸和扩展的一种网络。物联网设备众多，如智能手机、智能冰箱、智能手表、健身追踪器、智能火灾报警器、智能门锁、智能自行车、医疗传感器等，不胜枚举。在多个行业中，物联网正在改变运营和工作方式。常见的物联网应用包括：可穿戴设备，如健身追踪器、智能手表、智能眼镜、虚拟现实耳机等；智能家居，如无线厨房电器、情绪感应音乐系统、智能照明、电动百叶窗、自动门窗、智能水电表等；自动驾驶汽车，收集和分析有关交通、导航、外部环境等的数据，使其能够自行驾驶；零售，如自动结账、个性化折扣、智能货架、机器人员工；等等。

物联网数据的特点为数据量更大、数据传输速率更高、数据更加多样化及对数据真实性的要求更高。

拓展知识

计算机存储容量单位

计算机的存储容量，是计算机的性能指标之一。存储容量越大，代表计算机能存储的数据越多；存储容量越小，代表计算机能存储的数据越少。表征计算机存储容量的基本单位，就是字节（Byte）。字节，是计算机中存储容量的常用单位，实际意义上表示一组 8 个二进制位。举个例子，一个英文字母，通常用 8 个二进制位的编码表示，那么存储的时候，就说这个英文字母占用一个字节的存储空间。而一个汉字，通常要占用两个字节的存储空间。

各存储单位间的换算关系如下：

1B（Byte 字节）＝8b（bit 位）

1KB（Kilobyte 千字节）＝1 024B

1MB（Megabyte 兆字节，简称“兆”）＝1 024KB

1GB（Gigabyte 吉字节，又称“千兆”）＝1 024MB

1TB（Terabyte 万亿字节，太字节）＝1 024GB

1PB（Petabyte 千万亿字节，拍字节）＝1 024TB

1EB（Exabyte 百亿亿字节，艾字节）＝1 024PB

1ZB（Zettabyte 十万亿亿字节，泽字节）＝1 024EB

1YB（Yottabyte 一亿亿亿字节，尧字节）＝1 024ZB

三、大数据采集方法

大数据规模大，产生的速度快，数据类型多样。大数据采集技术面临着许多技术挑战，一方面需要保证数据采集的可靠性、全面性和高效性，另一方面还要避免重复数据。根据不同的应用环境及采集对象，有多种不同的数据采集方法，常见的有系统日志采集法、网络数据采集法、数据库采集法，还有一些其他数据采集法。

（一）系统日志采集法

3－2 系统日志采集法

系统日志是记录系统中硬件、软件和系统问题的信息，同时还可以监视系统中发生的事件。当发生问题时，这些数据可以提供给运维工程师一些警报和有助于故障修复的关键信息，如检查错误发生的原因，或者寻找受到攻击时攻击者留下的痕迹等。对于一些中大型企业，机房管理的设备比较多，可以采用相关的日志收集方案，以便于数据分析和问题解决。

目前 Cloudera 的 Flume、基于 Hadoop 平台开发的 Chukwa 及 Facebook 的 Scribe 是系统日志采集法的范例。这些工具均采用分布式架构，能满足大数据的日志数据采集和传输需求。目前此类采集技术大约可以每秒传输数百 MB 的日志数据信息，满足目前人们对信息速度的需求。

（1）Flume：分布式日志收集系统，最初由 Cloudera 开发，是 Apache 旗下的一款开源、高可靠、高扩展、易管理、支持客户扩展的数据采集系统。Flume 是一个高可靠的分布式采集、聚合和传输系统，支持在日志系统中定制各类数据发送方，用于收集数据，同时对数据进行简单处理，并写到文本、HDFS 等接受方中。Flume 的核心就是把数据从数据源收集过来，再将收集到的数据送到指定的目的地。

(2) Chukwa：开源分布式数据收集系统，是 Hadoop 的组成部分，构建在 HDFS 和 map/reduce 框架之上。

(3) Scrible：Scribe 是 Facebook 开源的日志收集系统，在 Facebook 内部已经得到大量的应用。

系统日志采集可以分为三大类：(1) 用户行为日志采集：采集系统用户使用系统过程中的一系列操作信息。(2) 业务变更日志采集：根据特定业务场景需要，采集某用户在某时使用某功能、对某业务（对象、数据）进行某操作的相关信息。(3) 系统运行日志采集：定时采集系统运行中服务器资源、网络及基础中间件的情况。

3-3 网络数据采集利器——网络爬虫

（二）网络数据采集法

网络数据采集法是指通过网站公开应用程序编程接口或网络爬虫等从网站获取数据信息。该方法支持图片、音视频等文件的采集，可以将非结构化数据从网页中抽取出来，将其存储为统一的本地数据文件，并以结构化的方式存储。网络数据采集的应用领域十分广泛，如电商行业中的商品价格比较、舆情监测等；金融行业中的股票行情分析、信贷风险评估等；医疗保健行业中的疾病预测、健康管理等。

目前网络数据采集法有两种，即 API 和网络爬虫。

(1) API。API，即应用程序接口，是网站的管理者为了使用者方便，编写的一种程序接口。该类接口可以屏蔽网站底层复杂算法，通过简单调用即可实现对数据的请求功能。目前主流的社交媒体平台均提供 API 服务。但 API 技术受限于平台开发者，为了减小网站（平台）的负荷，一般平台会对每天接口调用上限做限制。

(2) 网络爬虫。网络爬虫（Web Crawler）（又称为网页蜘蛛、网络机器人），是一种按照一定的规则，自动抓取万维网信息的程序或者脚本，可以简单理解为是一种用来自动浏览万维网的网络机器人。

3-4 网络爬虫的基本原理

3-5 Python 网络爬虫

网络爬虫按照系统结构和实现技术，大致可以分为通用网络爬虫、聚焦网络爬虫、增量式网络爬虫和深层网络爬虫四种。下面介绍通用网络爬虫，读者可以通过网络查询其他爬虫。

通用网络爬虫，又称全网爬虫（Scalable Web Crawler），是最常见的爬虫。它将爬取对象从一些种子 URL 扩充到整个 Web 上的网站，主要用途是为门户站点搜索引擎和大型 Web 服务提供商采集数据。常用的搜索引擎的重要组成部分就是通用网络爬虫。它们对所有网页进行无条件采集，主要目的是将互联网上的网页下载到本地，形成一个互联网内容的镜像备份，给予爬虫初始 URL，爬虫将网页中所需要提取的资源进行提取并保存，同时提取出网站中存在的其他网站链接，经过发送请求，接收网站响应以及再次解析页面，提取所需资源并保存，再将网页中所需资源进行提取。通用网络爬虫的爬行范围和数量巨大，对爬行速度和存储空间要求较高，对爬行页面的顺序要求相对较低，同时由于待刷新的页面太多，通常采用并行工作方式，但需要较长时间才能刷新一次页面。

爬虫访问网站的过程会消耗目标系统资源，不少网络系统并不默许爬虫工作。因此在访问大量页面时，爬虫需要考虑到规划、负载，还需要“讲礼貌”。不愿意被爬虫访问、被爬虫主人知晓的公开站点可以使用“robots. txt”文件等方法避免爬虫访问。这个文件可以要求机器人只对网站的一部分进行索引，或完全不做处理。

常用的网络采集工具有八爪鱼、Content Grabber、Parsehub、Mozenda、Apache Flume 等。八爪鱼是一款免费的、可视化免编程的网页采集软件，可以从不同网站中快速提取规范化数据。Content Grabber 是一款支持智能抓取的网页爬虫软件。Parsehub 是一款基于网页的爬虫程序。Mozenda 是一款网页抓取软件，它可以为商业级数据抓取提供定制服务。

（三）数据库采集法

企业每时每刻产生的业务数据，以数据库一行记录形式被直接写入数据库中。通过数据库采集系统直接与企业业务后台服务器结合，将企业业务后台每时每刻产生的大量业务记录写入数据库中，最后由特定的处理分析系统进行系统分析。传统企业会使用传统的关系型数据库 MySQL 和 Oracle 等来存储数据，如某电商网站可以通过查询订单数据库来获取销售数据。随着大数据时代的到来，Redis、MongoDB 和 HBase 等 NoSQL 数据库也常用于数据的采集。企业通过在采集端部署大量数据库，并在这些数据库之间进行负载均衡和分片，进而完成大数据采集工作。

开放数据库方式就是将被采集数据方的数据库直接呈现给采集方，直接将访问数据库的用户名和密码授权给对方。数据库管理员可以在数据库安全层面进行必要的安全管理，如仅允许数据采集用户读取数据，不能修改和删除数据，也可以仅将某些数据向对方开放。在关系数据库中，通常采用数据库视图的方式提供数据访问接口。开放数据库方式可以直接从目标数据库中获取所需的数据，准确性高，实时性也能得到保证，是最直接、最便捷的一种数据采集方式。但开放数据库方式需要协调各个软件厂商开放数据库，难度大。一个平台如果同时连接多个软件厂商的数据库，并实时获取数据，这对平台性能也是巨大的挑战。开放数据库方式，如果考虑不周，还存在极大的数据安全隐患。出于安全性考虑，数据拥有者一般不会开放自己的数据库。

（四）其他数据采集法

BI 工具自动抓取数据是一种自动化数据收集和整理的技术。通过这种技术，企业可以快速、准确地获取各种来源的数据，并将其整合到一个中心位置进行分析和报告。BI 工具可以从各种来源抓取数据，包括数据库、Web 服务、API、Excel 文件等。

对于科研院所等拥有机密信息的机构来说，保证数据的安全传递很重要，可以采用系统特定端口进行数据传输任务，从而降低数据被泄露的风险。

大数据采集技术是大数据技术的开端，好的开端是成功的一半，因此在做数据采集时一定要谨慎选择方法，尤其是爬虫技术，主题爬虫对于大部分数据采集任务而言是较好的方法，可以深入研究。

拓展知识

网络爬虫的基本术语与基本流程

1. 基本术语

（1）统一资源定位符（Uniform Resource Locator，URL），是一种带有参数、格式统一的网络资源地址表示形式，在万维网（World Wide Web，WWW）中用于指定文件资源所在地址，又称网址。

（2）客户端（Client），也称为用户端，是指与服务器相对应，为客户提供本地服务的一种程序。请求和访问资源是客户端的主要功能之一，除一些只在本地运行的应用程序之外，客户端一般安装在普通的客户机上，需要与服务端相互配合运行。较为常用的客户端，如万维网使用的浏览器、收寄电子邮件时的电子邮件客户端，以及即时通信的客户端软件等。

（3）Web 服务器（Web Server），也称为 WWW 服务器、万维网服务器，一般指网站服务器，是指驻留于因特网上某种类型计算机的程序，可以向浏览器等 Web 客户端提供文档；可以放置网站文件，让全世界浏览；可以放置数据文件，让全世界下载。服务端的主要功能是接收请求并提供资源的响应。

2. 基本流程

（1）发起请求：通过 HTTP 库向目标站点发起请求，即发送一个 Request。请求可以包含额外的 Headers 等信息，等待服务器响应。

（2）获取响应内容：如果服务器能正常响应，会得到一个 Response，Response 的内容便是所要获取的页面内容，类型可能有 HTML、JSON 字符串、二进制数据（如图片、视频）等类型。

（3）解析内容：得到的内容可能是 HTML，可以用正则表达式、网页解析库进行解析；可能是 JSON，可以直接转为 JSON 对象解析；可能是二进制数据，可以保存或者进行进一步的处理。

（4）保存数据：保存形式多样，可以存为文本，也可以保存至数据库，或者保存为特定格式的文件。

任务二　大数据预处理

引导案例

泰坦尼克幸存者数据预处理

◎案例描述

基于泰坦尼克幸存者数据集进行的分析，是一个经典的数据分析案例。它也是很多数据建模和分析竞赛平台上的入门题目，很有代表意义。

1912 年 4 月 15 日，泰坦尼克号在首次航行期间撞上冰山后沉没，船上共有 2 224 名乘客和船员，最终有 1 502 人遇难。沉船导致大量伤亡的重要原因之一，是没有足够的救生艇给乘客和船员。虽然从这样的悲剧性事故中幸存下来有一定的运气因素，但还是有一定规律可循。

泰坦尼克号事件留下了弥足珍贵的数据记录。乘客的幸存率存在一定的规律，因此这些数据记录集成了 Kaggle 上流行的入门机器学习的数据集，一共包含 891 个训练样本和 418 个测试样本，学习者可以根据 891 个样本训练模型，预测 418 个测试样本幸存与否。由于该数据集中的记录不完整，存在缺失值和异常值等，因此也成了很典型的练习数据分析的数据集。

◎案例解析

数据不会因为不断被使用而削减价值，反而会因为不断重组而产生更大的价值。比如，将一个地区的物价和地价走势、高档轿车的销售数量、二手房转手的频率、出租车密度等各种不相关的数据整合到一起，可以更加精准地预测该地区的房价走势。这些被整合过的数据，下一次还可以出于别的目的而重新整合。也就是说，数据没有因为被使用过而导致价值衰减，反而会在不同的领域产生更多的价值。

知识学习

大数据本身是一座金矿、一种资源，沉睡的资源是很难创造价值的，它必须经过采集、清洗、处理、分析、可视化等加工处理过程，才能真正产生价值。

一、大数据预处理概述

由于人数据的数据来源众多，数据采集的方法各不相同，因此所采集的原始数据可能存在错误、重复、无效、相互冲突等，这些数据通常形象地被称为“脏”数据。错误的数据会导致错误的决策结果，影响信息服务质量。因此，数据挖掘之前必须对数据进行一系列的预处理工作。

大数据预处理就是对业务系统的原始数据进行加工整理，经过必要的清洗、集成、转换和规约等一系列的处理，形成合适的数据样式，以便后续分析。大数据预处理是数据挖掘的基础，其任务非常繁重。大量事实表明，在数据挖掘工作中，数据预处理所占工作量达到整个工作的 60%以上，其包含很多环节。具体来说，数据预处理的工作主要包括数据清洗、数据集成、数据转换和数据规约。这些数据处理工作在数据挖掘之前进行，大大提高了数据挖掘模式的质量，降低了实际挖掘所需要的时间。

拓展知识

数据属性

基于不同的属性，数据往往可以分为标称、序数、区间、比率四种类型，前两者属于定性属性，后两者属于定量属性。其不同性质如表 3-2 所示。

表 3-2 数据属性

属性类型		描述	举例	常用统计方法
分类（定性）	标称	只提供足够的信息以区分对象（=，≠）	性别、肤色	众数、熵、卡方检验
	序数	提供足够的信息确定对象的序数（<，>）	成绩、街道号码	中值、百分比
数值（定量）	区间	值之间的差是有意义的，即存在测量单位（+，-）	日期、温度	均值、标准差、皮尔逊相关
	比率	差和比率都是有意义的（*，/）	质量、长度	几何平均、调和平均、百分比平均

二、数据清洗

没有高质量的数据输入，输出的分析结果的价值也会大打折扣，甚至没有任何价值。获取的原生数据，可能会存在数据缺失、数据重复、数据类型和值都不对等问题。对数据进行加工处理，就是对数据集通过丢弃、填充、替换、去重等操作，达到去除异常、纠正错误、补足缺失的目的，这一过程被称为“数据清洗”。

（一）大数据清洗的类型

大数据清洗按照实现方式可以分为手工清洗和自动清洗。

（1）手工清洗。手工清洗是通过人工方式对数据进行检查，发现数据中的错误。这种方式比较简单，但效率低下。在数据量大的情况下，手工清洗几乎是不可能的。

（2）自动清洗。自动清洗是通过专门编写的计算机应用程序来进行数据清洗。这种方法能解决某个特定的问题，但不够灵活，特别是在清洗过程中需要反复进行时（一般来说，数据清洗一遍就达到要求的很少），程序可能比较复杂，清洗工作量大。

3-6 数据清洗的内容

（二）大数据清洗的内容

大数据清洗主要对缺失值、异常值和重复值进行处理。

（1）缺失值。由于调查、编码和录入误差，数据中可能存在一些缺失值，需要给予适当的处理。

（2）异常值。根据每个变量的合理取值范围和相互关系，检查数据是否合乎要求，发现超出正常范围、逻辑上不合理或相互矛盾的数据。

（3）重复值。重复值的存在会影响数据分析和挖掘结果的准确性，所以，在数据分析和建模之前需要进行数据重复性检验，如果有重复值，还需要进行重复值的删除。

3-7 数据清洗方法

（三）大数据清洗的基本方法

原始数据问题不同、业务处理需求不同，会导致数据清洗所采取的方法和策略有较大的差别。数据清洗通常需要遵循先后顺序，首先对原始数据进行缺失处理，再对错误数据进行处理，然后是对重复数据的处理，最后对数据进行不一致性处理。在汇聚多个维度、多个来源、多种结构的数据之后就可以进行数据清洗，也就是对数据进行抽取、转换和集成。

1. 缺失值的清洗

3－8 财务数据清洗

3－9 财经数据如何清洗

在实际应用中，采集到的数据存在大量的不完整数据。造成数据缺失的原因很多，如人工录入时疏忽产生遗漏、被调研对象主观不填写某些信息等。缺失值可能是合理的，比如设计毕业生就业调查问卷时，允许“对专业建设的意见”一栏为空。对于某些不允许出现空缺的属性，一旦出现了空缺，很可能导致数据出现严重偏差，例如“学生所在专业”属性出现空缺，则在分析每个专业的学生情况时将出现“数据不能为空”的异常提醒。对于缺失值的清洗，应根据空缺值属性的重要程度而采取不同的处理方法。缺失值的常用处理方法有如下几种：

（1）忽略元组。当有多个属性值缺失或者该元组剩余属性值使用价值较小时，应选择放弃。

（2）人工填写。该方法比较耗费时间，数据规模大时行不通。

（3）全局常量填充。如用 0 填充，方法简单，但不可靠。

（4）属性中心度量填充。对于正常的数据分布而言，可以使用均值，而倾斜分布数据应使用中位数。

（5）最可能值填充。可以使用回归、决策树等方法建立模型对缺失值进行预测，然后用预测得到的值填充缺失值。该方法的效果比较好，但是整体比较麻烦。

2. 异常值的清洗

异常值也称为离群点、噪声数据，是那些远离绝大多数样本点的特殊群体，一般这样的数据点在数据集中都表现出不合理的特性。异常值不一定是错误值，比如在进行某项分析时，一个用户最近几个月的话费都是 50 元左右，1 月份话费 50 元，2 月份话费 60 元，3 月份话费 45 元，4 月份话费突然上升到了 500 元，4 月份的话费就是一项异常值，是一种波动性异常值。虽然这个值确实可能存在，但是过于偏离正常范围，因而属于异常值。如果忽略这些异常值，在某些建模场景（如线性回归模型、K 均值聚类等）下就会导致错误的结论。所以在数据的探索过程中，有必要识别出这些异常值并处理好它们。

异常值的识别可以借助于图形法（如箱线图、正态分布图）和建模法（如线性回归、聚类算法、K 近邻算法）等。线性回归涉及找出拟合两个属性（或变量）的“最佳”直线，使得一个属性可以用来预测另一个。多元线性回归是线性回归的扩充，其中涉及的属性多于两个，并且数据拟合到一个多维曲面。

常见的异常值处理办法是删除法、替代法（连续变量用均值替代、离散变量用众数或中位数替代）、插补法（回归插补、多重插补）。具体选用哪种方法，需要视具体情况来定。

3. 重复值的清洗

在实际中可能存在数据输入重复的问题。重复可能由人为错误、数据输入错误、数据缩写或数据来源不一致造成。比如源自不同渠道的客户数据，可能会存在同一客户的多条数据。数据库中属性值完全相同的数据一般被认为是重复数据，它们表示同一对象；但有些数据属性不完全相同，也可能表示同一对象，这类数据被称为相似数据。

数据清洗过程中，相似数据的检测过程非常复杂，主要通过判断数据之间的相似性来达到获得重复数据的目的。首先优选数据集中的特征属性，设定权重值，根据权重值对记录集进行聚类分组，使相似的数据尽量排在相邻的位置；再比较各组数据中对应字段的相似度，完成字段匹配；最后通过计算各字段的权重，利用加权的方式，得到数据的相似度，当超过某一阈值时，则认为是相似的，从而完成数据匹配。

找到重复值后，对重复值的处理方法包括删除、合并和替换。其中，删除是最常见的方法。通过删除重复值，可以使数据更加干净，更容易进行分析和建模。而合并和替换则需要根据具体的情况进行选择，以达到最好的效果。

在进行数据清洗时需要关注重复异常。一般情况下，数据是用来分析的，直接去重不会给分析结果带来影响。但当数据被用来监控业务风险时，就不能随意忽略重复数据。比如同一个 IP 在一段时间内连续获取了多次短信验证码，这个重复记录可能说明相应短信验证码的业务出现了重大的规则问题，有可能遭受竞争对手的恶意攻击。因此，这些重复数据不能随意去除，产品经理可以通过这些重复值来发现自己所设计产品的漏洞，并配合相关团队最大限度地降低给公司带来的损失。

拓展知识

大数据异常值

异常值是在常见数据分布之外存在的数据噪声。通常而言，在数据分析工作中，我们都会直接删除异常的数据记录，分析公司员工平均收入的时候掐头去尾就是这个道理。但和重复值一样，有些情况下我们是不能直接删除异常的数据记录的，而是要保留。

先来说第一个场景，异常值来自业务部门特定的活动，比如运营部门于某节日进行了促销推广活动。由于促销活动导致营销数据突增，这种异常情况，我们通常称为“伪异常”。这种异常数据如果被删除会无法评价本次活动的效果。

再来说第二个场景，利用异常数据发现新的数据规律。很多情况下异常数据是具有时效性的，在当前的情况下，由于数据样本有限，一些长尾的数据类型将被定义为异常值。这些异常值如果直接进行删除，将会是数据样本的巨大损失。针对此类异常数据，我们应当保留归档，等异常数据体量足够时即可提炼出相应规律，最终达到扩展数据模型边界的目的。

例如，汉朝时期，我们就已经有过太阳黑子的记载了，但当时我们只是将它作为一种异常现象，并未给予持续关注。而伽利略是第一个用望远镜看天空的人，也是第一个用望远镜观测到太阳黑子的人。之后欧洲的天文学家开始对太阳黑子进行科学的记录。虽然当时他们也不知道太阳黑子到底是什么，但是都会进行客观记录，不只是记录时间，还会记录大小、出现位置，甚至会把太阳黑子的样子直接画出来。后来天文学家鲁道夫·沃夫把从伽利略开始的太阳黑子记录都收集起来，从中发现了 11 年的周期。至此，天文学家才确定了太阳黑子活动是有周期性的。

三、数据集成

3－10 数据集成的内容

由于开发时间或开发部门的不同，往往有多个异构的、运行在不同的软硬件平台上的信息系统同时运行，这些系统形成的数据彼此独立、相互封闭，使数据难以在系统之间交流、共享和融合，从而形成了“信息孤岛”。数据集成是指将由不同来源、不同格式和不同结构的数据整合到一个统一的数据库中，以实现数据的一致性、可访问性和可用性。简而言之，就是把分散在不同数据源中的各种类型的数据统一汇聚起来，主要体现在一个“集”字上。

数据集成主要解决三个问题：实体识别、数据冗余、数据值冲突的检测与处理。实体识别，是指从不同数据源识别现实世界的实体，即识别不同数据是否是同一实体。比如，有几份学生的数据需要集合在一起，可以根据学号对学生数据进行集成。数据冗余是指同一个数据在系统中重复出现，如同一属性多次出现、同一属性命名不一致等。对于属性间冗余可以用相关分析检测到，然后删除。数据值冲突的检测与处理主要指由于表示、比例、编码等不同，现实世界中的同一实体，在不同数据源的属性值可能不同。这种数据语义上的歧义性是数据集成的最大难点，目前没有很好的解决办法。比如，在课程评分系统中，有的学校采用 A、B、C、D、E 等级对成绩进行评定，而有的学校则采用数值 1～100 进行评定。于是在对不同学校进行数据库合并时，应该将两个系统的评分制度做统一处理，以便进行进一步的数据挖掘。

不同的数据集成方法可以选择不同的工具和技术，根据不同的数据集成要求选择最合适的方法。常用数据集成方法有以下几种：

（1）手工数据集成：通过手动输入或复制粘贴来集成数据。这种方法适用于数据量较小或来源比较有限的情况。

（2）编程数据集成：通过编写代码来集成数据。这种方法适用于数据量较大或需要自动处理的情况。例如，可以使用 Python 编写脚本来从不同的数据源中读取数据，并将它们合并到一个数据集中。

（3）数据仓库集成：使用数据仓库来集成数据。数据仓库是一个用于存储和管理数据的集中式数据库，它可以从不同的数据源中抽取、转换和加载数据。

（4）ETL（Extract-Transform-Load）工具集成：使用 ETL 工具来集成数据。ETL 工具是一种自动化工具，可以从一些数据源中抽取数据，对数据进行转换和清洗，并将数据加载到目标数据库中。

（5）API 集成：通过 API 来集成数据，例如，使用 GoogleMapsAPI 获取地理数据，并将其集成到应用程序中。

拓展知识

ETL 与 Kettle

ETL 工具是一种常用的数据集成方法，它提供了一个可视化的界面，用于定义和管理数据抽取、转换和加载过程。ETL 工具能够自动化数据集成流程，减少了手动编码的工作量，并提供了更好的可维护性和灵活性。它可以处理大量的数据，并具有数据清洗、转换和校验的功能。

Kettle 最早是一个开源的 ETL 工具，可以在 Windows、Linux、Unix 上运行，数据抽取高效稳定。Kettle 翻译成中文是水壶，该项目的主程序员 Matt 希望把各种数据放到一个“壶”里，然后以一种指定的格式“流出”。Kettle 以 Java 开发，支持跨平台运行，其特性包括：支持 100% 无编码、以拖拽方式开发 ETL 数据管道；可对接包括传统数据库、文件、大数据平台、接口、流数据等数据源；支持 ETL 数据管道加入机器学习算法。

四、数据转换

数据转换是指对所抽取出来的数据中存在的不一致性进行处理的过程，是将一种数据格式或结构转换为另一种格式或结构的过程。数据转换可以处理不同的数据源，将它们转换为标准的输出格式，从而使数据可以更好地被分析和使用。数据转换常见的内容包括：数据类型转换、数据粒度转换、表与数据拆分、行列转换、数据离散化、数据标准化等。

（一）数据类型转换

数据类型转换是指将一种格式的数据转换为另一种格式的数据的过程。例如，将字符串转换为数字，或将数字格式化为特定的字符串形式。

（二）数据粒度转换

数据粒度，是指数据仓库中数据的细化和综合程度。根据数据粒度细化标准，细化程度越高，粒度越小；细化程度越低，粒度越大。业务系统一般存储的是明细数据，有些系统甚至存储的是基于时间戳的数据，而数据仓库中的数据是用来分析的，不需要非常明细的数据，一般情况下，会将业务系统数据按照数据仓库中不同的粒度需求进行聚合。

（三）表与数据拆分

某些字段可能存储多源数据信息，如时间戳中包含年、月、日、时、分、秒等信息，有些规则中需要将其中部分或者全部时间属性拆分，以此来满足多粒度下的数据聚合需求。同样，一个表内的多个字段，也可能存在表字段拆分的情况。

（四）行列转换

某些情况下，表内的行列数据需要进行转换（又称为转置），例如协同过滤的计算之前，User 和 Term 之间的关系互为行列并且可相互转换，可用来满足基于项目和基于用户的相似度推荐计算。

（五）数据离散化

数据离散化是指将连续的数据分段，使其变为一段段离散化的区间。有的时候，数据量本身不大，但其数据范围可能很大，直接利用这些数据进行分析将占用大量的内存空间，一般先对数据进行离散化处理。例如，将销售额进行离散化处理，以消除不同销售额之间由于量级关系导致的无法进行多列的复合计算。

（六）数据标准化

不同字段间由于字段本身的业务含义不同，有时需要消除变量之间不同数量级造成的数值之间的悬殊差异。数据标准化还可以用来解决个别数值较高的属性对聚类结果的影响。

拓展知识

标准化处理方法

在数据分析中，应进行标准化处理，比较常见的处理方法有主成分分析、因子分析、聚类分析、广义线性回归等。

主成分分析是将多个指标转换为少数几个综合指标的一种统计分析方法，通常我们把转化成的综合指标称为主成分。

因子分析模型中，假定每个原始变量由两部分组成：共同因子和唯一因子。共同因子是各个原始变量所共有的因子，解释变量之间的相关关系。唯一因子，顾名思义是每个原始变量所特有的因子，表示该变量不能被共同因子解释的部分。例如，现在一个 Excel 表有 10 个变量，因子分析可以将这 10 个变量通过某种算法变为 3 个、4 个、5 个等因子，而每个因子都能表达一种含义，从而达到降维的效果，便于接下来的数据分析。

聚类分析是根据在数据中发现的描述对象及其关系的信息，将数据对象分组。其目的是，组内的对象相互之间是相似的（相关的），而不同组中的对象是不同的（不相关的）。组内相似性越大，组间差距越大，说明聚类效果越好。也就是说，聚类的目标是得到较高的能内相似度和较低的簇间相似度，使得箱间的距离尽可能大，能内样本与能中心的距离尽可能小。

广义线性回归尝试通过将观测数据拟合成线性方程式来模拟两个变量之间的关系。一个变量被认为是解释性变量，另一个变量被认为是因变量。例如，建模者可能希望使用线性回归模型将个体的体重与其身高相关联。

五、数据归约

数据挖掘时，数据量往往非常大，在少量数据上进行挖掘分析需要很长的时间。数据归约是指在最大限度保持数据原貌的基础上，尽可能精简数据量，以得到较小数据集的操作，包含维归约、数据压缩、数值归约、概念分层等。也就是说，在归约后的数据集上进行挖掘，依然能够得到与使用原数据集近乎相同（或几乎相同）的分析结果。

3－11 数据归约的方法

（1）维归约。维归约指通过删除不相关的属性（或维）减少数据量，或把原数据变换或投影到更小的空间。具体方法有小波变换、主成分分析等。

（2）数值归约。数值归约指通过选择替代的、较小的数据表示形式来减少数据量。具体方法包括抽样和数据立方体聚集。

（3）数据压缩。数据压缩是指应用数据编码或变换，得到原数据的归约或压缩表示。数据压缩分为无损压缩和有损压缩。比较常用和有效的有损数据压缩方法是小波变换和主要成分分析。小波变换对于稀疏或倾斜数据以及具有有序属性的数据有很好的压缩结果。主要成分分析计算花费低，可以用于有序或无序的属性，并且可以处理稀疏或倾斜数据。

拓展知识

数据归约

数据归约包括有参数方法和无参数方法两类。

有参数方法是使用一个模型来评估数据，只需存放参数，而不需要存放实际数据，例如回归（线性回归和多回归）和对数线性模型。

无参数方法需要存放实际数据，如直方图、聚类、抽样和参数回归。

（1）直方图。

直方图使用分箱来近似表示数据分布，是一种常见的数据归约形式。A 属性的直方图将数据分布划分为不相交的子集或桶。通过这种方式可以对数据进行归约，只用一个直方图就能表示大部分数据 A 属性的特征。

（2）聚类。

聚类将数据元组视为对象。它将对象划分为簇，使一个簇中的对象“相似”，而与其他簇中的对象“相异”。在数据归约中，用数据的簇替换实际数据。该技术的有效性依赖于簇的定义是否符合分布性质。

（3）抽样。

抽样应该是现实生活中最常用也最多运用的数据归约技术，它的思路是用比原始数据小得多的随机样本表示原始数据集。假定原始数据集 D 包括 N 个元组，可以采用抽样方法对 D 进行抽样。

（4）参数回归。

简单线性模型和对数模型可以采用近似描述给定的数据。线性模型对数据建模，使之拟合成一条直线。

项目总结

本项目主要介绍了大数据采集与预处理，这是大数据处理的基础性环节。大数据采集来源主要有商业数据、互联网数据和物联网数据。根据不同的应用环境及采集对象，有多种不同的数据采集方法，常见的有系统日志采集法、网络数据采集法、数据库采集法等。数据源众多、采集方法各异导致采集的原始数据是“脏”数据，数据挖掘之前必须对原始数据进行一系列的预处理，主要包括数据清洗、数据集成、数据转换和数据归约。经过预处理的大数据才能体现其潜在的价值。

素养课堂

简历大数据公司被查封，个人隐私是红线！

我国目前并未出台专门针对网络爬虫技术的法律规范，但在司法实践中，相关判决已不少。以下为一个实例。

案情介绍

2018 年 10 月，北京市公安局海淀分局警务支援大队接到辖区某互联网公司报案，发现有人在互联网上兜售疑似为该公司的用户信息。根据这条线索，警方迅速开展调查，××公司非法窃取信息的犯罪事实逐渐浮出水面。2019 年 3 月，××公司被查封，涉案员工被警方依法刑事拘留。

警方查明，与正规招聘网站的简历由用户自己上传不同，××公司的简历数据库全部是通过非法手段爬取而来的。网安总队办案民警说：“嫌疑人通过大量代理 IP 地址、伪造设备标识等技术手段，绕过招聘网站服务器防护策略，窃取存放在服务器上的用户数据。”从不同网站窃取来的信息被重新合并、排列，重名或是信息不全的信息经过“再比对”后形成完整的简历和用户画像。

利用爬虫获取简历的手段，××公司在多个招聘网站上，建立了上千个企业账户，每天访问招聘网站次数达百万次，都是机器在模拟人工操作。据悉，××公司非法获取的简历信息有 2.1 亿余条。

××公司提供的多项服务都指向用户个人，无论是通过自有渠道还是第三方渠道，没有经过用户同意和违反用户意愿的数据交易，都属于擅自利用用户信息，并可能侵犯隐私。2022 年 2 月，××公司因爬虫窃密案被判处罚金 4 000 万元人民币。

反思总结

了解规则，敬畏法律，利用爬虫技术获取信息，应该严格遵守相关法律、行政法规、部门规章的规定，否则极易落入“非法获取”公民个人信息的法律风险范畴。在爬取相关数据时，每个人都要增强法律意识，知晓如何合法合规地利用爬虫技术，警钟长鸣，做一个守法、护法、有原则的技术人员。

课后自测

一、单项选择题

1. 数据分析的第一个步骤一般是（　　）。

A. 数据预处理　　B. 数据采集　　C. 数据建模　　D. 数据挖掘

2. 网络数据采集法，主要通过网络爬虫或网站公开 API 的方式获取，网络爬虫从网页的（　　）开始获取。

A. URL　　B. WWW　　C. HTML　　D. XML

3. 乘坐飞机时通过人脸识别获得旅客信息的过程属于（　　）。

A. 数据加工　　B. 数据采集　　C. 数据整理　　D. 数据通信

4. Flume 属于（　　）。

A. 系统日志采集法　　B. 网络数据采集法

C. 数据库采集法　　D. 以上均不是

5. 数据清洗过程中，找到重复值后，对重复值的处理方法不包括（　　）。

A. 删除　　B. 合并　　C. 替换　　D. 填充

6. （　　）是数据集成的最大难点，目前没有很好的办法解决。

A. 实体识别　　B. 数据冗余

C. 数据值冲突检测与处理　　D. 异常值

7. 在进行数据转换处理时，（　　）过程还可以用来解决个别数值较高的属性对聚类结果的影响。

A. 数据离散化　　B. 数据标准化　　C. 数据类型转换　　D. 数据粒度转换

8. （　　）是指在最大限度保持数据原貌的基础上，最大限度精简数据量，以得到较小数据集的操作。

A. 数据清洗　　B. 数据转换　　C. 数据集成　　D. 数据归约

二、多项选择题

1. 数据采集的三大特点是（　　）。

A. 全面性　　B. 多维性　　C. 随机性　　D. 高效性

2. 数据采集可以使用的工具有（　　）。

A. 八爪鱼　　B. 网络爬虫　　C. 集搜客　　D. 火车采集器

3. 通用网络爬虫的基本工作流程包含（　　）。

A. 打开浏览器　　B. 抓取网页　　C. 数据存储　　D. 预处理

4. 数据清洗主要是对（　　）进行处理。

A. 缺失值　　B. 异常值　　C. 重复值　　D. 正常值

三、判断题

1. 数据采集的质量直接决定了后续的分析是否准确。（　　）

2. 爬虫是模拟用户在浏览器或者某个应用上的操作，把操作的过程结合背后的原理，用程序模拟出来，并实现自动化的程序。（　　）

3. 常见的网络数据采集方法包括爬虫采集和 API 接口采集。（　　）

4. 聚焦网络爬虫的主要用途是为门户站点搜索引擎和大型 Web 服务提供商采集数据。（　　）

5. 数据清洗过程中，找到重复值后，一定要删除重复值。（　　）

6. 异常值是那些远离绝大多数样本点的特殊群体，异常值不一定是错误值。（　　）

项目四 大数据存储与管理

学习目标

知识目标：

（1）熟悉数据存储概念以及存储方式；

（2）理解传统数据存储管理技术，尤其是关系数据库和数据仓库的原理、特点和应用；

（3）熟悉大数据存储与管理技术和工具，包括分布式文件系统、分布式数据库、NoSQL 非关系数据库等。

能力目标：

（1）能够理解传统数据存储与管理方式和技术面临的挑战和机遇，知道大数据存储与管理的重要性和必要性；

（2）能够理解大数据存储与管理的关键技术原理、特点和应用，能够理解它们的适用场景和优势。

素质目标：

（1）培养对大数据存储与管理技术的兴趣和热情，主动学习和探索新的技术和趋势；

（2）培养批判性思维和问题解决能力，能够分析和评估不同的大数据存储与管理技术，选择和应用合适的技术解决实际问题；

（3）具备持续学习和自我发展的意识，关注大数据存储与管理领域的最新发展，不断学习新的技术和工具，以适应快速变化的大数据时代。

项目综述

在当今数字化时代，数据规模呈指数级增长，企业和组织面临着海量、多样化的数据。一方面，这些数据为企业带来巨大的价值和潜力；另一方面，对于如何高效、可靠地存储、管理和处理这些大数据，许多企业和组织也同样面临着巨大的挑战。随着数据源和数据种类越来越多，传统的数据存储与管理方法已经无法满足大数据时代的需求。因此，了解和掌握大数据存储与管理技术至关重要。

本项目从对数据存储的认知开始，先后介绍了传统数据存储的技术，分析了传统数据存储在技术、管理和应用等方面面临的挑战，深入探讨大数据存储与管理技术，旨在帮助读者应对数据爆炸时代带来的挑战，选择不同应用场景下大数据存储的解决方案。

任务一　传统数据存储与管理技术

引导案例

企业资源管理（ERP）系统

◎案例描述

ERP 系统是一种集成的软件系统，通过整合企业内部的各个功能部门（如采购、销售、库存、生产、财务、人力资源等），以及外部供应商和合作伙伴的数据和业务流程，提供全面的企业资源管理和决策支持，其主要目标是实现企业内部各个部门之间的协调与合作，提高工作效率，降低成本，优化资源利用。

在制造业中，ERP 系统可以协调和管理整个生产过程，包括供应链管理、生产计划、物料采购、库存管理和质量控制等；还可以帮助制造企业优化资源利用，提高生产效率，降低成本。

在零售业中，ERP 系统可以帮助管理库存、销售和采购等业务。它可以跟踪商品库存、销售订单和供应链信息，提供准确的库存数据，协调供应链的各个环节，提高库存周转率和客户满意度。

ERP 系统在物流和供应链管理领域也具有重要作用。它可以整合各个环节的信息，包括供应商、仓库、运输和配送等，实现物流流程的协调和优化。ERP 系统可以提供实时的物流信息，减少库存积压和配送延误。

在金融服务领域，ERP 系统可以支持企业的财务管理、会计核算和报告等业务。它可以集中管理财务数据，生成财务报表，帮助企业进行财务分析和决策。ERP 系统可以提供安全的财务数据存储和访问，确保数据的完整性和准确性。

在医疗保健行业，ERP 系统可以用于管理医院或医疗机构的各个方面，包括患者管理、医疗资源调度、药品库存管理和财务管理等。它可以提供实时的患者信息、医疗资源的分配和利用情况，改善医疗服务的效率和质量。

ERP 系统在教育机构中可以协调和管理学生信息、教务、财务和人力资源等。它可以跟踪学生的学籍和成绩，管理教职工的信息，协调教学资源的分配，支持学校的决策和规划。

ERP 系统充斥着许许多多的数据。ERP 系统通过对数据的集中存储和管理，实现了不同部门和业务功能之间的数据共享和一致性。

◎案例解析

早些年，企业数据规模不大，ERP 系统常常以单机版使用，它提高了企业的工作效率、数据可靠性和决策能力。关系型数据库是 ERP 系统中最常用的存储技术之一，可以提供结构化数据存储和管理能力，使用表格和关系模型来组织数据。ERP 系统将各个模块的数据存储在关系型数据库中，以支持事务处理、数据一致性和复杂的查询操作。

另外，数据仓库也是 ERP 系统使用的存储技术之一。ERP 系统将从各个模块中收集的数据转移到数据仓库中，以进行更复杂的数据分析和报表生成。

知识学习

一、数据存储的认知

4-1 传统数据与大数据存储的差异

（一）数据存储发展史

存储作为延续文化的工具，从史前时代就以石洞壁画的形式开始了。远古时代，人类为摆脱时空限制，采用结绳记事的方式实现数据的记录与存储。商代的甲骨文、西周和春秋时期的竹简、东汉的造纸术，这些存储数据的载体体现出数据存储对人类生产生活的重要性。在近几个世纪里，数据存储的信息量极大地增加，人类制造出越来越新的数据存储装置。现代意义的数据存储以穿孔卡片的出现为开始。20 世纪 50 年代，磁性数据存储出现，开始替代穿孔卡片和穿孔带。最早普及的磁性数据存储形式是磁带，随后的磁鼓存储器、磁盘、软盘实现了随机存取，极大地加速了在磁盘上存储数据的进程。随着技术的不断创新与改进，至今硬磁盘在热数据存储领域依然是业界主流。

20 世纪 70 年代，光学存储器问世，也就是后来我们熟悉的光盘（简称 CD）以及 20 世纪 90 年代流行的 DVD。2000 年之后，存储容量更大的蓝光光盘出现，目前已成为冷数据存储的主要介质，市场上最大容量的单张蓝光光盘已经可以达到 300GB 以上。而现如今最受欢迎的是电子存储芯片，市场上常见的电子存储芯片包括固态硬盘、闪存、U 盘、CF 卡、SD 卡、MMC 卡、SM 卡、记忆棒（Memory Stick）、XD 卡等。当前，全球正进入数字经济时代，大量新技术、新商业模式的应用将催生出对边缘计算和数据中心的海量需求。在新兴技术的驱动下，存储主要面对的是云计算、大数据和人工智能等大规模数据应用场景。下一代数据存储技术革新方向将在介质、传输、协议、接口、软件等方面呈现持续快速迭代的趋势，分布式存储架构以及云服务化应用模式逐渐推广。

（二）数据存储的概念

数据存储介质历时几万年，才变得更小、更有效。目前来看，无论是企业还是个人，都对存储提出了更高的要求。数据存储从硬件定义向软件定义发展，再到云定义仅仅用了几十年。存储产品系统架构的发展历程主要分为硬件存储、软件定义存储和云存储三大阶段。

数据存储是数据存储对象包括数据流在加工过程中产生的临时文件或加工过程中需要查找的信息。数据以某种格式记录在计算机内部或外部存储介质上。数据流反映出系统中流动的数据，表现出动态数据的特征；数据存储反映系统中静止的数据，表现出静态数据的特征。1956 年 IBM 发明的第一款磁盘存储系统，带人们进入硬件存储时代，存储软件运行在专用硬件设备中。当时，企业及个人大多使用软盘、光盘等，作为数据存储的介质。

2012 年，软件定义存储出现在大众的视野中，其消除了对专属硬件设备的依赖。软件定义存储可与大多数行业标准硬件兼容，可以利用现有硬件提供高性能的存储解决方案，同时支持结构化和非结构化数据工作负载。所以，企业级用户对软件定义存储系统依赖性开始增强。

根据云计算开源产业联盟定义，软件定义存储（Software-Defined Storage，SDS）指将存储物理资源通过抽象、池化整合，并通过智能软件实现存储资源的管理，实现控制平面和数据平面的解耦，最终以存储服务的形式提供给应用，满足应用按需（如容量、性能、服务质量、服务等级协议等）使用存储的需求。通俗理解，软件定义存储就是利用统一软件对存储硬件进行管理和控制，即利用通用硬件进行存储，但功能和性能都由软件来决定。

软件定义存储通过提供应用程序编程接口（API）管理、部署和维护存储资源，实现存储资源在云端、数据中心和应用程序中的调用以及策略驱动的资源管理模式。针对海量数据存储，企业可根据业务需要，通过软件定义存储的超融合架构以增加模块的方式增加计算能力或存储能力，支持大量并发的计算或存储需求。

近几年，伴随着云计算的普及与大规模应用，企业客户对于存储的功能需求和使用方式发生了显著的变化。云计算、云存储的概念在国内开始出现，最早可追溯到 2007 年。2011 年，云计算、云存储的概念落地。云存储正在通过各种应用服务走进我们的生活，逐渐改变着我们对传统存储方式的认知，也不断刷新着文件存储方式。目前企业云存储已经成为云存储的主要市场，我国云存储市场发展迅速。

我们可以从两方面理解云存储的定义：第一，在面向用户的服务形态方面，它是一种提供按需服务的应用模式，用户可以通过网络连接云端存储资源，在云端随时随地存储数据；第二，在云存储服务构建方面，它是通过分布式、虚拟化、智能配置等技术，实现海量、可弹性扩展、低成本、低能耗的共享存储资源。

（三）数据存储的分类

数据存储的分类有不同维度，按照服务器类型不同可分为封闭系统的存储和开放系统的存储。封闭系统主要指大型机等服务器；开放系统指基于 Windows、Unix、Linux 等操作系统的服务器。开放系统的存储分为内置存储和外挂存储。外挂存储按照连接方式的不同，又可以分为直连式存储（Direct-Attached Storage，DAS）和网络化存储（Fabric-Attached Storage，FAS）。网络化存储根据传输协议又分为网络接入存储（Network-Attached Storage，NAS）和存储区域网络（Storage Area Network，SAN）。按照存储服务类型不同进行划分，数据存储可以分为块存储、文件存储和对象存储。按照时间或者部署方式的不同，数据存储又可以分为集中式存储和分布式存储。无论如何进行分类，存储的最终目的是实现高效、便捷、安全地对数据进行保存以及调用。

（四）数据存储与管理方式

随着技术的不断发展，存储技术也有了很大的变化，人们一直在寻求各种方法来记录信息，追求更大的信息量、更简便的信息交换，以及能够更长久地保存信息。随着企业网络应用的时间和数据量的加大，对于数据存储系统的能力提升从三个方面提出了更高的要求：一是提升系统的存储容量；二是要提升系统的吞吐量；三是提升存储系统的容错性。

针对提升系统的存储容量，一种是提升单硬盘容量，目前单硬盘容量已经进入 TB 时代；另一种是在多硬盘的情况下提升整体存储容量。经过多年的发展，系统存储技术已经由直连式存储发展到网络接入存储和存储区域网络，而如今已经进入云存储阶段。

1. 直连式存储和存储区域网络

这两种存储方式都属于块存储类型。

（1）直连式存储。

如果以具备独立存储设备为界限，我们暂且追溯到 DAS 的发展阶段，主要在 20 世纪 90 年代之前。这个阶段的应用系统主要是单机业务系统，相互独立，所需存储的数据量也非常少。但此期间数据的安全性已经提升到一定高度，于是基于数据的安全性考虑，将业务数据独立，产生了 DAS 架构。

DAS 是指将存储设备通过总线（SCSI、PCI、IDE 等）接口直接连接到一台服务器上使用的存储方式，如图 4-1 所示。

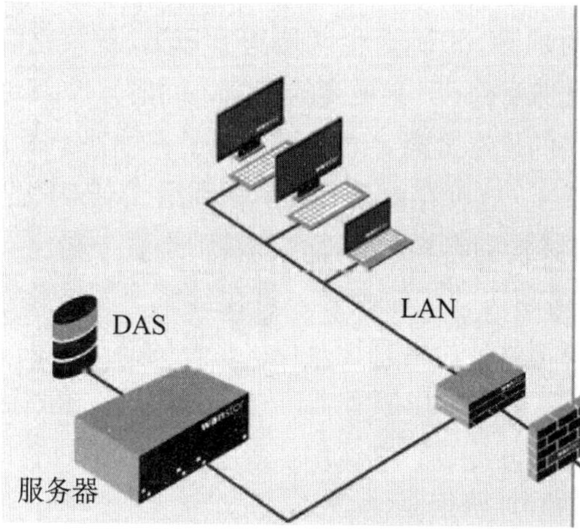

图 4-1 DAS 架构图

这是一种通过总线适配器直接将硬盘等存储介质连接到主机上的存储方式，在存储设备和主机之间通常没有任何网络设备的参与。可以说，DAS 是最原始、最基本的存储架构方式，在个人电脑、服务器上也最为常见。DAS 的优势在于架构简单、成本低廉、读写效率高等；DAS 的不足之处在于结构易扩展性差、成本高、资源利用率低以及备份、恢复和扩容过程复杂。

（2）存储区域网络。

SAN 是最常见的企业存储方案，它是一种通过光纤交换机、光纤路由器、光纤集线器等设备将磁盘阵列、磁带等存储设备与相关服务器连接起来的高速专用子网。它由三个部分组成，分别是连接设备（如路由器、光纤交换机和 Hub）、接口（如 SCSI、FC）、通信协议（如 IP 和 SCSI）。这三个部分再加上存储设备和服务器就构成了一个 SAN 系统。SAN 架构图如图 4-2 所示。

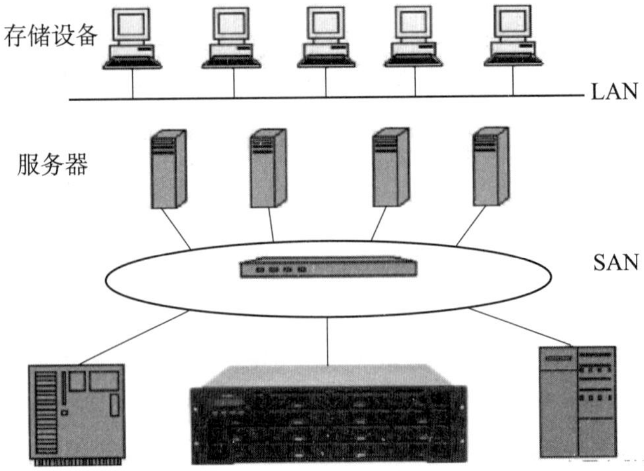

图 4-2　SAN 架构图

该架构的特点是，连接到服务器的存储设备，将被操作系统视为直接连接的存储设备。SAN 提供了一个灵活、高性能和高扩展性的存储网络环境，它可以更加有效地传输海量的数据块。最开始用的是 FC-SAN，也就是基于 FC 设备及通信协议的存储区域网络。由于采用了光纤接口，因此 SAN 还具有更高的带宽，同时，SAN 也使统一管理和集中控制实现简化。因为光纤网络的成本太高，之后又出现了一种基于以太网的 SAN 存储形式，就是我们通常所说的 IP-SAN。这种存储形式其实是利用 TCP/IP 协议实现了对 SCSI 协议的封装。主机端相当于 CS 架构的客户端，而存储端则是服务端。

SAN 的优点：一是采用高速的传输媒介，将存储系统网络化，实现了真正高速的共享存储。二是综合网络的灵活性、可管理性及可扩展性的同时，提高了网络的带宽和存储 I/O 的可靠性。三是 SAN 独立于应用服务器网络系统之外，拥有几乎无限的存储能力。四是由于将企业的数据存储空间加以合并运用，环境的建置及设备的管理维护复杂度得以大幅改善，因而降低了存储管理费用。

SAN 的缺点：一是方案整体预算相对 DAS 和 NAS 架构要高一些，尤其是光纤设备价格昂贵。二是文件处理在服务器上实现，对服务器的配置要求也比较高。三是对大量的小文件的读写没有优势，对管理维护人员的技术水平要求比较高。

2. 网络连接存储

通常而言，NAS 产品都是文件级存储。NAS，即将存储设备通过标准的网络拓扑结构（如以太网），连接到多个计算机上。NAS 数据存储方式全面改进了以前低效的 DAS 数据存储方式。它采用独立于服务器，单独为网络数据存储而开发的一种文件服务器来连接所存储设备，形成一个网络。这样，数据存储就不再是服务器的附属，而是作为独立网络节点存在于网络之中，可由所有的网络用户共享。由于不需要服务器直接与企业网络连接，不依赖于通用的操作系统，而采用一个面向用户设计的、专门用于数据存储的简化操作系统，内置了与网络连接所需的协议，因此整个系统的管理和设置较为简单。NAS 架构如图 4-3 所示。

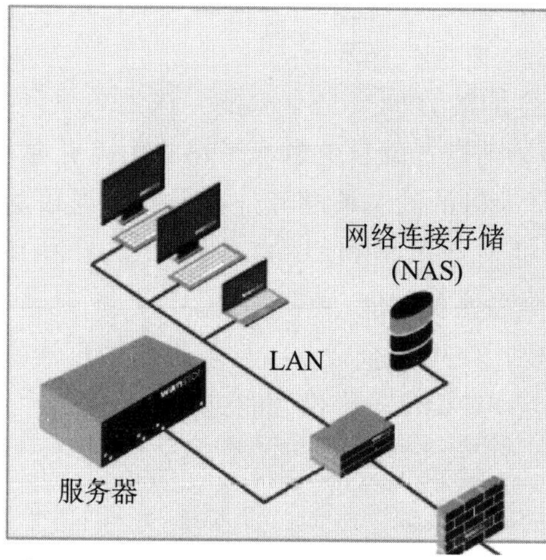

图 4－3　NAS 架构图

NAS 主要面向高效的文件共享任务，适用于那些需要网络进行大容量文件数据传输的场合。

NAS 有以下优点：

（1）支持全面获取信息。NAS 实现高效的文件共享，支持多对一和一对多配置。多对一配置允许 NAS 可同时被多个客户端访问；一对多配置允许一个客户端可同时连接多个 NAS。

（2）设备提高效率。NAS 设备提供专用的操作系统用于文件服务，可以减少通用文件服务器的文件服务操作，提高通用服务器的利用率，消除通用服务器访问文件时的瓶颈。

（3）提高灵活性。NAS 使用行业标准协议，对 Unix 客户端和 Windows 客户端有很好的兼容性。不同类型的客户端在访问同一资源时能灵活地提供服务。

（4）集中存储。集中的数据存储可减少客户端工作站的重复数据，简化数据管理，并提供更好的数据保护。

（5）简化管理。提供一个控制台集中管理，可以有效地管理文件系统。

（6）可扩展性。根据不同的配置和各种业务应用，可提供高性能、低延迟扩展。

（7）高可用性。NAS 设备可以使用集群技术进行故障切换。NAS 使用冗余的网络组件，提供多连接选项。复制功能和恢复选项丰富，可实现数据的高可用性。

（8）安全。通过用户身份验证、文件锁定和符合业界标准的安全架构相结合的方式确保数据安全。

由于架构的先天不足，NAS 有以下缺点：

（1）受局域网带宽的限制。NAS 设备与客户端通过企业网进行连接，数据存储和备份会占用网络带宽，这必然会影响内部网络上的其他应用，共用网络带宽成为限制 NAS 存储性能的主要问题。

（2）不适用于数据块级访问方式。NAS 访问需要经过文件系统格式转换，不适合 Block 级应用，尤其是要求使用数据块访问的数据库系统。

（3）无法实现集中备份。在对 NAS 设备的数据访问时需要一个独特的网络标识符，无法将多台 NAS 设备中的数据视为一台统一数据设备进行访问，这就导致 NAS 环境下数据不能集中备份。

总体来说，DAS 所能容纳的存储量是有限的，这主要受制于 DAS 技术所支持的设备。而 SAN 技术所支持的物理设备数量更多，跨越的距离更远，传输的速度更快。SAN 不是设备，而是以存储共享为目的的一些相互连接并相互通信的设备集合。NAS 设备是基于文件系统的，而 SAN 通信是基于数据块的。另外，SAN 的磁盘设备最终是连接到主机上的，NAS 设备本身就具备主机功能。

综上所述，DAS 一般应用在中小企业，与计算机采用直连方式；NAS 通过以太网添加到计算机上；SAN 则使用 FC 接口，提供性能更佳的存储。

拓展知识

4-2 块存储、文件存储和对象存储

关于块存储、文件存储和对象存储

DAS、SAN 被称为块存储，NAS 被称为文件存储。随着数据量爆炸式增长，后来还出现对象存储这一方式。为了更好地理解这三类存储方式，我们来简单介绍一下数据存储的类型，分别是块存储、文件存储和对象存储。

块、文件和对象是三种以不同的方式来保存、整理和呈现数据的存储类型。块存储会将数据拆分到任意划分且大小相同的卷中；文件存储会以文件和文件夹的层次结构来整理和呈现数据；对象存储会管理数据并将其链接至关联的元数据。

块存储和文件存储是我们比较熟悉的两种主流的传统存储类型。个人计算机大都采用文件存储方式。打开计算机 C 盘，可以看到一个个文件夹，点开文件夹可以看到很多并列的文件。数据基于文件系统进行存储，有目录、子目录、文件，称之为文件存储，它的操作对象是文件和文件夹。文件存储的目标用户是自然人，用路径作为唯一标识来访问具体的文件，方便查找和浏览。

什么是块存储呢？顾名思义，是将数据拆分为“块”，并单独存储各个“块”，每个数据块都有一个唯一的标识符。块存储，我们可以简单地将其理解为一块硬盘，例如 Windows 中的 C 盘、D 盘。块存储操作的对象是磁盘。块存储不像文件存储那样需要依赖路径。由于块存储只负责数据读取和写入，因此具有高带宽、低延迟的优势，但是扩展能力有限，适用于对响应时间要求高的系统，如数据库、ERP 等企业核心应用的存储。DAS、SAN 这两种存储设备属于块存储类型。

文件存储虽然很方便人们访问、记忆和理解，但对计算机来说，这种路径查找方式完全没必要。而块存储具有排他性，服务器上的某一个逻辑块被客户端挂载后，其他客户端就无法挂载数据了。再加上数据量的爆炸式增长，以及非结构化数据占比的显著增加，于是诞生了另外一种介于块存储和文件存储之间的存储方式，它就是对象存储，以解决块存储和文件存储的问题。

对象存储是面向对象或文件的、海量的互联网存储，是云存储的核心技术。对象尽管是文件但是它是已被封装的文件，也就是说，在对象存储系统里，用户不能直接打开或修改文件，但可以像文件传输协议一样上传、下载文件等。另外，对象存储没有像文件存储那样有一个很多层级的文件结构，而是引入了一个“桶”（Bucket）的概念，也就是存储空间。“桶”里面全部都是对象，是一种扁平化的存储方式。这里简单理解为我们要找对象，只需知道它在哪个“桶”中，然后根据关键字就能直接找到对应的值。也就是说，用户可以根据存储桶的功能和特征来检索和分析其中的任何对象，而与文件类型无关。因此，对象存储可以非常简单地扩展到超大规模，非常适合数据量大、增速又很快的视频、图像等，如网盘、大数据存储、移动 App 等互联网或移动互联网应用的静态内容（视频、图片、文件、软件安装包等）。

3. 统一存储

随着移动计算时代的来临，更多的非结构化数据产生，这对 NAS 和 SAN 都是一个挑战，NAS+SAN 将是未来主要的存储解决方案，也就是目前比较热门的统一存储。

统一存储，实质上是一个可以支持基于文件的 NAS 以及基于数据块的 SAN 的网络化存储架构，如图 4-4 所示。由于其支持不同的存储协议为主机系统提供数据存储，因此也被称为多协议存储。

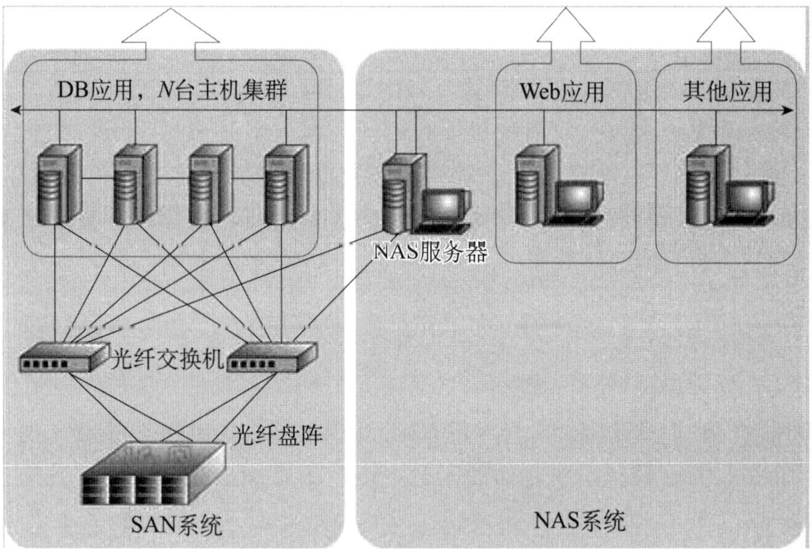

图 4-4　SAN 与 NAS 混合架构融合

NAS 和 SAN 在结构上具有一定的相似性，它们最核心的区别在于文件系统模块是位于数据处理器一侧还是位于数据存储设备一侧。NAS 架构中，文件系统位于数据存储一侧，且数据存储设备提供的是文件级别的数据访问能力。SAN 架构中，文件系统位于数据处理服务器一侧，能够以数据块的形式访问数据存储设备。由于 SAN 和 NAS 之间的区别，它们在大数据处理的应用场景中各有侧重。NAS 架构重点关注应用、用户和文件以及共享数据，适合对文件存储能力要求高、易扩展性和异构兼容性要求高的场合，典型应用就是文件共享。SAN 架构重点在磁盘、磁带以及连接它们的可靠基础构件，适合响应速度要求高、数据访问频繁、系统可靠性要求高的场合，典型应用就是数据库访问。SAN 与 NAS 架构对比如图 4-5 所示。

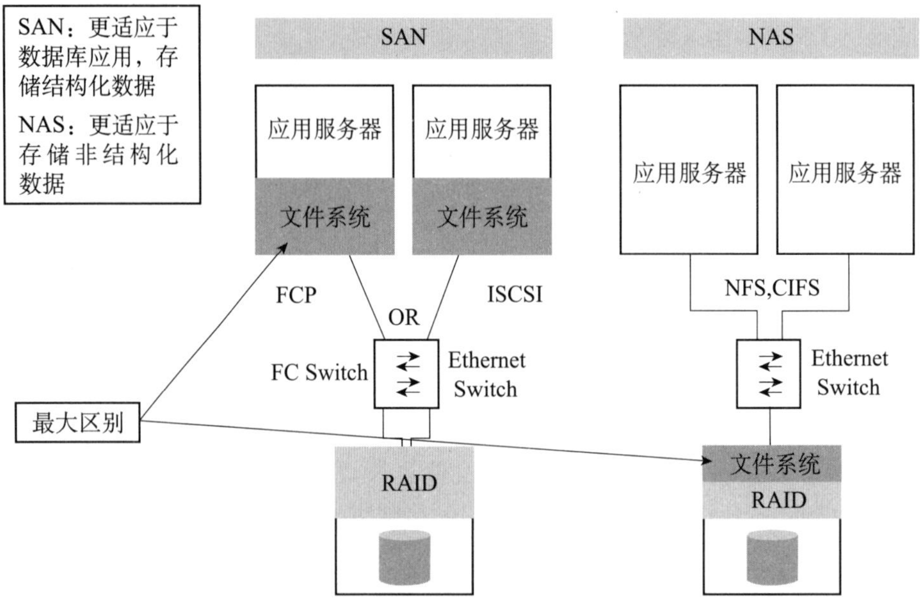

图 4-5　SAN 与 NAS 架构对比图

因此，在复杂的大数据处理环境下，NAS 和 SAN 常常作为互补的两种技术同时使用，实现了相互补充，为数据使用者提供对不同数据类型的访问。NAS 提供了文件级的数据访问和共享服务，SAN 实现了海量、面向数据块的数据传输。在统一存储环境中，存储资源变成一个共享资源池来存储数据块或者文件数据，根据应用需求来配置存储资源，从而提升用户自身的存储效率。

统一存储的优势表现在以下三个方面：

（1）规划整体存储容量的能力。通过部署一个统一存储系统，可以省去对文件存储容量以及数据块存储容量分别进行规划。

（2）利用率得到提升，容量本身并没有标准限制。统一存储可以避免与分别支持数据块及文件存储相关的容量利用率方面的问题，用户不必担心多买了支持其中一种协议的存储。

（3）存储资源池的灵活性。用户可以在无须知道应用是否需要数据块或者文件数据访问的情况下，自由分配存储来满足应用环境的需要。

4. 云存储

4-3 云存储的应用及特点

面对数据增长带来的挑战，很多企业现有的存储共享方式已逐渐满足不了企业数据存储和管理的业务需求。据数据显示，到 2025 年，全球创建、获取和复制的数据量将增至 175ZB，其中，企业存储的数据量将会占据全球总数据量的 80%以上。这一数据表明企业正迅速成为生产数据和管理数据的主要载体，加上目前我国正处于云计算的高速发展时期，企业上云成为必然趋势。越来越多的企业选择将自己的日常办公数据、备份数据、归档数据、静态历史数据等活动性不强的海量数据移入云存储资源池。

云存储（Cloud Storage）是一种网上在线存储的模式。云存储的概念与云计算类似，它是指通过集群应用、网格技术或分布式文件系统等功能，网络中大量不同类型的存储设备通过应用软件集合起来协同工作，共同对外提供数据存储和业务访问功能的一个系统，保证数据的安全性，并节约存储空间。简单来说，云存储就是将存储资源放到云端上供用户存取的一种新型方案。使用者可以在任何时间、任何地方，通过任何可联网的装置连接到云端上方便地存取数据。云存储架构如图 4－6 所示。

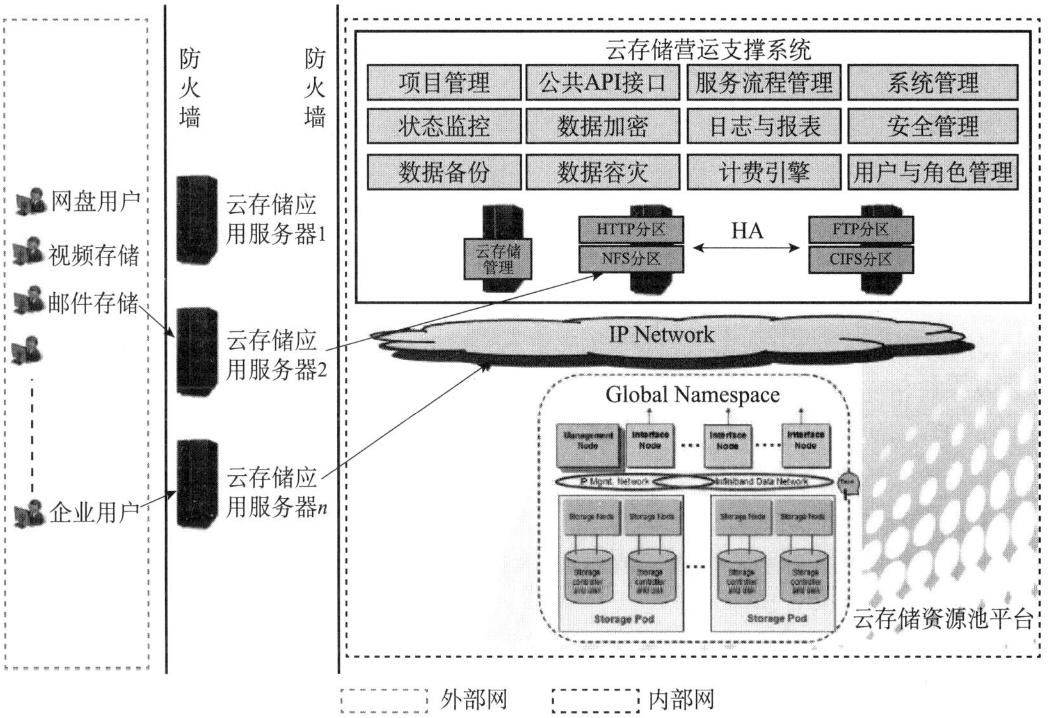

图 4－6　云存储架构图

云存储提供的诸多功能和性能，旨在解决伴随海量非活动数据的增长而带来的存储难题，其优势主要表现为：(1) 存储管理可以实现自动化和智能化，所有的存储资源被整合到一起，客户看到的是单一存储空间。(2) 提高了存储效率，通过虚拟化技术解决了存储空间的浪费，可以自动重新分配数据，提高了存储空间的利用率，同时具备负载均衡、故障冗余功能。(3) 能够实现规模效应和弹性扩展，降低运营成本，避免资源浪费。

关于云存储的其他内容，请参见本项目任务二“大数据存储与管理技术”。

（五）数据存储的重要性

从根本上来说，存储就是信息的记录和保存。存储的目的是使信息能够跨越时间和空间进行传递。人们对于信息的存储一直尤为重视，存储技术与手段也在不断更新迭代。在信息化时代，数据已经成为社会生产和生活既重要又具体的资源。国务院印发的《“十四五”数字经济发展规划》中明确提出了推进产业数字化转型。“十四五”时期，我国数字经济转向深化应用、规范发展、普惠共享的新阶段。这一历程中，数据要素成为数字经济深化发展的核心引擎。然而要让数据全面、充分地发挥出其价值的前提是：数据需要被妥善保管在可靠、可信、可管理的平台中，能够被随时随地且方便地存取。存储技术与手段是利用数据的基础，是数据处理、数据挖掘、数据价值等实现的前提，数据存储的重要性不言而喻。

数字经济时代，随着计算力成为核心生产力，数据成为新型生产要素，存储平台的重要性不断提升。而基于分布式、云存储的新存储平台在存好、管好、用好数据要素方面，将为经济社会数字化发展带来强劲动力。

二、传统的数据存储与管理技术

传统的数据存储与管理一般以结构化数据为主，文件系统和数据库是主流技术。

（一）文件系统

文件系统是操作系统用于明确存储设备或分区上的文件的方法和数据结构。操作系统中负责管理和存储文件信息的软件机构为文件管理系统，简称文件系统。

文件系统由三部分组成：文件系统的接口，对象操纵和管理的软件集合，对象及属性。从系统角度来看，文件系统是对文件存储设备的空间进行组织和分配，负责文件存储，并对存入的文件进行保护和检索的系统。具体来说，它负责为用户建立文件，存入、读出、修改、转储文件，控制文件的存取，当用户不再使用时撤销文件等。我们平时在计算机上使用的 Word 文件、PPT 文件、音频文件、视频文件等，都是由操作系统中的文件系统统一管理的。文件系统的目的是使用户能够轻松地查找、组织和管理其数字文件，并确保文件的安全性和可用性。

文件系统一开始是为本地存储的数据服务的，即本地文件系统模式。文件系统所管理的文件都存储在本地节点上，然而本地节点存储能力有限，无法进行大幅度扩展，同时它只能管理本地节点所存储的文件，单机模式下所存储的数据没有备份，存在单点故障风险，而且并发能力比较差，难以满足大数据存储的需求。为解决此问题，分布式文件系统应运而生。

（二）数据库

除文件系统之外，数据库是另外一种主流的数据存储和管理技术。数据库是按照数据结构来组织、存储和管理数据的仓库，是一个长期存储在计算机内，有组织、可共享、统一管理的大量数据的集合。对数据库进行统一管理的软件一般被称为数据库管理系统（Database Management System，DBMS）。数据库管理系统最大的优势在于能够进行数据信息的长期存储和管理。DBMS 会分类组织、存储和管理各种数据，包括数据字典、用户数据、存取路径等，确定以何种文件结构和存取方式在存储级上组织这些数据，来实现数据之间的联系。数据组织和存储的基本目标就是提高存储空间利用率，选择合适的存取方法提高存取效率。

在数据库的发展史上，自 20 世纪六七十年代至今，先后出现过网状数据库、层次数据库、关系数据库等不同类型的数据库，这些数据库分别采用了不同的数据模型，目前比较主流的数据库是关系数据库，它采用了关系数据模型来组织和管理数据。

1. 关系数据库

关系数据库由于具有严格的数学理论基础，抽象级别比较高，且简单清晰，使用户能够抽象地处理数据而不必关心数据在计算机中的物理表示和存储，因此关系数据库得到了迅速发展并成为主流的数据库模型。许多数据库管理系统的数据模型都是基于关系数据模型而开发的。

关系数据库（Relational Database Management System，RDBMS）是指采用关系模型来组织数据的数据库。它以行和列的形式存储数据，一系列的行与列称为表，一组表组成了数据库，由二维表及其之间的关系组成的一个数据组织。所以我们可以将关系数据库看作许多关系表的集合，每个关系表可以视为一张二维表格，通过对表格分类、合并、连接、选取等运算实现数据的管理。比如，表 4－1 所示为学生成绩表，表示每个学生的对应关系，表中一行对应了一组值之间的关系，比如 222010101 是张三的学号，姓名为张三的学生成绩为 75。

表 4－1　学生成绩表

班级	学号	姓名	性别	成绩
2220101	222010101	张三	男	75
2220101	222010102	李四	男	83

关系数据库按照结构化的方法存储数据，每个数据表的结构都是事先定义好的，如表的名称、字段名称、字段类型等，然后再根据表的结构存入数据，因此整个表的可靠性和稳定性比较高，但数据模型不够灵活，一旦存入数据，如果需要修改数据表的结构就比较困难。

关系数据库分为两类：一类是桌面数据库，例如 Access、FoxPro 和 dBASE 等；另一类是客户/服务器数据库，例如 SQL Server、Oracle 和 Sybase 等。一般而言，桌面数据库用于小型、单机的应用程序，它不需要网络和服务器，比较方便实现，但只提供数据的存取功能。客户/服务器数据库主要适用于大型、多用户的数据库管理系统，应用程序包括两部分：一部分驻留在客户机上，用于向用户显示信息及实现与用户的交互；另一部分驻留在服务器中，主要用来实现对数据库的操作和对数据的计算处理。

拓展知识

几种常见关系数据库介绍

1. MySQL

MySQL 是一个关系型数据库管理系统，由瑞典 MySQL AB 公司开发，属于 Oracle 旗下产品。MySQL 是最流行的关系型数据库管理系统之一，在 Web 应用方面，MySQL 是最好的 RDBMS 应用软件之一。

MySQL 是将数据保存在不同的表中，而不是将所有数据放在一个大仓库内，这样就增加了速度并提高了灵活性。

MySQL 所使用的 SQL 语言是用于访问数据库的最常用标准化语言。MySQL 软件采用了双授权政策，分为社区版和商业版，由于其体积小、速度快、总体拥有成本低，尤其是开放源码这一特点，一般中小型和大型网站的开发都选择 MySQL 作为网站数据库。与其他数据库管理系统相比，MySQL 具有以下优势：(1) MySQL 是一个关系数据库管理系统；(2) MySQL 是开源的；(3) MySQL 服务器是一个快速的、可靠的和易于使用的数据库服务器；(4) MySQL 服务器工作在客户/服务器或嵌入系统中；(5) 有大量的 MySQL 软件可以使用。

2. SQL Server

SQL Server 是 Microsoft 公司推出的关系数据库管理系统，具有使用方便、可伸缩性好、与相关软件集成程度高等优点，可跨越从运行 Microsoft Windows 98 的膝上型电脑到运行 Microsoft Windows 2012 的大型多处理器的服务器等多种平台使用。

SQL Server 是一个全面的数据库平台，使用集成的商业智能（BI）工具提供企业级的数据管理。SQL Server 数据库引擎为关系型数据和结构化数据提供了更安全可靠的存储功能，可以构建和管理用于业务的高可用性和高性能的数据应用程序。

3. Oracle

Oracle Database，又名 Oracle RDBMS，简称 Oracle，是甲骨文公司的一款关系数据库管理系统。它是在数据库领域一直处于领先地位的产品。可以说，Oracle 数据库系统是世界上流行的关系数据库管理系统，系统可移植性好、使用方便、功能强，适用于各类大、中、小计算机环境。它是一种高效率的、可靠性好的、适应高吞吐量的数据库方案。

4. Sybase

Sybase 系统，即是以 Sybase ASE、ASA 关系数据库为数据存储和管理的架构基础，构建出的数据库管理系统。Sybase 系统，是世界上第一个支持客户/服务器结构的商业数据库，定位于高端工作站，以及作为服务器的小型计算机，如 IBM P 系列服务器、HP 的 Integraty 服务器、Sun Fire 服务器。Sybase 公司的整个产品线包括数据库服务器、企业商务应用套件、应用开发和决策支持工具。Sybase 数据库系统是积聚了众多领先性的数据库系统，在集群技术、高可用性、商业智能、安全性、系统管理等方面都领跑业界。

原子性、一致性、隔离性和持久性是定义关系数据库事务的四个关键属性，常缩写为 ACID。

(1) 原子性（Atomicity）：定义构成完整数据库事务的所有要素。

(2) 一致性（Consistency）：确保事务结束后数据点处于正确状态。

(3) 隔离性（Isolation）：指一项事务在被提交之前不会对其他事务产生影响，可避免混淆。

(4) 持久性（Durability）：可确保所有对数据的修改在事务提交后都是永久的。

例如，一名客户在 ATM 机上存钱结束后，在手机上查看他的账户余额时，这笔存款会立即出现在最新的账户余额中。在这一方面，关系数据库能够确保数据库的多个实例中的数据始终一致。又如，某库存数据库跟踪三个始终需协同使用的部件，当从库存中提取某一个部件时，也必须同时提取另外两个部件；如果三个部件中的任意一个不可用，则三个部件都无法提取。换言之，在数据库做出任何提交操作前，所有部件都必须处于可用状态才能提取。而在明确可以提交所有部件前，关系数据库不会就任何一个部件执行提交。这种多方面提交功能被称为原子性。对于确保数据库中数据准确以及符合业务规则、法规和政策，原子性至为关键。

关系数据库的优点：（1）容易理解。二维表结构是非常贴近逻辑世界的一个概念，关系模型相对网状、层次等其他模型来说更容易理解。（2）使用方便。通用的 SQL 语言使操作关系型数据库非常方便。（3）易于维护。丰富的完整性（实体完整性、参照完整性和用户定义的完整性）大大降低了数据冗余和数据不一致的概率。

关系数据库的缺点：（1）数据读写必须经过 SQL 解析，大量数据、高并发下读写性能不足（对于传统关系型数据库来说，硬盘 I/O 是一个很大的瓶颈）；（2）具有固定的表结构，因此扩展困难；（3）多表的关联查询导致性能欠佳。

2. 数据仓库

随着计算机技术的不断更新和迭代，数据管理经历了人工管理、文件系统、数据库系统三个发展阶段。在数据库系统管理阶段的早期，人们对数据的操作主要集中于增加、删除、修改、查询等操作。数据库（Database，DB）是一种逻辑概念，是用来存放数据的仓库，通过数据库软件来实现。

4-4 什么是数据仓库?

但随着计算机的应用领域不断扩大，新领域的诞生对数据库技术提出了更高要求。面对海量的数据，人们希望能够高效利用其价值，从而给企业带来收益。这时候，传统的操作型数据库就无法满足这些需求，因此便产生了数据仓库。数据仓库（Data Warehouse，DW/DWH）是一个面向主题的、集成的、时变的、非易失的数据集合，用于支持管理决策和信息的全局共享。

数据库与数据仓库都是用来存放结构化数据的地方。从本质上讲，数据仓库是一种数据库，数据仓库系统允许将各种应用系统集成在一起，为统一的历史数据分析提供坚实的平台，对信息处理提供支持。

数据仓库具有以下关键特征：

（1）面向主题的（Subject-oriented）：数据库通常服务于业务，数据仓库通常服务于分析。数据仓库更关注决策者的数据建模与分析，而不是日常操作和事务处理。例如，企业里面常用到的 ERP 系统、OA 系统，或者手机上的点餐 App、网上购票 App 等，这些业务系统的特点都是用户在这些软件系统上操作，如登录、填写个人信息、修改个人资料、查询记录等，数据通过这些软件程序和背后的数据库进行交互，在底层的数据表上进行增、删、改、查的操作。所以，通常这些数据库服务于操作系统之上的各种业务系统、应用软件，更多地面向业务流程和业务管理。数据仓库不是服务于业务信息化系统的，而是服务于分析型应用的。更多的是通过各种商业智能 BI 前端可视化分析工具或者报表工具来访问数据仓库，最终面向报表查询和数据分析服务。因此，数据仓库通常排除对决策无用的数据，提供特定主题的简明视图。

（2）集成的（Integrated）：在数据进入数据仓库之前，必然会对多个异构数据源进行抽取、清理、转换和汇总的统一与综合，这一步是数据仓库建设中最关键、最复杂的一步。通过使用数据清理和数据集成技术，确保命名约定、编码结构、属性度量等的一致性。

（3）时变的（Time-variant）：数据仓库包含各种粒度的历史数据，数据可能与某个特定日期、星期、月份、季度或者年份有关。

虽然数据仓库的用户不能修改数据，但并不是说数据仓库的数据是永远不变的。分析的结果只能反映过去的情况，当业务变化后，挖掘出的模式会失去时效性。因此数据仓库的数据需要随着时间更新，以适应决策的需要。从这个角度讲，数据仓库建设是一个项目，更是一个过程。

（4）非易失的（Nonvolatile）：数据仓库是分析数据的平台，而不是创造数据的平台。通过数据仓库去分析数据中的规律，而不是去创造、修改其中的规律。因此数据进入数据仓库后，便很稳定且不会改变。

数据仓库的数据反映的是一段相当长的时间内历史数据的内容，是不同时点的数据库快照的集合，以及基于这些快照进行统计、综合和重组的导出数据。数据仓库的用户对数据的操作大多是数据查询或比较复杂的挖掘，一旦数据进入数据仓库，一般情况下被较长时间保留。数据仓库中一般有大量的查询操作，修改和删除操作很少。

数据仓库是一种多层次的体系结构，其架构如图 4－7 所示。

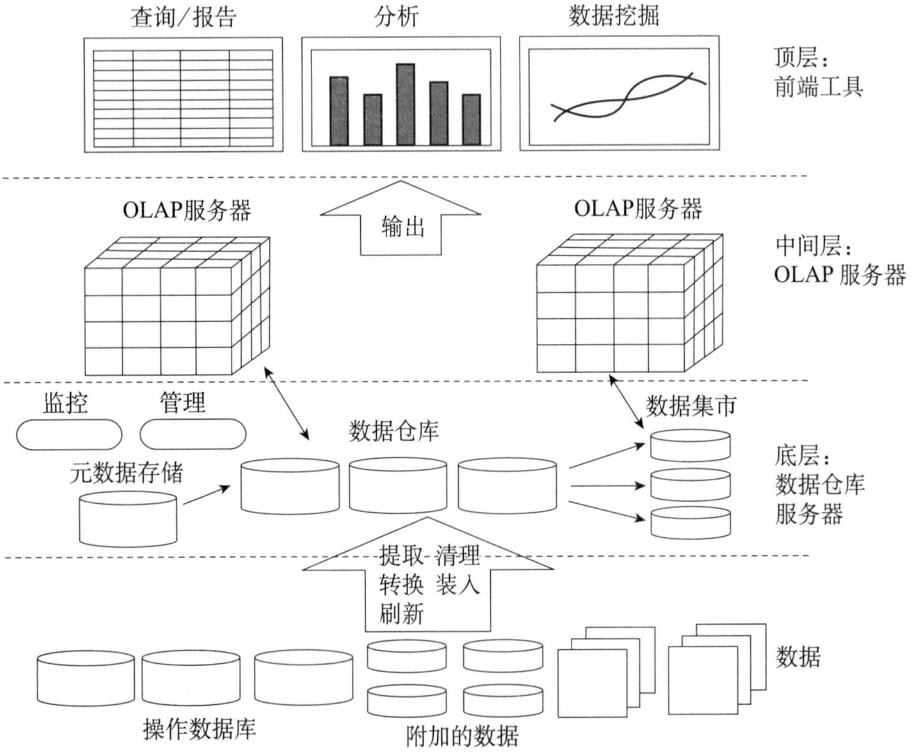

图 4－7　数据仓库架构图

（1）底层是数据仓库服务器。数据仓库本身并不“生产”任何数据，其数据来源于不同外部系统，使用后端工具和实用程序，由操作数据库或其他外部数据源提取数据，放入底层。这些工具和实用程序进行数据提取、清理和转换，以及装入和刷新，以更新数据仓库。同时数据仓库自身也不需要“消费”任何数据，其结果开放给各个外部应用使用，这也是为什么叫“仓库”，而不叫“工厂”的原因。

（2）中间层是 OLAP 服务器。联机分析处理（On-Line Analytical Processing，OLAP），其主要目标是进行数据分析。一般针对某些主题的历史数据进行复杂的多维分析，支持管理决策。数据仓库是 OLAP 系统的一个典型示例，主要用于数据分析。这也是数据仓库与数据库的主要区别之处。

数据库采用的是 OLTP。联机事务处理（On-Line Transaction Processing，OLTP），其主要目标是进行数据处理，它是针对具体业务在数据库联机的日常操作，通常对少数记录进行查询、修改。用户较为关心操作的响应时间、数据的安全性和完整性、并发支持的用户数等问题。传统的关系型数据库系统作为数据管理的主要手段，主要用于操作性处理。

（3）顶层是前端工具，面向最终用户，面向业务定制提供给产品和数据分析使用的数据，包括前端报表、分析图表、KPI、仪表盘、OLAP 专题、数据挖掘等分析。

数据仓库最常用的使用场景是和商业智能系统配合使用，通过对大量数据进行处理，对企业用户的日常运营到长远的战略规划，都能够起到有效的指导作用，助力企业用户识别新的商机，提升市场竞争力。

在数据时代，数据仓库的应用范围也更加广泛。通过数据快速灵活地调整商业决策，也越来越受到企业用户的认可，并把它应用到自己的生产服务过程当中。我们每天使用的手机应用以及交通路况、社保医疗、政府服务等，后台都可能有数据仓库的相关技术在做支撑。可以说，数据仓库技术正在静悄悄地改变着我们的生产生活。

3. 并行数据库

并行数据库系统是新一代高性能数据库系统，致力于开发数据库操作的时间并行性和空间并行性。它为数据库系统引入分布式架构，使用并行处理技术，应对不断增长的海量数据的存储和快速处理需求，是数据库技术领域发展的必然结果。并行数据库的概念由来已久，它以高性能（线性加速比）、高可用性与可扩充性（线性伸缩比）为目标，充分利用多处理器平台的能力，通过多种并行技术，在数据分析应用中提供优化的响应时间与事务吞吐量。20 世纪 90 年代以后，存储技术、网络技术、微机技术的迅猛发展，以及通用并行计算机硬件的发展，为并行数据库技术的研究奠定了基础。21 世纪初，并行数据库（如 Greenplum）开始大规模出现和商用。

（1）高性能。

并行数据库系统通过将数据库管理技术与并行处理技术有机结合，发挥多处理机结构的优势，从而提供比相应的大型机系统要求高得多的性价比和可用性。例如，通过将数据库在多个磁盘上分布存储，利用多个处理机对磁盘数据进行并行处理，可以解决磁盘的瓶颈问题。通过开发查询时间并行性（不同查询并行执行）、查询并行性（同一查询内的子操作并行执行）以及其他操作内并行性（子操作并行执行），可以大大提高查询效率。

（2）高可用性。

并行数据库系统可通过数据复制等手段来增强数据库的可用性。这样，当一个磁盘损坏时，该磁盘上的数据在其他磁盘上的副本仍可供使用，且无须额外的开销。数据复制还应与数据划分技术相结合，以保证当磁盘损坏时系统仍能并行访问数据。

（3）可扩充性。

并行数据库系统的可扩充性是指系统通过增加处理和存储能力，使其具有可平滑地扩展性能的能力。并行数据库系统可以具有两个方面的可扩充性优势：线性伸缩和线性加速。

并行数据库系统的主要缺点就是没有较好的弹性，而这种特性对中小型企业和初创企业是有利的。人们在对并行数据库进行设计和优化的时候认为，集群中节点的数量是固定的，若需要对集群进行扩展和收缩，则必须为数据转移过程制订周全的计划。这种数据转移的代价是昂贵的，并且会导致系统在某段时间内不可访问，而这种较差的灵活性直接影响并行数据库的弹性以及现用现付商业模式的实用性。

并行数据库的另一个问题就是系统的容错性较差，过去人们认为节点故障是个特例，并不经常出现，因此系统只提供事务级别的容错功能，如果在查询过程中节点发生故障，那么整个查询都要从头开始执行。这种重启任务的策略，使得并行数据库难以在拥有数以千计个节点的集群上处理较长的查询，因为在这类集群中节点的故障经常发生。

基于这种分析，并行数据库只适合于资源需求相对固定的应用程序。不管怎样，并行数据库的许多设计原则为其他海量数据系统的设计和优化提供了比较好的借鉴。

三、传统数据存储与管理所面临的挑战

随着大数据、云计算、物联网、5G 等新技术的发展，数据呈爆炸式增长且成为战略性资源。这不仅给传统数据存储带来极大的压力，还给系统的存储性能、数据管理、大数据应用方面带来了挑战，这就要求数据存储技术在介质、架构、协议、应用与运维模式等方面不断发展改进。

（一）从技术层面上带来的挑战

1. 硬件方面

传统存储硬件使用专有设备，通用性差，设备投资加上后期维护，升级扩容的成本非常高。单节点的 I/O 性能瓶颈无法逾越，容量和性能都不易扩展，难以支撑海量数据的高并发。

2. 数据库技术方面

传统存储面对的主要是数据库、文件和流媒体等传统应用。随着数据获取手段的自动化、多样化与智能化，数据量越来越巨大。海量数据的存储和管理，要求系统具有可扩展性和可伸缩性，以满足数据量不断增长的需要。传统的分布式数据库和并行数据库在可扩展性和可伸缩性方面明显不足。传统数据库难以处理亿级甚至千亿级数据。

同时，数据类型越来越多样化和异构化，从结构化数据扩展到文本、图形图像、音视频等多媒体数据，HTML、XML 等半结构化/非结构化数据，这都要求系统具有存储和处理多样异构数据的能力，特别是异构数据之间联系的表示、存储和处理能力，以满足对复杂数据的检索和分析的需要。传统数据库对半结构化/非结构化数据的存储和管理十分有限。图形图像、音视频等数据由于传感、网络和通信技术的发展使得它们的获取、传输更加便利，但这些数据的语义蕴含在数据流中，存在大量的冗余和噪声，传统数据库对这些数据类型的支持程度较差。

许多现代应用都要求毫秒级甚至微秒级的响应时间。而传统数据库由于查询效率较低，难以达到这样的实时性。

传统数据库采用单机部署，要实现分布式扩展需要建立复杂的主从结构。而新型数据库采用集群部署，分布式扩展更加容易。

数据处理和应用的领域已经从以 OLTP 为代表的事务处理扩展到 OLAP 分析处理。现有的分析挖掘算法缺乏可扩展性，缺乏对于复杂异构数据的高效分析算法，对数据的组织和检索都是基础性的挑战。并且，当前计算机硬件体系结构的发展十分迅猛，数据处理平台由单核处理向多核、大内存、集群平台转移。这都要求对于传统数据库系统的体系结构进行重新设计和开发，需要研究面向大数据分析的内存数据库系统。

（二）从管理层面上带来的挑战

1. 存储管理层面

在传统存储管理层面，存储的标准化是一个难题，需要重视标准建设，推进存储的配置标准、使用标准、监控标准和数据标准。

对于传统存储架构的革新并不是一蹴而就的，这涉及异构存储带来的架构复杂、存储孤岛以及难以标准化等方面的问题，涉及存储系统间的兼容性问题、关键节点性能、容量瓶颈问题，更涉及数据迁移、架构优化等方面。

2. 数据管理层面

数据备份恢复是存储管理中一个重要的分支，也是传统存储管理面临的一个大难题。首先是数据的快速增长，数据类应用越来越多，数据容量越来越大，备份恢复时间窗口越来越长，如何提高备份系统的速度是最直接面对的问题。另外一个问题是数据类型不断增加，非结构化数据、大数据、对象存储、云平台这些数据规模越来越大，而基于原有备份软件的备份方式越来越不可行。由于大多数备份场景都涉及长时间的数据保留需求，备份软件的替换也非易事。

3. 人员管理层面

存储管理岗位主要负责与存储资源最密切关联系统的运维和管理，包括存储阵列、存储网关、存储交换机以及数据备份系统相关的各种软硬件的运维对象。存储管理工作的核心是给各种计算平台提供相应的数据存储服务，为不同类型的数据在其整个生命周期内提供数据存储的载体。如果传统存储管理人员不能与时俱进，不去考虑技术转型，势必会无法适应岗位要求的变化，这也要求传统管理人员不断学习和探索新技术，并努力发现和解决实践工作中的问题，以提升自身数据存储管理能力。

（三）从应用层面上带来的挑战

传统数据存储的挑战还来源于应用和需求的发展。

（1）应用性能挑战。伴随着信息技术演进，企业信息技术需要同时满足业务运行在物理环境和虚拟化环境的应用需求。这驱动了对 OLTP、低延迟和存储性能需求的不断提升。

（2）应用多元化挑战。新应用开发部署以及传统应用的新形态（移动、BI 功能）均带动对 OLTP、OLAP、低延迟、高并发性能的需求。

（3）商务智能和大数据分析挑战。新经济环境下，无论是提高批量分析、业务报表效率，还是满足大数据实时分析所需性能，都将驱动对 OLTP 和 OLAP 的更高需求。传统存储 IT 开支高、管理复杂，且不能同时满足对 OLTP 和 OLAP 的需求。

（4）虚拟化应用的挑战。虚拟化应用的挑战主要有虚拟化产生的大量随机读取，虚拟机密度的上升，驱动存储每秒进行读写操作的次数（Input/Output Operations Per Second，IOPS）需求的快速上升。传统存储 I/O 升级成本较高，难以实现 IOPS 线性升级，导致虚拟机密度低和核心应用不能用于虚拟化环境，从而造成虚拟化投资回报率低，阻碍了通过虚拟化逐步向新 IT 的过渡。

（5）个性化存储需求。在新业态环境下，业务的增长速度是跳跃式的。在业务周期和发展的不同阶段，不同工作负载对资源的需求不同。传统存储很难应对这种高度个性化、以工作负载为核心的资源动态配置需求。

任务二　大数据存储与管理技术

引导案例

社交媒体平台大数据存储与管理

◎案例描述

抖音、微博、微信、B 站、知乎、小红书等社交媒体已经改变了我们沟通、分享信息和与他人联系的方式，已经成为我们日常生活中不可或缺的一部分。根据《2023 年中国社交媒体平台指南》，截至 2022 年 12 月，我国网民数已突破 10.67 亿，互联网普及率达 75.6%，其中社交媒体用户人数占全体网民的 95.13%，“全民社交”也正在催生社交媒体平台与内容形式的变革。

社交媒体平台的数据量是非常庞大的，因为它们每天都面对着数以亿计的用户和大量用户生成的内容。社交媒体平台需要存储和管理大量的用户数据，包括个人资料、好友列表、关注者和关注的人、兴趣和喜好等。对于大型社交媒体平台而言，用户数量可以达到数亿或数十亿。用户生成的内容是社交媒体平台的核心，包括帖子、评论、照片、视频、分享等，社交媒体平台需要存储和管理这些海量的多媒体内容，每天产生的用户生成内容数量可能以千万计甚至更多。社交媒体平台还需要记录和分析用户的行为数据，如点赞、评论、分享、关注等。这些数据对于了解用户兴趣、行为模式和用户关系非常重要。每天产生的用户行为数据量也是非常巨大的。

以微信公众号为例，微信公众号的日均访问量已经超过 10 亿次，每分钟有超过 3 000 篇文章被发布，每天的数据量是 TB 级别的，数据量非常大。

那么，社交媒体平台是如何能够高效地处理和管理大量的用户生成内容的呢？

◎案例解析

社交媒体平台就是大数据存储与管理的典型案例。社交媒体平台使用分布式数据库或列式数据库（如 HBase）来存储用户数据和社交网络关系。分布式数据库可以将用户数据和关系以适当的方式存储，以支持各种查询操作。个人资料、帖子、评论、图片、视频等通常采用分布式文件系统（如 Hadoop 的 HDFS）或对象存储服务（如 Amazon S3）来存储大规模的多媒体数据。对于文本和结构化数据，可以使用分布式数据库或文档数据库（如 MongoDB）来存储和管理。

知识学习

Web 技术的快速发展和移动互联网终端的广泛使用，使得数据性质发生根本性变化，这种特性使其与传统的企业数据区分开，不再集中化、高度结构化和易于管理。

数据规模庞大、节点分布、数据类型多样化等是大数据存储系统所面对的新问题，目前，大数据的存储方式主要有分布式文件系统、分布式数据库和非关系型数据库 NoSQL 等。

一、分布式文件系统

4-5 什么是分布式文件存储？

随着互联网的快速发展，由各种计算机组成的网络在社会中无处不在。在互联网中，不存在集中式的控制中心，而分布式文件系统、分布式数据库和非关系型数据库 NoSQL 等存在大量分离且互联的节点。分布式的理念就是随着互联网的发展而诞生的，并且在计算机网络存储领域得到了快速发展和应用。

（一）分布式文件系统的概念

分布式文件系统（Distributed File System，DFS）是基于分布式理念，将固定于某个地点的某个本地文件系统扩展到多个地点和多类型的文件系统。

特点：相对于本地文件系统而言，分布式文件系统所管理的存储资源并不是全部直接连接在本地节点上，而是通过计算机网络管理连接节点的存储资源。这些节点可能存在于不同的区域中，在空间上存在一定距离，众多节点组成一个文件系统网络，通过网络进行节点间的通信和数据传输。

在使用分布式文件系统时，人们无须关心数据存储在哪个节点上或者是从哪个节点获取的，就像使用本地文件系统一样管理和存储文件系统中的数据。

（二）典型的分布式文件系统

基于多种分布式文件系统的研究成果，人们对体系结构的认识不断深入，分布式文件系统在体系结构、系统规模、性能、可扩展性和可用性等方面历经了很大的变化。下面介绍几种典型的分布式文件系统。

1. Google File System（GFS）

Google File System（GFS）是谷歌开发的分布式文件系统，为谷歌的各种服务提供底层存储支持。GFS 旨在处理大规模数据集和大文件的存储和访问。它采用了分布式架构，包含一个主节点（Master）和多个数据节点（Chunk Servers）。GFS 将文件划分为固定大小的数据块（64MB），并将这些数据块复制到多个数据节点上。GFS 具有高度的容错性，通过副本的冗余和自动故障恢复来保证数据的可靠性和可用性。它还通过在计算节点上存储数据块来优化数据局部性。GFS 专注于处理大文件和大数据集的存储和访问，并具备高吞吐量和高可靠性。

2. Hadoop Distributed File System（HDFS）

Hadoop Distributed File System（HDFS）是 Apache Hadoop 生态系统的核心组件之一，它是一个用于存储和处理大规模数据的分布式文件系统。HDFS 能在廉价硬件上运行，并具备高可扩展性、高容错性和高吞吐量。

HDFS 的设计灵感来自 GFS，它采用了类似的架构和原理。HDFS 将文件分割成多个数据块（大小默认为 128MB），并将这些数据块分布在一个 Hadoop 集群的多个节点上。每个数据块都会进行冗余复制，通常默认为 3 个副本。这样的设计可以提高数据的可靠性和容错性，即使某个节点或副本发生故障，仍然可以从其他副本中获取数据。

HDFS 具有以下主要特点和组件：

（1）分布式存储：HDFS 的数据存储是分布在整个集群中的。文件被切分成多个数据块，这些数据块被分布在多个数据节点上。这种分布式存储方式允许并行读写操作，提供高吞吐量和可扩展性。

（2）冗余备份：HDFS 默认情况下会为每个数据块创建多个副本，通常是 3 个。这些副本分布在不同的数据节点上，以提高数据的可靠性和容错性。如果某个副本不可用，可以从其他副本中获取数据。

（3）主从架构：HDFS 采用了主从架构，其中有一个主节点（NameNode）和多个数据节点（DataNode）。NameNode 负责管理文件系统的命名空间、元数据和访问控制。DataNode 负责存储实际的数据块和处理读写请求。

（4）高容错性：HDFS 具备高容错性。如果某个数据节点或副本发生故障，NameNode 可以通过其他可用的副本进行故障恢复。它还可以自动检测并替换故障节点。

（5）数据局部性优化：HDFS 通过尽可能在计算节点上存储数据块来优化数据局部性。这样可以减少数据移动和网络传输，提高数据读取效率。

HDFS 具体适用于以下场景：

（1）大数据存储和处理：HDFS 设计用于存储和处理大规模数据集。它可以处理成千上万的节点和海量数据，并提供高吞吐量和可扩展性的数据存储方案。HDFS 适用于大数据分析、批改处理作业、机器学习和数据挖掘等需要处理大量数据的应用场景。

（2）容错性要求高的环境：HDFS 通过数据的冗余复制和故障恢复机制来保证数据的可靠性和容错性。它具备高容错性，能够自动检测和处理节点故障，并从其他副本中获取数据。因此，HDFS 适用于对数据可靠性要求较高的环境。

（3）流式数据访问：HDFS 支持流式数据访问，适用于数据以流的形式持续写入或读取的场景。它在处理大文件和流式数据方面表现出色，具有高吞吐量和低延迟的特点。

（4）批量读取和写入操作：HDFS 在批改处理作业中表现出色。由于数据被切分成多个数据块并行处理，因此适合进行大规模的批量读取和写入操作。

（5）低成本硬件环境：HDFS 设计用于在廉价硬件上运行，因此适用于低成本硬件环境。它可以利用普通的商用服务器构建一个高度可靠且成本效益高的存储系统。

拓展知识

Hadoop 分布式系统基础架构

Hadoop 是一个由 Apache 基金会所开发的分布式系统基础架构。Hadoop 是一个开源的分布式计算框架，旨在处理大规模数据集的存储和处理。它提供了一个可靠、可扩展和高性能的平台，用于解决大数据处理和分析的问题。

Hadoop 的核心组件包括以下几个方面：

Hadoop Distributed File System（HDFS）：HDFS 是 Hadoop 的分布式文件系统，用于存储大规模数据集。它采用了分布式存储和数据冗余的方式，将数据划分成多个数据块，并将这些块分布在多个节点上。HDFS 具有高可靠性和容错性，通过数据的冗余备份和故障恢复机制来保证数据的可靠性和持久性。

MapReduce：MapReduce 是 Hadoop 的计算模型和编程框架，用于在分布式环境中处理和分析大规模数据。它基于将计算任务分解成一系列的“Map（映射）”和“Reduce（归约）”步骤，每个步骤都在分布式集群上并行执行。MapReduce 允许开发人员通过编写简单的 Map 和Reduce函数来实现并行处理和分布式计算。

Yet Another Resource Negotiator（YARN）：YARN 是 Hadoop 的资源管理和作业调度系统。它充当 Hadoop 集群的操作系统，负责管理和分配集群中的计算资源。YARN 使 Hadoop 可以同时运行多个不同类型的工作负载，如 MapReduce 作业、流式处理、交互式查询等。

除上述核心组件之外，Hadoop 还提供了一些辅助工具和模块，如 Hadoop Common（提供 Hadoop 系统的公共库和工具）、Hadoop Streaming（允许使用非 Java 语言编写 MapReduce 任务）、Hive（提供类似 SQL 的查询接口）、HBase（提供分布式 NoSQL 数据库）、Spark（快速大规模数据处理框架）等。Hadoop 生态圈还包括其他工具和项目，如 Sqoop（用于 Hadoop 和关系型数据库之间数据的导入和导出）、Oozie（用于工作流调度和协调）、Flume（用于日志和事件数据收集）、Mahout（用于机器学习）、Ambari（用于集群管理和监控）等。Hadoop 生态圈架构如图 4－8 所示。Hadoop 生态圈的丰富性使得用户可以根据自身需求选择合适的工具和组件，构建强大的大数据处理和分析解决方案。同时，Hadoop 的开放性和可扩展性使生态圈不断扩展和演进，与其他大数据技术和创新保持紧密的集成和互动。

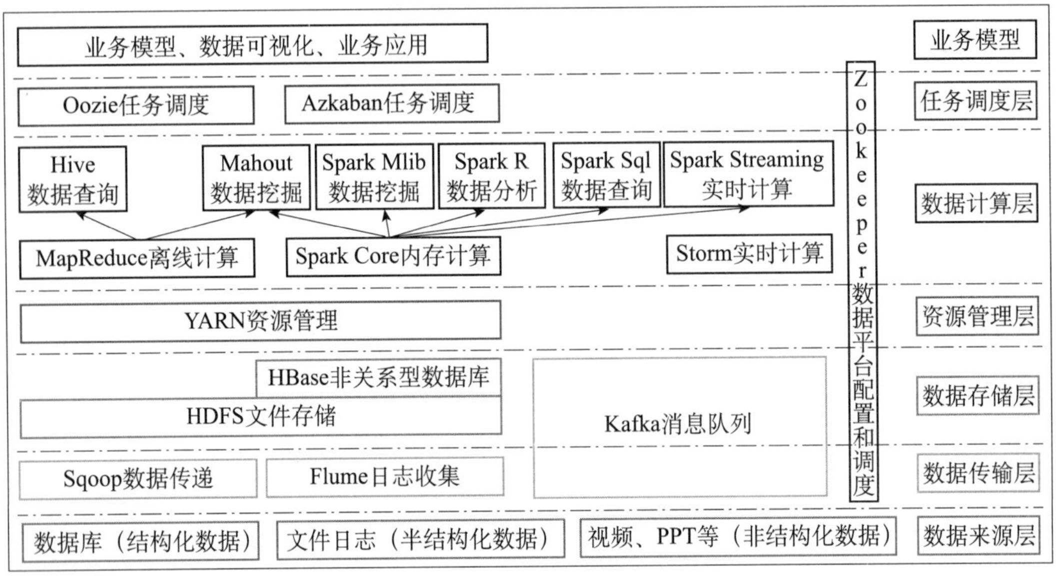

图 4－8　Hadoop 生态圈架构图

3. Ceph

Ceph 是一个开源的分布式存储平台，提供了一个可扩展的对象存储和文件系统。Ceph 的设计目标是在大规模集群上实现高性能和高可靠性的存储。Ceph 采用了一个统一的存储集群，包括监视器（Monitors）、对象存储设备（Object Storage Devices，OSDs）和元数据服务器（Metadata Servers）。Ceph 使用 CRUSH 算法来动态管理数据的分布和冗余。它具有高度的可扩展性和容错性，并且支持对象存储、块存储和文件系统接口。Ceph 提供了强大的数据一致性和可用性的存储方案，通过数据的分布和复制来确保数据的可靠性。

4. Lustre

Lustre 是一个高性能的并行分布式文件系统，主要用于高性能计算（HPC）领域。Lustre 采用了分布式架构，包括元数据服务器（Metadata Servers）和存储单元（Storage Targets）。Lustre 通过将文件切分成对象，将这些对象分布在多个存储服务器上，以实现高度的并行性。它具有高度的可扩展性和容错性，并且适用于大规模数据访问和并行文件系统操作。Lustre 支持大规模存储和高并发访问，在 HPC 领域中应用广泛。

总之，这些分布式文件系统在不同的应用场景中都具有不同的特点和优势。HDFS 适用于大规模数据存储和处理、容错性要求高、流式数据访问、批量操作和低成本硬件环境等场景。它是大数据生态系统中重要的组成部分，被广泛应用于各种大数据应用领域；GFS 适用于大规模数据处理和高可靠性的环境；Ceph 提供了一个可扩展的存储平台，支持对象存储和文件系统；Lustre专注于高性能计算和并行文件系统操作。选择合适的分布式文件系统应根据具体的应用需求、性能要求和可靠性需求进行评估和权衡。

二、分布式数据库

（一）分布式数据库的概念

分布式数据库是一种将数据存储在多个物理位置上的数据库系统。与传统的集中式数据库不同，分布式数据库将数据分布在多个节点上，并通过网络进行通信和协调，以提供高可用性和可扩展性的数据存储方案。

分布式数据库的设计目标是解决传统集中式数据库的一些限制，如单点故障、可扩展性瓶颈和数据访问瓶颈。它通过将数据划分为多个片段，并将这些片段分布在多个节点上，从而实现数据的分布存储和并行处理。

分布式数据库和集中式数据库是两种不同的数据库架构，它们在数据存储、性能、可扩展性和容错性管理、适合场景等方面有着显著的区别，如表4-2所示。

表4-2　分布式数据库与集中式数据库对比

	分布式数据库	集中式数据库
数据存储方面	分布式数据库将数据分散存储在多个节点上。数据被分片，并分布在不同的物理节点上，每个节点只存储部分数据	集中式数据库将所有数据存储在单个数据库服务器上，所有的读写操作都发生在这个中心服务器上
性能方面	分布式数据库通过数据的分片和并行处理来提高性能。它可以水平扩展，允许并行处理大规模数据和高并发负载，使分布式数据库在处理大规模数据和高并发读写时具有优势	集中式数据库通常具有较低的延迟，因为所有的读写操作都在单个服务器上处理。这种架构适合于小规模的数据和低并发访问
可扩展性方面	分布式数据库具备良好的可扩展性。通过添加更多的节点，可以实现水平扩展，增加存储容量和处理能力。分布式数据库可以根据需求增减节点，以适应不断变化的数据规模和负载	集中式数据库的扩展性有限。当数据量增大或负载增加时，单个服务器可能无法满足需求，需要进行垂直扩展或更换性能更强大的硬件
容错性方面	分布式数据库具备更好的容错性。由于数据被复制并分布在多个节点上，当某个节点发生故障时，系统可以从其他副本或节点中获取数据，保证数据的可用性和持久性	集中式数据库具有单点故障的风险。如果中心服务器发生故障，整个系统可能无法访问和处理数据
管理方面	分布式数据库管理较为复杂，因为需要管理多个节点和复制的数据。数据的分片和复制需要考虑一致性、冲突解决和数据迁移等问题	集中式数据库管理相对简单，因为所有的数据都在一个地方。备份、恢复和维护可以在单个服务器上进行
适合场景	适合于大规模数据存储和处理、高并发读写、高可用性和容错性要求较高的场景	适合于小规模数据和简单的应用场景

分布式数据库有以下关键特点：

（1）数据分片（Sharding）：数据分片是将数据划分成多个片段，每个片段存储在不同的节点上。这样可以将数据分布在多个物理位置上，实现数据的分布存储和并行处理。每个节点只负责处理自己所存储的数据片段。

（2）数据复制（Replication）：为了提高数据的可靠性和可用性，分布式数据库通常采用数据复制的策略。数据复制是将数据的副本存储在多个节点上，以防止单个节点的故障导致数据丢失或不可用。复制策略可以是同步复制或异步复制，具体取决于对一致性和性能的要求。

（3）数据一致性和冲突解决：分布式数据库面临数据一致性的问题，因为数据分布在多个节点上并且可以同时进行读写操作。为了保持数据的一致性，分布式数据库采用一致性协议和机制来处理数据冲突和一致性问题。常见的一致性模型包括强一致性、最终一致性和事件 ual 一致性。

（4）分布式查询处理：分布式数据库支持在分布式环境中执行查询操作。查询可以在多个节点上并行执行，并通过网络进行数据交换和协调。分布式查询处理需要考虑数据局部性和数据移动的开销，以提高查询性能和效率。

（5）故障容错和恢复：分布式数据库具备故障容错和恢复机制，以应对节点故障和数据丢失。当一个节点失败时，系统可以自动检测并将其副本或数据迁移到其他节点上，以保持数据的可用性和可靠性。

（二）常见的分布式数据库

常见的分布式数据库包括 Apache Cassandra、Apache HBase、Amazon DynamoDB、Google Spanner 等。它们针对不同的应用需求和场景提供了高可扩展性、高性能和高可用性的数据存储和处理解决方案。选择适当的分布式数据库应根据数据规模、负载类型、一致性需求和性能要求进行评估和选择。

拓展知识

HBase

HBase 是一个面向列式存储的分布式数据库，其设计思想来源于谷歌的 BigTable。HBase 底层存储基于 HDFS 实现，HBase 良好的分布式架构设计为海量数据的快速存储、随机访问提供了可能，基于数据副本机制和分区机制可以轻松实现在线扩容、缩容和数据容灾，适用于存储和处理大规模结构化数据。

三、非关系型数据库 NoSQL

4－6 NoSQL 数据库

（一）NoSQL 的概念

NoSQL 是“Not Only SQL”的英文简写，NoSQL 数据库是不同于传统的关系数据库的统称，即非关系型（Non-relational）数据库的统称，它并不专指某一个产品或一种技术，而是代表一类产品及一系列的不同类型的数据存储与处理的技术。

NoSQL 数据库的诞生并不是为了取代关系型数据库，它们两者之间是一种互补的关系，会从对方身上学习优秀的特性，以应对需求日益复杂和严苛的应用关系型数据库的优势和局限。

（二）NoSQL 数据库的特点

与传统的关系型数据库相比，NoSQL 数据库具有以下特点：

（1）非关系型数据库，灵活的数据模型。创建数据库之前，不需要事先定义数据模式、表的结构，如在键值式存储与文档式存储中，允许应用在一个数据单元中存入任何结构的数据。

（2）弹性的横向扩展性。可以将多个服务器从逻辑上视为一个实体，运行在集群服务器上，随着负载的变化可将数据库调整分布到多个不同的主机上，性价比高，可支持的数据量大。同时，可以在系统运行的时候，动态增加或者删除节点，不需要停机维护，数据即可自动迁移。

（3）与关系数据库具有的 ACID 特性不同，NoSQL 数据库保证的是 BASE 特性。BA 指基本可用（Basically Available，BA）：NoSQL 数据库允许分布式系统中部分出现故障，系统的其他部分仍然可用，允许继续部分访问；S 指柔性状态（Soft State，S）：在 NoSQL 数据库的数据处理过程中，允许存在数据状态暂时不一致的情况；E 指最终一致（Eventually Consistent，E）：将柔性状态产生的短暂数据不一致情况，经过纠错处理最后转化为数据一致。

（三）NoSQL 数据库的存储方式

NoSQL 数据库设计的核心特征是面向特定的问题，采用不同存储方式的 NoSQL 数据库适用于不同的应用情景。在 NoSQL 数据库中，最常用的存储方式有键值式存储、文档式存储、列式存储、图形式存储等。关系数据库仅有一种存储方式，而 NoSQL 数据库可以存在多种存储方式。

1. 键值式存储

键值式存储，顾名思义，就是在数据库中根据键值对数据进行组织、索引和存储。键（Key）是数据的标识符，值（Value）是存放任意数据的容器。在同一个命名空间内，键的名字必须唯一，不能重复。采用键值式存储的数据库可称为键值数据库，键值式存储是 NoSQL 数据库中最简单、最常用的存储方式。常见的键值数据库有 Redis、Voldemort 和 Oracle BDB 等。

键值数据库的优势在于其数据处理的速度非常快，具有极高的并发读写性能。缺点在于只能通过键来查询数据，某些键值数据库不支持查询位于某个范围内的值，不支持类似于 SQL 式的标准查询语言。

不管值的存储格式如何，键值式存储根据数据的保存方式可以分为临时型方式、永久型方式和混合型方式三种。

（1）临时型方式将所有的数据都保存在内存中，读写速度快，但缺点是程序停止，数据就不存在了。

（2）永久型方式将数据保存在磁盘中，通过对磁盘进行读写来操作数据，程序停止数据也不会消失，但读写性能会受到一定影响。

（3）混合型方式融合了临时型方式与永久型方式，首先将数据保存在内存中，在满足特定条件的时候将数据写入磁盘，既确保了内存中数据的处理速度，又可以通过写入硬盘来保证数据不丢失。

2. 文档式存储

采用文档式存储的 NoSQL 数据库称为文档数据库。文档数据库以文档的形式来存储数据，在存储数据前，并不需要像关系型数据库那样预先设置表的结构（Schema），就可以使用类似于关系表的数据结构。

文档数据库主要面向的是实现海量数据存储的问题，同时具有优异的查询性能，并不要求具备高并发读写操作性能。MongoDB、CouchDB 是目前广泛流行的文档数据库。

文档、集合、数据库构成了文档数据库的三层逻辑结构，如图 4－9 所示。

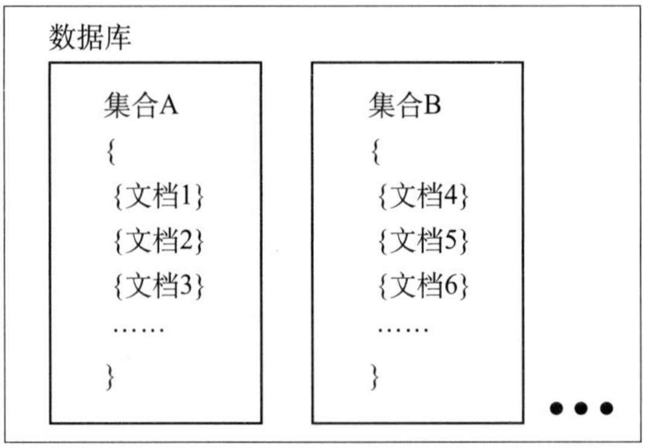

图 4－9　文档数据库的三层逻辑结构图

文档相当于关系数据库中的一条记录，但是文档并不需要提前设置数据模式即可存取；多个文档组成一个集合，集合相当于关系数据库的表；将多个集合在逻辑上组织在一起就是数据库。数据库中的每个记录都以文档形式存在，具备自我描述的功能，并且独立于任何其他文档。

与关系数据库相比，文档数据库具有很强的灵活性。例如，在关系数据库中，同一张关系表中所有的数据记录都必须具有完全相同的属性。而在文档数据库的同一个集合中，文档的格式可以不完全相同，如图 4－10 所示，文档 1 和文档 2 可以属于文档数据库的同一个集合。

3. 列式存储

采用列式存储的 NoSQL 数据库称为列族数据库，也称为宽列数据库，它可以实现按列存储数据，便于存储结构化和半结构化数据以及进行数据压缩，对于数据列的操作具有非常大的读写优势。目前广泛流行的列族数据库主要有 Cassandra、HBase（Hadoop Database）等。列式存储与关系数据库按行存储对比，如图 4－11 所示。

文档1

```
1. {
2. "keys":"word"
3. "type":"txt"
4. }
```

文档2

```
1. {
2. "keys": "word"
3. "type": "txt"
4. "value":[75,99,87.2]
5. }
```

图 4-10　文档 1 和文档 2 可以属于文档数据库的同一个集合

样例数据

用户名	姓名	年龄（岁）	身高（cm）	爱好
用户 1	张三	22	170	羽毛球
用户 2	李四	45	165	（空）

关系数据库按行存储

用户 1	张三	22	170	羽毛球
用户 2	李四	45	165	（空）

列族数据库按列存储

#	用户名
1	用户 1
2	用户 2

#	姓名
1	李四
2	张三

#	年龄
1	22
2	45

#	身高
1	用户 1
2	用户 2

#	爱好
1	羽毛球

图 4-11　列式存储与关系数据库按行存储对比图

在列式数据库的逻辑结构中，从顶层至底层依次是“列族（Column Family）”“超列（Super Column）”“列（Column）”。列由键名、键值和时间戳组成，忽略时间戳，可当作一个键值对；超列相当于是字典（Dict），它是一个包含其他列的特殊列，超列不能包含超列；一个列族中的所有数据都将保存在相同的文件中，它可以容纳多个超列或列。

4. 图形式存储

采用图形式存储的 NoSQL 数据库，称为图形数据库。它运用图论的思想，将数据以图模型的方式进行组织存储。在图模型中，节点、边和特性是进行数据建模的三个重要组件。图模型中的节点代表实体，实体之间的关系则用节点之间的有向边来表示，节点和边的属性代表了实体和关系的特性。

在图形数据库中，对于数据的查询就是对于图形的遍历。因此，图形数据库有利于研究实体之间的关系，这是其他 NoSQL 数据库无法比拟的优势。常见的图形数据库包括 Neo4J、InfoGrid 等。

图模型是一个被标记和标向的属性多重图。被标记的图每条边都有一个标签，它被用来作为那条边的类型。有向图允许边有一个固定的方向，从源点到目标节点，或从目标节点到源点。

属性图允许每个节点和边有一组可变的属性列表，其中的属性是关联某个名字的值，简化了图形结构。多重图允许两个节点之间存在多条边，这意味着两个节点可以由不同边连接多次，即使两条边有相同的尾、头和标记。

四、NewSQL 数据库

NewSQL 是一种新型的关系型数据库管理系统（RDBMS），它结合了传统 SQL 数据库的 ACID（原子性、一致性、隔离性、持久性）事务保证和复杂查询能力，以及 NoSQL 数据库的高可扩展性和性能。NewSQL 数据库的出现是为了解决传统 SQL 数据库（如 MySQL 和 PostgreSQL）在处理可扩展性和性能问题时面临的限制。这些传统数据库并未设计成可跨多个服务器扩展，这导致了随着数据量的增长，性能瓶颈问题日益突出。

这种类型的数据库系统的主要特征包括：

（1）分布式架构。NewSQL 数据库通常具有分布式架构，这使它们能够轻松地跨多个服务器或数据中心扩展，以处理更大的数据量和更高的查询负载。

（2）ACID 事务。尽管 NewSQL 数据库具有高可扩展性，但它们仍然保持对 ACID 事务的支持，这使得数据的一致性和可靠性得以保证。

（3）SQL 查询和模式。NewSQL 数据库支持标准的 SQL 查询，这使得开发者可以利用熟悉的 SQL 语言进行数据访问和操作。此外，这些数据库也支持使用模式来定义数据的结构，有助于保持数据的一致性。

（4）高性能。NewSQL 数据库旨在提供高性能，以满足大数据和实时应用的需求。它们通常会使用内存计算、多版本并发控制（MVCC）和其他高级技术来实现这一目标。

NewSQL 数据库试图弥合这一鸿沟。它们旨在提供 NoSQL 数据库的高可扩展性、可用性和性能，而不牺牲传统 SQL 数据库的事务一致性和复杂查询功能。对于需要处理大量数据和复杂事务而又不希望妥协数据一致性的业务和应用来说，这尤其有价值，如金融或电子商务。

NewSQL 数据库使用多种技术来实现其目标，如分布式计算、内存处理和高级查询优化等。NewSQL 数据库的例子包括 Google Spanner、CockroachDB 和 VoltDB 等。

然而，NewSQL 数据库并不是万能的。它可能在处理超大规模数据或非常复杂的分析查询时面临挑战，因为这些场景可能更适合使用 NoSQL 或大数据分析系统。另外，由于 NewSQL 数据库的复杂性，其管理和维护可能会比传统的 SQL 数据库更加复杂。

五、云存储

（一）云存储的概念及组成

面对大数据的海量异构数据，传统存储技术面临建设成本高、运维复杂和可扩展性有限等问题，于是成本低廉、可扩展性高的云存储技术应运而生，并且得到了广泛的关注和应用。

4－7 云存储在财务系统中的应用

云存储（Cloud Storage）是在云计算概念上延伸和发展出来的一个新概念，属于新兴的网络存储技术，是指通过集群应用、网络技术或分布式文件系统等，将网络中不同类型的存储设备通过应用软件集合起来协同工作，共同对外提供数据存储和业务访问功能的系统。

云存储主要包含存储层、基础管理层、应用接口层、访问层，以存储设备为核心，通过应用软件对外提供数据存储和业务访问服务。云存储的组成架构，如图 4－12 所示。

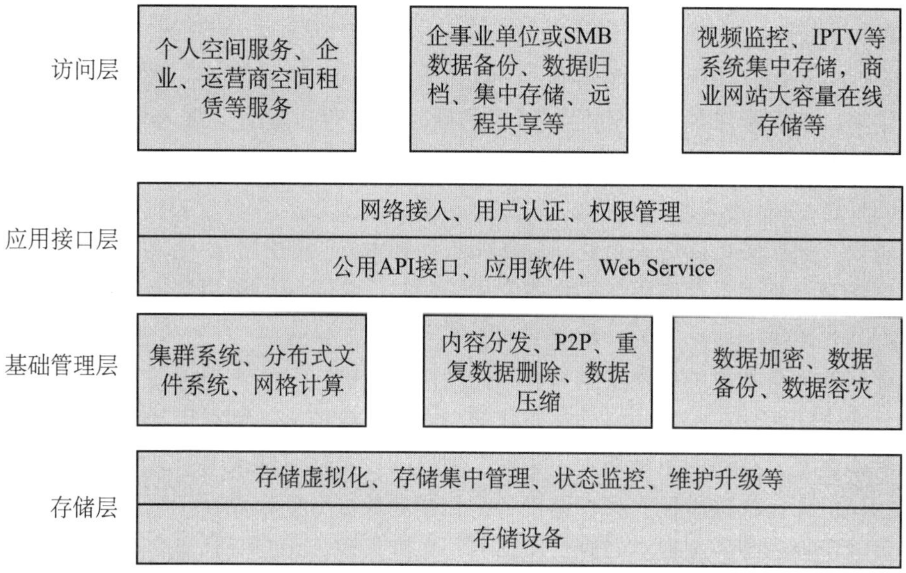

图 4－12 云存储的组成架构图

（二）云存储的应用及优劣势

云存储的应用主要包括三类：基于公有云的存储、基于私有云的存储和基于混合云的存储。

基于公有云的存储是第三方服务商为用户提供的网络存储服务，所有用户共享服务商的存储资源，但每个用户都是独立的，如 Dropbox、百度云盘等。与前者不同，基于私有云的存储是建立在企业专属设施之上的，不与其他用户共享存储资源，最大限度地保证了数据的安全性。当前，越来越多的企业选择基于混合云的方式，既保证了数据的安全性，又满足了动态变化的存储需求。

云存储作为优秀的存储技术，其主要优势包括：

（1）设备层面：云存储的存储设备数量庞大，分布区域各异，多个设备之间协同合作，许多设备可以同时为一个用户提供同一种服务，并且云存储都是平台服务，云存储的供应商会根据用户需求开发出多种平台，如 IPTV 应用平台、视频监控应用平台、数据备份应用平台等。只要有标准的公用应用接口，任何一个被授权的用户都可以通过一个简单的网址登录云存储系统，享受云存储服务。

（2）功能层面：云存储的容量分配不受物理硬盘的控制，可以按照客户的需求及时扩容，设备故障和设备升级都不会影响用户的正常访问。云存储技术针对数据重要性采取不同的复制策略，并且复制的文件存储在不同的服务器上，因此硬件损坏时，不管是硬盘还是服务器，服务始终不会终止。因为采用索引的架构，系统会自动将读写指令引导到其他存储节点上，读写效能完全不受影响。管理人员只要更换硬件即可，数据也不会丢失，换上新的硬盘服务器后，系统会自动将文件复制回来，永远保持多备份的文件，从而避免数据丢失。在扩容时，只要安装好存储节点，接上网络，新增加的容量便会自动合并到存储中，并且数据会自动迁移到新存储的节点上，不需要做多余的设定，大大缩减了维护人员的工作量。

（3）成本层面：传统存储模式下，一旦完成资金的一次性投入，系统无法在后续使用中动态调整。随着设备的更新换代，落后的硬件平台难以处置；随着业务需求的不断变化，软件需要不断地更新升级甚至重构来与之相适应，导致维护成本高昂，很容易发展到不可控的程度。

使用云存储服务可以免去企业在设备购买和技术人员聘用上的庞大开支，维护工作及系统的更新升级都由云存储服务提供商完成。同时，公有云的租用费用和私有云的建设费用会随着云存储供应商竞争的日趋激烈而不断降低。

云存储的劣势主要体现在安全和访问速度两个方面。

（1）安全问题：云存储的好处在于任何一个被授权的用户都可以访问云存储系统，但这种便利性也是云存储的致命伤，因为每个用户的设备都可能成为被攻击的对象，造成数据泄露。同时，云存储借助大型存储设备将相同的数据分别存储在不同的地域，形成数据备份，帮助用户解决数据容灾问题。但从另一角度来说，用户只知道自身的数据存储在云中，并不知道数据的具体存储位置或是否在没有授予权限的情况下被他人访问。知识产权得不到相应的保护，数据所有权也得不到相应的保障。

（2）访问速度问题：访问速度慢是当前云存储短时间内无法突破的一个瓶颈，也是用户最希望解决的问题。目前云存储还不能处理交易十分频繁的文件，要求网络连接速度快的数据库不是云存储的存储对象，Tier1、Tier2 或以块（Block）存储为基础的数据存储也超出了云存储的存储能力。目前云存储的访问速度主要受云存储运营商拥有设备的性能和网络带宽的限制。

项目总结

在本项目中，我们从对传统数据存储管理的认知，过渡到对不断增长的数据量、多样化的数据类型和快速的数据处理需求，大数据时代存储与管理技术的核心概念、关键技术的认识。随着技术的不断发展，新的存储和管理技术还会不断涌现。通过本项目的学习，读者对大数据存储与管理有了一定的了解，为下一步更深入学习和实践打下基础。

素养课堂

数据存储国产崛起

4－8 数据存储国产崛起

存储与数据相伴而生，哪里有数据，哪里就需要存储。存储系统是数据的载体，是信息化系统的“粮仓”，是信息化系统的核心部分和底层基座。当前，随着人工智能、物联网、云计算等新一代信息技术在新一轮科技革命和产业变革中的大量应用，数据已成为数字经济时代的核心生产要素，数据存储产业也将成为国家的战略性、基础性产业，成为新的国际竞争高地。存储系统的构建和使用直接关系数据这一核心资产的存储、使用和挖掘，发展存储可谓是“兵马未动，粮草先行”。存储国产化是发展国家信息技术产业，保障 IT 产业安全不被“卡脖子”的重要一环。

由于软硬件的关键技术及标准被国外厂商垄断，我国存储产业的发展长期依赖海外厂商。存储是 IT 产业信创供应链的基础设施，国家越来越重视数据存储国产化发展，数据存储的国产化更是势在必行。近两年，我国大力实施国产化战略，从党政到八大关键行业（金融、电信、石油、电力、交通、航空航天、教育、医疗），加快推动包括数据库在内的信息技术的本土创新，鼓励企业采购国产化生态厂商的产品和服务，大大促进了国产数据库的发展。我国数据存储技术创新能力大幅提升，与国际水平的差距逐渐缩小，呈现出整体产业由大向强转变的趋势。本土厂商阿里云、腾讯云、华为云等都表现不俗。预计未来随着本土厂商产品能力的成熟及迁移工具和服务的不断进步，国产数据库势必成为主流。2021 年 11 月 30 日，工业与信息化部发布的《“十四五”大数据产业发展规划》提出，加快构建全国一体化大数据中心体系，推进国家工业互联网大数据中心建设。国家正在以“东数西算”工程为重要抓手，绘制全国一体化大数据中心的“布局图”和“路线图”。

课后自测

一、单项选择题

1. 下列关于计算机存储容量单位的说法中，错误的是（　　）。

A. 基本单位是字节（Byte）

B. 1KB < 1MB < 1GB

C. 一个汉字需要一个字节的存储空间

D. 一个字节能够容纳一个英文字符

2. 以下描述错误的是（　　）。

A. 传统的关系数据库由于数据模型不灵活、水平扩展能力较差等局限性，已经无法满足各种类型的非结构化数据的大规模存储需求

B. 传统的关系数据库可以较好地支持结构化数据存储和管理

C. Web 2.0 的迅猛发展以及大数据时代的到来，使关系数据库的发展越来越力不从心

D. 传统的关系数据库引以为傲的一些关键特性，如事务机制和支持复杂查询，在 Web 2.0 时代成为不可或缺的核心特性

3. 以下（　　）不属于传统的数据存储和管理技术。

A. NoSQL 数据库　　B. 数据仓库

C. 文件系统　　D. 关系数据库

4. 以下关于分布式文件系统的描述，错误的是(　　)。

A. 是一种通过网络实现文件在多台主机上进行分布式存储的文件系统

B. 谷歌开发了分布式文件系统 GFS

C. Hadoop 分布式文件系统是针对 GFS 的开源实现

D. 所有的分布式文件系统的设计都是采用客户/服务器模式

5. 以下关于 NoSQL 数据库的描述，错误的是（　　）。

A. 与关系数据库相比，NoSQL 具有灵活的水平可扩展性，可以支持海量数据存储

B. NoSQL 所采用的数据模型并非传统的关系数据库的关系模型，而是类似键/值、列族、文档等非关系模型

C. NoSQL 是一种不同于关系数据库的数据库管理系统设计方式，是对非关系型数据库的统称

D. NoSQL 数据库有固定的表结构，通常存在较多连接操作

6. 在数据库的发展史上，先后出现过多种数据库类型，但是不包括（　　）。

A. 关系数据库　　B. 层次数据库　　C. 网状数据库　　D. 树形数据库

7. 下面关于关系数据库特点的描述，错误的是（　　）。

A. 关系数据库采用非结构化查询语言来对数据库进行查询

B. 由于关系数据库将数据存储在数据表中，数据操作的瓶颈出现在多张数据表的操作中，而且数据表越多，这个问题越严重

C. 为了规范数据、减少重复数据以及充分利用好存储空间，把数据按照最小关系表的形式进行存储

D. 采用表格的储存方式，数据以行和列的方式进行存储，读取和查询都十分方便

8. 下面关于 NewSQL 数据库的描述，错误的是（　　）。

A. 都支持关系数据模型

B. 不同的 NewSQL 数据库的内部结构基本相同

C. NewSQL 数据库保持了传统数据库支持 ACID 和 SQL 等的特性

D. 都使用 SQL 作为其主要接口

9. 下列（　　）不属于 NoSQL 的四大类型。

A. 图数据库　　B. 时间戳数据库

C. 文档数据库　　D. 列族数据库

10. 下面（　　）不是云数据库的特性。

A. 动态可扩展　　B. 大规模并行处理

C. 高成本　　D. 易用性

二、多项选择题

1. 一个典型的数据仓库系统通常包含（　　）。

A. 前端工具和应用　　B. 数据源

C. OLAP 服务器　　D. 数据存储和管理

2. 下列属于关系型数据库系统软件的有（　　）。

A. Oracle　　B. MySQL　　C. NoSQL　　D. SQL Serve

3. HDFS 的局限性包括（　　）。

A. 不适合低延迟数据访问　　B. 不支持多用户写入及任意修改文件

C. 无法高效存储大量小文件　　D. 无法用于大规模数据存储

4. 当前大数据技术的基础包括（　　）。

A. 分布式文件系统　　B. 分布式并行计算

C. 关系型数据库　　D. 分布式数据库

5. 下列关于文档数据库的描述，正确的是(　　)。

A. 文档数据库支持文档间的事务　　B. 具备统一的查询语法

C. 复杂性低，数据结构灵活　　D. 性能好（高并发），灵活性高

三、判断题

1. 一般而言，分布式数据库是指物理上分散在不同地点，但在逻辑上是统一的数据库。因此分布式数据库具有物理上的独立性、逻辑上的一体性、性能上的可扩展性等特点。（　　）

2. 我们平时在计算机上使用的 Word 文件、PPT 文件、文本文件、音频文件、视频文件等，都是由操作系统中的文件系统进行统一管理的。（　　）

3. 关系数据库，是指采用了关系模型来组织数据的数据库，其以行和列的形式存储数据，以便于用户理解，关系数据库这一系列的行和列被称为表，一组表组成了数据库。（　　）

4. 数据仓库（Data Warehouse）是一个面向主题的、集成的、相对稳定的、反映历史变化的数据集合，用于支持管理决策。（　　）

5. 一个关系数据库可以看成是许多关系表的集合，每个关系表可以看成一张二维表格。（　　）

6. 当前，企业提供的大数据解决方案大多基于 Hadoop 开源项目。（　　）

四、简答题

1. 请简述关系数据库和非关系数据库之间的区别。

2. 什么是云存储？云存储的特点是什么？

项目五 大数据分析与挖掘

学习目标

知识目标：

（1）理解大数据分析与挖掘的基本概念、原理和方法；

（2）熟悉常用的数据挖掘算法、机器学习方法和统计分析技术；

（3）了解大数据分析与挖掘在不同领域的应用案例和最佳实践；

（4）熟悉大数据挖掘常用工具。

能力目标：

能够应用统计分析、数据挖掘和机器学习等技术，从大数据中发现模式、关联和规律，提取有价值的信息。

素质目标：

（1）培养批判思维和分析思维，能够理性和客观地对待数据和分析结果；

（2）培养持续学习的能力，能够跟随技术的发展更新知识和技能；

（3）强调伦理意识和社会责任感，能够将大数据分析与挖掘应用于有益于社会和人类的领域。

项目综述

大数据价值链最重要的一环就是数据分析，它已经成为各个行业和领域中不可或缺的工具，对于企业、政府和社会的发展都具有重要的推动作用。

大数据分析与挖掘可以帮助企业发现和理解数据中潜在的商业价值。通过对大规模数据的分析，企业可以揭示市场趋势、消费者行为、产品改进机会等，为决策提供有力支持，促进业务增长和创新。

大数据分析与挖掘能够处理庞大的数据集，并从中提取出有意义的信息和洞察力，为决策者提供更准确、可靠的数据支持。通过对数据的深入分析，决策者可以做出更明智、科学的决策，提高决策的效率和准确性。

大数据中蕴藏着丰富的模式、关联和规律，而这些往往是肉眼难以察觉的。通过大数据分析与挖掘，可以发现数据中隐藏的模式、关联和规律，从而揭示出数据背后的深层次含义和商业机会。

大数据分析与挖掘可以帮助企业更好地理解消费者的需求和行为，实现个性化和精准营销。通过对大数据的分析，企业可以识别目标客户群体、预测消费者行为、优化推荐系统等，提供个性化的产品和服务，增强用户体验，提高用户满意度。

大数据分析与挖掘可以帮助企业优化运营过程，提高效率和效益。通过对大数据的分析，企业可以实现供应链优化、预测需求、降低成本、提高生产效率等，同时也可以识别和管理潜在的风险，提升企业的竞争力和可持续发展能力。

总的来说，大数据分析与挖掘的意义在于帮助我们从海量的数据中获得有用的信息和洞察力，支持决策和创新，提升效率和竞争力。

本项目从大数据分析和大数据挖掘两个方面进行阐述，带领读者走进大数据分析与挖掘的世界。

任务一　大数据分析

引导案例

大数据分析赋能精准出行

◎案例描述

在我们的出行中，导航软件已经成为不可或缺的好助手。它不仅能帮助我们避开拥堵，准时到达目的地，还能在一定程度上预测红绿灯的剩余时间，带给我们更加流畅的行驶体验。这一切的便捷与高效，背后离不开大数据分析的强大赋能。

大数据分析通过整合来自GPS浮动车、道路传感器、社交媒体等多源数据，实时分析道路拥堵状况、车速变化等关键信息。运用机器学习算法，导航软件能够预测未来一段时间内的路况变化趋势，为驾驶者提供多种绕行方案或建议调整出发时间，有效避开高峰拥堵，确保出行畅通无阻。

结合用户的历史出行数据、偏好设置及当前实时路况，大数据分析能够生成高度个性化的导航路线。无论是追求最短距离、最快时间还是最少红绿灯，导航软件都能根据用户的需求和当前条件，智能推荐最优路径。这种个性化的服务不仅提升了出行效率，也增强了用户的满意度和忠诚度。

利用城市智能交通系统中的红绿灯信号数据，结合车辆行驶速度、位置等实时信息，大数据分析能够精准预测前方红绿灯的剩余时间。这一功能不仅帮助驾驶者更好地掌握行驶节奏，减少急刹车和加速的次数，从而节省燃油、降低排放，还提升了驾驶的安全性和舒适度。

针对城市停车难的问题，大数据分析通过对停车场空位信息、周边路况及用户出行需求进行综合分析，为用户提供便捷的停车方案。导航软件可以引导车辆快速找到最近的空余停车位，甚至支持预约停车功能，有效缓解停车压力，节省用户寻找停车位的时间和精力。

面对交通事故、道路施工等突发情况，大数据分析能够迅速响应，通过整合多方信息源，对异常路况进行及时预警。导航软件会立即调整推荐路线，避免用户误入拥堵或危险区域，确保出行安全顺畅。

◎**案例解析**

本案例通过对用户行为、实时路况数据、路径规划数据等进行大数据分析，通过分布式存储和分布式计算等方式，高效地处理和分析海量位置数据，提高数据的准确性和实时性。运用机器学习、深度学习等算法，对交通数据进行预测和分析，以提高车道级导航的精度。由此可见，大数据分析在精准出行领域的应用日益广泛且深入。它不仅提升了导航软件的智能化水平和服务质量，也为广大用户带来了更加便捷、高效、安全的出行体验。随着技术的不断进步和数据的持续积累，大数据分析在出行领域的赋能作用将更加显著，为构建智慧城市、推动交通行业高质量发展贡献力量。

知识学习

一、大数据分析概述

（一）数据分析的概念及目标

数据分析是指收集、处理数据并获取数据隐含信息的过程。大数据具有数据量大、数据结构复杂、数据产生速度快、数据价值密度低等特点，这些特点增加了对大数据进行有效分析的难度。大数据分析（Big Data Analytics，BDA）成为当前探索大数据发展的核心内容。

数据分析的主要作用包括：推测或解释数据并确定如何使用数据；检查数据是否合法；给决策提供合理建议；诊断或推断错误原因；预测未来将要发生的事情。

大数据分析是指用适当的统计分析方法对采集的大量数据进行分析，并将这些数据加以汇总、理解和消化，提取有用信息和形成结论，以求最大化地开发数据的功能和发挥数据的作用。

5-1 大数据分析的类型

（二）数据分析的类型

根据数据分析深度，可将数据分析分为描述分析（Descriptive Analysis）、诊断分析（Diagnostic Analysis）、预测分析（Predictive Analysis）和规则分析（Prescriptive Analysis）四个层次。

在统计学领域中，数据分析可划分为描述性分析、探索性分析和验证性分析三种类型。

在人类探索自然的过程中，通常将数据分析方法分为定性数据分析和定量数据分析两大类。

按照数据分析的实时性，一般将数据分析分为在线数据分析和离线数据分析。

1. 根据任务难度和产生价值两个维度划分

根据任务难度和产生价值两个维度，大数据分析可以划分为描述分析、诊断分析、预测分析和规范分析四个层次，如图 5-1 所示。

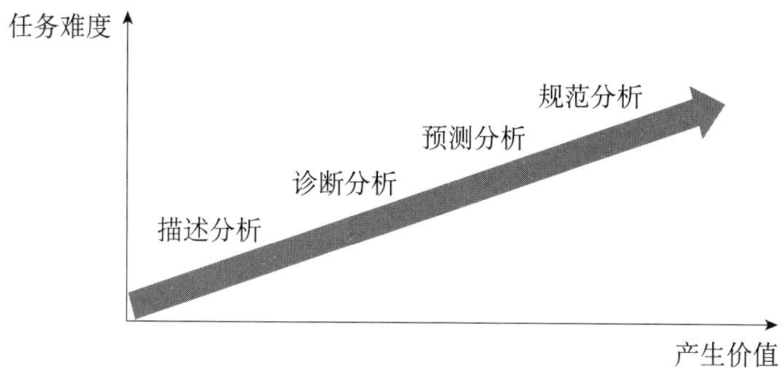

图 5-1　根据任务难度和产生价值两个维度划分的大数据分析方法

（1）描述分析（Descriptive Analysis）。

描述分析是指对现有数据进行整理、汇总和可视化，以揭示数据的基本特征、趋势和关系。它帮助我们了解数据的当前状态和情况，回答“发生了什么”的问题。描述分析常用的技术包括数据聚合、数据可视化、数据摘要和数据探索性分析等。

5-2 描述分析

（2）诊断分析（Diagnostic Analysis）。

诊断分析是指通过对数据进行深入研究和分析，找出导致特定结果或情况的原因和因素。它帮助我们理解数据背后的因果关系，回答“为什么会发生这样的情况”的问题。诊断分析常用的技术包括数据挖掘、统计分析、决策树分析和因果关系分析等。

（3）预测分析（Predictive Analysis）。

预测分析是指基于历史数据和模型构建，通过分析数据的模式和趋势，预测未来事件或结果的发生。它帮助我们进行未来趋势的预测，回答“会发生什么”的问题。预测分析常用的技术包括回归分析、时间序列分析、机器学习和人工智能等。

（4）规范分析（Prescriptive Analysis）。

规范分析是基于预测结果和模拟，提供决策支持和优化建议。它帮助我们制订合适的决策和行动计划，回答“应该怎么办”的问题。规范分析常用的技术包括优化算法、模拟建模、决策支持系统和专家系统等。

这四个层次的大数据分析方法相互关联，构成了数据驱动的决策支持过程。从描述分析到规范分析，每个层次都有不同的目标和技术，帮助我们更好地理解数据、诊断问题、预测未来和做出决策。通过综合运用这些分析方法，可以发现数据中的价值、潜在价值和行动机会，推动业务的持续改进和创新。

2. 根据统计学领域划分

根据统计学领域划分，大数据分析可分为描述性分析、探索性分析和验证性分析。描述性分析用来说明发生的事件；探索性分析致力于找出事物内在的本质结构；验证性分析主要检验已知的特定结构是否按照预期的方式发挥作用。

如果分析者没有坚实的理论基础来支撑有关观测变量内部结构的假定，通常先用探索性分析，然后在探索性分析产生结果的基础上使用验证性分析。

（1）描述性分析。

描述性分析指通过图表形式加工、处理和显示采集的数据，进而综合概括和分析出反映客观现象的规律，即描绘或总结所采集到的数据。描述数据的指标包括描述数据集中趋势和描述数据离中趋势。

1）描述数据集中趋势的指标有平均数、中位数、众数。

①平均数：容易受极端值的影响；具有唯一性；是一个“虚拟”的数，通过计算得出，不是数据中的原始数据。

②中位数：适用于对定量数据的集中趋势分析；不适用于分类数据；不受极端值的影响。

③众数：众数是一组数据中出现次数最多的数据，主要用于描述分类数据的特点；一般在数据量较大的情况下才有意义；不受极端值的影响，但是可能存在多个众数或者没有众数的情况。

2）描述数据离中趋势的指标有极差、分位距、平均差、标准差、离散系数。

①极差说明了数据值的最大变动范围，但没有考虑到中间值的变动情况，受极端值的影响。

极差（全距）：$R=\max(x_i)-\min(x_i)$

②分位距是从一组数据中剔除了一部分极端值后重新计算的类似于全距的指标，如四分位距。它反映数据组中各项数据与算术平均数之间的平均差。缺点是用绝对值的形式消除各项数据与算术平均数离差的正负值问题，不便于做数学处理和参与统计分析运算。

平均差：$\dfrac{\sum_{i=1}^{N}|x_i-\overline{x}|}{n}$

③标准差是一组数据平均值分散程度的一种度量。标准差较大，代表大部分数值和其平均值之间差异较大；标准差较小，代表这些数值较接近平均值。

标准差：$\sqrt{\dfrac{\sum_{i=1}^{n}(x_i-\overline{x})^2}{n}}$

④离散系数用于比较数据平均水平不同的两组数据离中程度的大小，即相对离中程度。它是一个无量纲的指标，因此在比较量纲不同或均值不同的两组数据时，应该采用离散系数而非标准差作为参考指标。

离散系数：$\dfrac{S}{\overline{X}}$

（2）探索性分析。

探索性分析是在20世纪60年代由美国著名统计学家约翰·图基提出的，它是在尽量少的先验假设下对已有的原始数据进行探索性分析，通过作图、制表、方程拟合和计算特征量等手段研究数据的结构和规律的一种数据分析方法。

探索性分析主要有三个特点：在分析思路上探索数据的内在规律，不局限于某种数据的假设；采用的方法灵活多样；选用的工具简单直观、易于普及。

探索性分析和传统统计方法的特点对比如表 5-1 所示。

表 5-1　探索性分析和传统统计方法的特点对比表

探索性分析	传统统计方法
探索数据内在规律，不进行数据假设	先假定一个模型，后使用适合此模型的方法进行拟合、分析和预测
采用的方法灵活多样，分析者能够一目了然地看出数据中隐含的有价值的信息	以概率论为基础，使用假设检验和置信区间等处理工具
选用的工具简单直观、更易于普及，强调数据可视化	比较抽象和深奥

（3）验证性分析。

验证性分析是指运用各种定性或定量的分析方法和理论，对事物未来发展的趋势进行判断和推测，并且构建出相应的模型，然后通过已有的数据验证所提出的模型。验证性分析的具体步骤如图 5-2 所示。

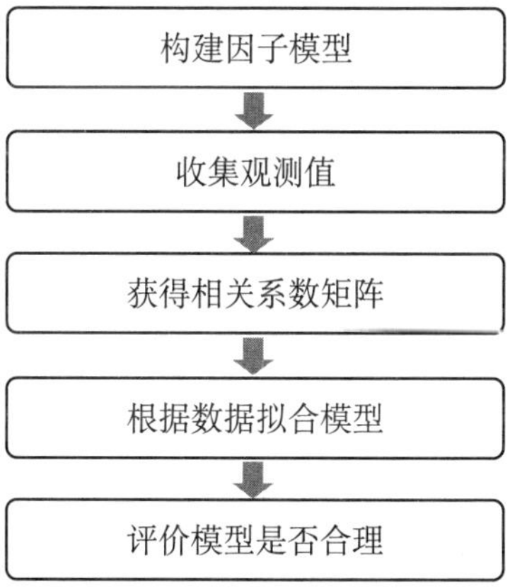

图 5-2　验证性分析的具体步骤

3. 根据探索自然的过程划分

根据探索自然的过程划分，大数据分析方法可以分为定性分析和定量分析。定性分析侧重于物理模型的建立和数据意义的阐述；定量分析为信息研究提供数量依据，侧重于数学模型的建立和求解。定性分析和定量分析是相互补充的，定性分析是定量分析的前提，定量分析使定性分析更加科学准确。它们的区别如表 5-2 所示。

表 5-2　定性分析与定量分析的区别

	定性分析	定量分析
样本	无代表性的小样本	有代表性的大样本
分析方法	非统计方法	统计方法
优点	操作简便	结果直观简洁、应用效果好
缺点	主观性强、应用效果不好	操作困难

4. 根据数据分析的实时性划分

根据数据分析的实时性划分，大数据分析方法可以分为在线数据分析和离线数据分析两种。在线数据分析和离线数据分析的区别如表 5 - 3 所示。

表 5 - 3　在线数据分析与离线数据分析的区别

在线数据分析	离线数据分析
实时处理用户请求	不能实时处理用户请求
允许用户随时更改分析的约束和限制条件	用户不可以随时更改分析的约束、限制条件
处理的数据量少	处理的数据量大
要求数秒内返回准确的分析结果	对反馈时间要求不严格

5 - 3 大数据分析的步骤

（三）大数据分析方法的步骤

处在大数据时代，如何有效地从海量的数据中获取有价值的信息对企业和科研人员来说至关重要。大数据分析方法有很多种，不同的分析方法有不同的分析步骤。

1. 识别信息需求

（1）识别信息需求是确保数据分析过程有效性的首要条件，可以为收集数据、分析数据提供清晰的目标。

（2）识别信息需求是数据分析师的职责，数据分析师应该根据决策和过程控制的需求，提出对信息的需求。

2. 采集数据

（1）数据采集过程中，应该将识别的需求转化为具体的要求；明确数据采集的方法、渠道、采集者以及采集时间和地点；采取一定的措施防止数据丢失和虚假数据的情况发生。

（2）常用的采集数据的方法有 DPI 采集法、系统日志采集法和网络数据采集法。

3. 数据预处理

（1）最初收集到的数据可能是杂乱无章、高度冗余的，看不出规律。如若直接对这些数据进行分析，则会耗费时间，造成分析结果不准确。

（2）常用的数据预处理的方法有数据清理、数据集成、数据变换、数据归约、数据去冗余。

4. 数据分析

（1）数据分析是指将经过预处理的数据进行加工处理、分析整理，从中提取出有价值的信息和洞察力的过程。它涉及对数据进行探索、建模、解释和可视化等多个方面的操作，以获取对业务问题的深入理解和有效决策支持。

（2）数据分析主要依靠的技术有统计分析、数据挖掘、机器学习和可视化分析。

统计分析：统计分析是利用统计学方法对数据进行描述、推断和预测的过程。它包括描述性统计分析、推断统计分析和预测统计分析等方法，可以帮助我们了解数据的分布、关系和变化趋势。

数据挖掘：数据挖掘是从大规模数据集中发现隐藏在其中的模式、关联和规律的过程。通过应用机器学习、聚类分析、分类和回归分析等技术，可以挖掘出数据中的有价值的信息，并用于预测、分类、推荐等任务。

机器学习：机器学习是通过计算机系统自动学习和改进性能的一类算法和技术。它利用数据来构建模型和算法，以实现自动化的预测、分类、聚类等任务。机器学习在数据分析中扮演重要角色，能够处理大规模数据并从中发现模式和规律。

可视化分析：可视化分析是利用图表、图形和可视化技术将数据转化为可视化形式，以帮助人们更直观地理解和解释数据。通过可视化分析，可以展示数据的关系、趋势、异常值等，帮助决策者快速识别和理解数据中的信息。

（3）数据分析常用的工具有调查表、排列图、控制图、分层法、系统图、矩阵数据图、关联图、矩阵图等。

调查表（Survey Forms）：调查表是一种用于收集数据的工具，通常包含一系列问题和选项，用于收集和记录被调查者的观点、意见或回答。调查表可用于收集定性和定量数据，为数据分析提供基础。

排列图（Pareto Chart）：排列图是一种直方图和折线图的组合，用于展示数据中的项目按照重要性和贡献程度进行排序。排列图帮助我们识别和重点关注对整体影响最大的问题或因素。

控制图（Control Chart）：控制图用于监控过程中的变化和异常，以帮助我们判断过程是否处于控制状态。控制图通常与统计方法结合使用，可用于检测过程的稳定性和质量控制。

分层法（Stratification）：分层法是将数据分成不同层次或组别，并在每个层次上进行独立分析的方法。它可用于从不同维度对数据进行分析，发现不同层次的差异和关联性。

系统图（System Diagram）：系统图是一种用于描述和展示系统组成、交互和流程的图形表示方法。它可用于分析系统中的因果关系、相互作用和影响，帮助我们理解和优化系统的运行。

矩阵数据图（Matrix Data Plot）：矩阵数据图是一种以矩阵形式展示数据关系和相似性的图表。它可以用于分析多个变量之间的相关性和相互作用，从而帮助我们发现潜在的模式和规律。

关联图（Association Chart）：关联图是用于表示数据中项之间关联关系的图表。它通常用于分析市场篮子数据、网络图谱等，帮助我们发现项之间的相关性和关联规律。

矩阵图（Matrix Plot）：矩阵图是一种以矩阵形式展示数据分布和关系的图表。它可以用于可视化多个变量之间的交叉关系和相互作用，帮助我们识别数据中的模式和结构。

这些工具和技术在数据分析中扮演重要的角色，通过使用它们可以更好地理解和分析数据，发现数据中的模式、趋势和关联关系，为决策和解决问题提供支持。在实际应用中，可以根据具体情况选择合适的工具和技术进行数据分析。

5. 评价并改进数据分析的有效性

（1）数据采集的目的是否明确、数据是否完备和有效、采集信息的渠道和方法是否恰当。

（2）数据分析的方法是否合理。

（3）数据分析需要的资源能否提供。

（4）提供给决策者的信息是否完整可信，是否存在因信息不完整、不准确而导致决策失误的情况。

（5）最终分析得到的结果是否与期望值一样、是否能够在产品实现过程中有效运用。

二、大数据分析在财务中的应用

5－4 企业财务数据挖掘与分析

大数据分析在财务领域中的应用非常广泛，它能帮助企业更好地管理财务数据，提高决策效率，降低风险。

（一）预测和预算方面

预测和预算是企业管理中的两个重要环节，特别是在当今的大数据时代，利用大数据进行预测和预算已经成为企业优化决策、提升竞争力的重要手段。

1. 预测

预测涉及未来的业务量、销售收入、成本等关键财务指标的预期值。这可以帮助企业进行长期和短期的规划，以及制定有效的业务策略。预测的方法通常包括历史趋势分析、因素分析、统计模型预测等。比如，通过大数据分析过去的销售数据，企业可以预测未来一段时间的销售量，进而指导生产和库存管理。

在大数据环境下，预测可以更加准确和细致。比如，企业可以结合多源数据（如历史销售数据、市场调查数据、社交媒体数据等），并利用机器学习等先进技术进行预测，这不仅可以提高预测的准确度，还可以对预测结果进行深入的解释和分析。

2. 预算

预算是企业对未来一段时间内的收入、成本、利润等进行预计和计划，是企业管理的重要工具。预算的主要任务包括制订收支计划、控制成本、测评业绩等。预算通常基于预测结果，但也需要考虑企业的战略目标和业务策略。

在大数据环境下，预算可以更加精细和灵活。比如，企业可以利用大数据实时跟踪和分析各个业务部门的收入和成本，从而实时调整预算；企业也可以通过大数据分析各项成本的构成和变动趋势，从而找出节约成本的机会。

在实际操作中，预测和预算需要紧密配合，形成一个完整的“预测－预算－执行－反馈”的管理循环。通过这个循环，企业可以持续优化决策，提高管理效率。

（二）风险管理方面

大数据分析在风险管理中的应用非常广泛，无论是在财务风险管理还是运营风险管理中，甚至是在战略风险管理中，大数据都发挥着重要作用。

1. 信用风险管理

金融机构（如银行、信用卡公司、保险公司等）通过对个人或企业的财务状况、信用历史、消费行为等数据的大数据分析，可以预测其未来偿债能力，从而控制信用风险。比如，银行在决定是否批准贷款以及确定贷款利率时，就会用到这样的大数据分析。

2. 市场风险管理

对股票、债券、期货、外汇等金融市场的数据进行大数据分析，可以预测市场的变动趋势，从而管理市场风险。比如，投资公司可以使用大数据分析，预测市场的涨跌情况，制定相应的投资策略。

3. 运营风险管理

企业可以通过大数据分析，对生产、供应链、物流等运营过程中的数据进行分析，预测可能出现的问题和风险，从而及时调整运营策略。例如，制造商可以通过对生产数据的分析，预测设备的故障，提前进行维护，避免生产中断。

4. 欺诈风险管理

通过对交易数据的大数据分析，企业可以识别异常交易模式，预防和探测欺诈行为。比如，信用卡公司可以通过对交易数据的实时分析，发现异常的消费行为，及时阻止可能的欺诈行为。

5. 战略风险管理

通过对竞争对手、行业动态、宏观经济等数据的大数据分析，企业可以预测未来可能面临的战略风险，从而及时调整策略。比如，公司可以通过分析社交媒体数据，预测消费者的喜好变化，及时调整产品和服务。

以上只是大数据分析在风险管理中的一些应用，实际上，随着大数据技术的发展，其在风险管理中的应用会越来越广泛。

（三）财务报表分析方面

大数据分析在财务报表分析中的应用广泛，可以从不同的角度帮助企业深入了解财务状况，以提供有利于决策的信息。

1. 收入分析

企业可以通过大数据分析来探索收入的各种来源以及它们的变化趋势。例如，一个零售商可以分析其销售数据，了解哪些产品或服务产生了最大的收入，哪些产品或服务的销售正在增长或减少。通过这种分析，企业可以更好地制定其销售策略和预测未来的收入。

2. 成本分析

大数据可以帮助企业详细分析成本的构成以及变化趋势。例如，通过分析采购数据，企业可以了解原材料成本的变化趋势；通过分析员工数据，企业可以了解人力成本的变化趋势。通过这种分析，企业可以更好地管理成本，并寻找降低成本的机会。

3. 资产和负债分析

通过大数据分析，企业可以深入了解资产和负债的情况。例如，通过分析资产数据，企业可以了解资产的使用效率；通过分析负债数据，企业可以了解负债的成本和风险。通过这种分析，企业可以更好地管理资产和负债，以优化资本结构。

4. 现金流分析

通过大数据分析，企业可以详细了解现金流的来源和用途，以及它们的变化趋势。例如，通过分析现金流量表，企业可以了解营运活动、投资活动和筹资活动产生的现金流量。通过这种分析，企业可以更好地管理现金流量，并制定有效的现金流量管理策略。

5. 财务比率分析

通过大数据分析，企业可以计算和分析各种财务比率，如流动比率、债务比率、盈利能力比率等，以了解企业的偿债能力、经营效率和盈利能力。通过对这些比率的长期追踪和比较，企业可以了解财务状况的变化情况和业绩表现。

通过以上的财务报表分析，企业可以更好地理解其财务状况，从而做出更明智的决策。

（四）投资决策方面

投资决策是企业或个人面临的一个重要选择。它涉及对未来收益和风险的预测和评估，以决定如何分配有限的资金。在大数据时代，大数据分析可以帮助投资者做出更准确和有效的投资决策。

大数据分析在投资决策中的几个具体应用如下：

1. 市场趋势预测

投资者可以通过大数据分析市场的历史数据和实时数据，来预测市场的未来走势，从而决定买入、持有或卖出某种投资产品。例如，通过分析股票市场的交易数据，可以预测股票的价格趋势。

2. 投资组合优化

投资者可以通过大数据分析不同投资产品的收益率和风险，来优化投资组合，以实现最大的预期收益和最小的风险。例如，通过分析各种股票和债券的历史收益率和波动率，可以确定最优的投资组合。

3. 投资风险管理

投资者可以通过大数据分析各种风险因素，如市场风险、信用风险、流动性风险等，来管理投资风险。例如，通过分析债券发行者的财务状况和信用评级，可以评估债券的信用风险。

4. 投资策略制定

投资者可以通过大数据分析市场情况、经济指标、政策变化等信息，来制定投资策略。例如，通过分析宏观经济数据和政策公告，可以预测利率的变动，从而决定投资长期债券还是短期债券。

5. 社会情绪分析

投资者可以通过大数据分析社交媒体和新闻等网络数据，来获取市场的社会情绪，从而预测市场的动向。例如，通过分析股票相关的推文，可以预测股票的价格变动。

总的来说，大数据分析在投资决策中的应用是多方面的，它可以帮助投资者获取更全面和深入的市场信息，提高投资决策的准确性和有效性。

（五）客户信用评估方面

客户信用评估是金融机构（如银行、信用卡公司和贷款公司等）在决定是否向某个客户发放贷款或信用额度，以及决定贷款利率等条件时，对客户信用状况进行的一种评估。

在大数据时代，利用大数据进行客户信用评估的关键环节包括：

1. 收集数据

收集客户的各种信息，包括个人信息、财务状况、职业情况、历史信用等。在大数据时代，这个阶段还可能包括收集客户的社交媒体数据、购物数据、搜索引擎数据等非传统信用评估数据。

2. 数据处理和清洗

将收集到的数据进行处理和清洗，以便进行后续的分析。这可能包括去除异常值、填补缺失值、数据标准化等步骤。

3. 特征工程

选择和创建对信用评估有用的特征。这可能包括一些基本的特征（如收入、债务水平等），也可能包括一些通过数据挖掘和机器学习得到的高级特征。

4. 建立模型

根据选择的特征，建立信用评估模型。这可以是一个传统的统计模型（如逻辑回归），也可以是一个机器学习模型（如随机森林、支持向量机等）。模型的目标通常是预测客户是否会违约或者计算客户的信用评分。

5. 评估和优化模型

使用历史数据来评估模型的性能，如准确率、召回率等，并根据评估结果对模型进行优化。

6. 使用模型进行信用评估

在模型建立完成后，可以使用模型对新的客户进行信用评估。

7. 持续监控和更新模型

随着时间的推移，客户的信用状况可能会发生变化，市场环境也可能发生变化，所以需要持续监控模型的性能，并根据需要更新模型。

这个过程需要涉及许多大数据技术，包括数据采集、数据处理、数据挖掘、机器学习等。大数据不仅可以帮助金融机构提高信用评估的准确性，还可以帮助他们发现传统信用评估方法可能忽视的风险和机会。

任务二　大数据挖掘

引导案例

尿不湿与啤酒

◎**案例描述**

沃尔玛公司拥有世界上最大的数据仓库系统。为了能够准确了解顾客在其门店的购买习惯，沃尔玛对其顾客的购物行为进行了购物篮关联规则分析，从而知道顾客经常一起购买的商品有哪些。在沃尔玛庞大的数据仓库里集合了其所有门店的详细原始交易数据，在这些原始交易数据的基础上，沃尔玛利用数据挖掘工具对这些数据进行分析和挖掘。一个令人惊奇和意外的结果出现了："跟尿不湿一起购买最多的商品竟是啤酒!"这是数据挖掘技术对历史数据进行分析的结果，反映的是数据的内在规律。那么这个结果符合现实情况吗？是否是一个有用的信息？是否有利用价值？

为了验证这一结果，沃尔玛派出市场调查人员和分析师对这一结果进行调查分析。经过大量实际调查和分析，他们揭示了隐藏在"尿不湿与啤酒"背后的美国消费者的一种行为模式：在美国，到超市去买婴儿尿不湿是一些年轻的父亲下班后的日常生活习惯，而他们中有30%～40%的人同时也会为自己买一些啤酒。产生这一现象的原因是：美国的太太们常叮嘱她们的丈夫不要忘了下班后为小孩买尿不湿，而丈夫们在买尿不湿后又随手带回了他们喜欢的啤酒。另一种情况是丈夫们在买啤酒时突然记起他们的责任，又去买了尿不湿。因为尿不湿与啤酒一起被购买的机会很多，沃尔玛就在所有的门店里将尿不湿与啤酒并排摆放在一起，结果是尿不湿与啤酒的销售量双双增长。

◎**案例解析**

"尿不湿与啤酒"的故事是数据挖掘中最经典的案例。按照常规思维，尿不湿与啤酒之间没有关联，若不是借助数据挖掘技术对大量交易数据进行挖掘分析，超市是不可能发现数据内这一有价值的规律的。这个经典案例展示了大数据挖掘和大数据分析的潜力。在有海量数据的今天，通过大数据挖掘技术，深入探索和发现更多、更深的客观规律，可以得到过去无法企及的巨大商机和利益。

知识学习

随着互联网、物联网、云计算等技术的快速发展，以及智能终端、网络社会、数字地球等信息体的普及和建设，全球数据量出现爆炸式增长，毋庸置疑，大数据时代已经到来。云计算为这些海量的、多样化的数据提供存储和运算平台，同时数据挖掘和人工智能从大数据中发现知识、规律和趋势，为决策提供信息参考。

运用合理的方法和工具，在企业日积月累的浩瀚数据中，是能够淘到沙金的，甚至可能发现许多大的钻石。在一些信息化较成熟的行业，就有这样的例子。比如，银行的信息化建设就相当完善，银行每天生成的数据数以万计，如储户的存取款数据、ATM 交易数据等。

一、大数据挖掘概述

数据挖掘（Data Mining）是借助 IT 手段对经营决策产生决定性影响的一种管理手段。从定义上来看，数据挖掘是指一个完整的过程，该过程是从大量、不完全、模糊和随机的数据集中识别有效的、可使用的信息，并运用这些信息做出决策。

数据挖掘的数据源包括数据库、数据仓库、Web 或其他数据存储库。数据挖掘通常与计算机科学有关，并通过统计、在线分析处理、情报检索、机器学习、专家系统（依靠过去的经验法则）和模式识别等诸多方法来实现上述目标。

（一）数据挖掘的起源

5－5 数据挖掘的起源

数据挖掘从诞生起就是一个直接面向实际应用的学科领域。

大数据时代，数据增长无疑是一个日益凸显的挑战，数据的来源繁多，归纳起来主要有三个重要来源。

一是用户生成的数据。随着社交媒体、在线购物和移动应用的普及，用户每天都在产生海量的数据。他们的浏览记录、购买行为、评论反馈等，都成了企业了解市场需求、优化产品服务的重要参考。

二是机器生成的数据。在物联网、智能制造等领域，机器设备在运行过程中会产生大量的数据。这些数据不仅记录了设备的运行状态、性能参数，还能揭示生产流程中的潜在问题，为企业提供优化和改进的依据。

三是企业内部的数据。这包括企业的运营数据、财务数据、人力资源数据等。这些数据是企业日常运营和管理的核心，通过分析和挖掘这些数据，企业可以深入了解自身的运营状况，发现潜在的风险和机会，为战略决策提供有力支持。

面对数据量的飞速增长，传统的处理手段和方法显得力不从心，数据的迅速增加与数据分析方法滞后之间的矛盾越来越突出，人们希望在对已有的数据分析的基础上进行科学研究、商业决策或者企业管理。

在 20 世纪 60 年代，人们开始利用计算机和早期数据库对数据进行管理；20 世纪 70 年代，随着关系数据库的出现和发展，人们管理数据的能力越来越强，收集、存储的数据也越来越多。

从数据分析的角度来看，绝大多数数据挖掘技术都来自机器学习领域。

数据挖掘与机器学习自 2000 年以来经历了飞速发展，目前已经成为子领域众多、内涵丰富的学科领域。更多、更好地解决实际问题成为机器学习和数据挖掘发展的驱动力。

（二）数据挖掘的定义

数据挖掘是在大量的数据中自动发现有用信息的过程，这一过程通过对数据的分析揭示数据之间有意义的联系、趋势和模式。

数据挖掘是通过在大量数据的基础上对各种学习算法的训练，得到数据对象间的关系模式，这些模式反映了数据的内在特性，是对数据包含信息的更高层次的抽象。因此数据挖掘包含了以下几个方面的特点：

（1）数据挖掘涉及数据融合、数据分析、人工智能和决策支持等多项内容和多种技术。

（2）在数据挖掘过程中，数据源的质量尤为重要。然而数据源的原始数据有其自身的特点：数据源必须是真实的、大量的、含有噪声的、用户感兴趣的数据。

（3）数据挖掘的最终目标是获取知识，而这些知识往往具有局限性和针对性。数据挖掘发现的知识首先要具备可接受、可理解、可运用的特征，但同时并不要求发现的知识具有普适性，仅需要其在某个领域或者针对某个具体问题时有效即可。

（4）知识来源于数据，但知识本身的表现形式是多种多样的。从数据中获取的知识可以表现为概念、规则、模式、规律和约束等。

（5）原始数据的形式是多种多样的，试图通过单一方式完成对所有数据的处理是不现实的。

（6）挖掘知识的方法可以是数学的方法，也可以是非数学的方法；可以是演绎的方法，也可以是归纳的方法。

（7）挖掘的知识应该具有应用的价值，可以用于信息管理、查询优化、决策支持和过程控制等，还可以用于数据自身的维护。

（8）数据挖掘是一门交叉学科，将人们对数据的应用从低层次的简单查询，提升到从数据中挖掘知识，提供决策支持，如图 5－3 所示。在需求的推动下，不同领域的研究者把数据库技术、人工智能技术、数理统计、可视化技术、并行计算等方面的知识融合后，形成新的研究热点。

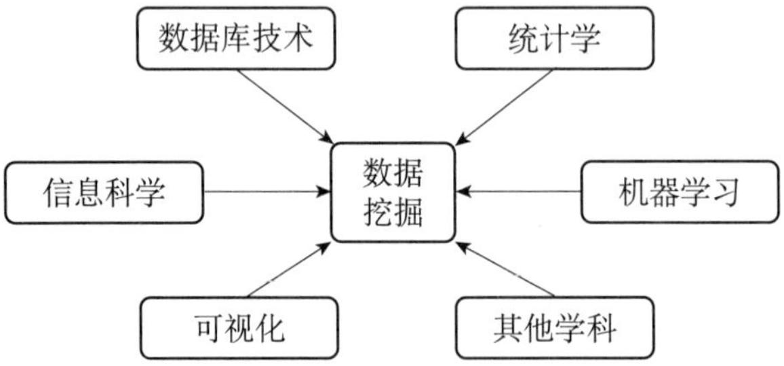

图 5－3　数据挖掘是一门交叉学科

（三）数据挖掘的分类

数据挖掘技能从起初的单一门类的知识逐步发展成为一门综合性的多学科知识，并由此产生了很多的数据挖掘方法，这些方法种类多样，类型也有很大的差别。为了满足用户的实际需要，现对数据挖掘进行如下分类：

1. 按挖掘的数据库类型和模型分类

利用数据库对数据分类成为可能是因为数据库在存储数据时就能够对数据按照其类

型、模型以及应用场景来进行分类，根据这种分类得到的数据在选取数据挖掘技能时也会有满足自身的方法。对数据的分类有两种情况，一种是根据其模型来分类，另一种是根据其类型来分类，前者包括关系型、对象-关系型、工作型和数据仓库型等，后者包括时间型、空间型和 Web 型的数据挖掘方法。

2. 按挖掘的知识类型分类

这种分类方法是根据数据挖掘的功能来实施的，其中包括多种分析方法，如相关性、预测及离群点分析方法，充分的数据挖掘不仅是一种单一的功能模式，也是各种不同功能的聚集。同时，在上述分类的情况下，还能够按照数据本身的特性和属性来对其进行分类，如数据的抽象性和数据的粒度等。利用数据的抽象层次来分类时能够将数据分为三个层次，即广义知识的高抽象层、原始知识的原始层，以及多层知识的多个抽象层。一个完善的数据挖掘能够实现对多个抽象层数据的挖掘，找到其有价值的知识。同时，在对数据挖掘进行分类时还能够根据其表现出来的模式及准则性和是否检测出噪声来分类。一般来说，数据的准则性能够通过多种不同的方法挖掘，如相关性和关联分析以及对其观念进行描述和聚类分类、预测等方法，同时还能够通过这些挖掘方法来检测和排除噪声。

3. 按所用的技能类型分类

数据挖掘时选取的技能手段千变万化，如能够选取面向数据库和数据仓库的技能以及神经网络及其可视化等技能手段。同时，用户在对数据进行分析时也会使用很多不同的分析方法，根据这些分析方法的不同能够分为遗传算法、人工神经网络等。一般情况下，一个庞大的数据挖掘系统是集多种挖掘技能和方法于一身的综合性系统。

4. 按应用领域分类

根据数据挖掘的应用领域进行分类，可以分为财经行业、交通运输业、网络通信业、生物医学领域（如 DNA）等，在这些行业或领域中都有满足自身要求的数据挖掘方法。对于特定的应用场景，需要与之相应的特殊的挖掘方法，并保证其有效性。综上所述，基本上不存在某种数据挖掘方法能够在所有的行业中都适用，每个数据挖掘方法都有自身的专业性。

（四）数据挖掘的过程

从数据本身来考虑，数据挖掘是通过分析每个数据，从大量数据中寻找其规律的技术，需要经过数据准备、规律寻找和规律表示的基本阶段。

数据准备是从相关的数据源中选取所需的数据并整合成用于数据挖掘的数据集；规律寻找是用某种方法将数据集所包含的规律找出来；规律表示则是尽可能以用户可理解的方式（如可视化）将找出的规律表示出来。这些阶段在具体操作上通常表现为以下步骤：

（1）信息收集：根据确定的数据分析对象抽象出在数据分析中所需要的特征信息，然后选择合适的信息收集方法，将收集到的信息存入数据库。

（2）数据集成：把不同来源、格式、特点、性质的数据在逻辑上或物理上有机集中，从而为企业提供全面的数据共享。

（3）数据规约：执行多数的数据挖掘算法即使在少量数据上也需要很长的时间，而做商业运营数据挖掘时数据量往往非常大。数据规约则在尽可能保持数据原貌的前提下，最大限度地精简数据量。

(4) 数据清理：在数据库中的数据有一些是不完整的（有些感兴趣的属性缺少属性值）、含噪声的（包含错误的属性值）、是不一致的（同样的信息有不同的表示方式），因此需要进行数据清理，将完整、正确、一致的数据信息存入数据仓库。

(5) 数据变换：通过平滑聚集、数据概化、规范化等方式将数据转换成适用于数据挖掘的形式。对于有些实数型数据，通过概念分层和数据的离散化来转换数据也是重要的一步。

(6) 数据挖掘过程：根据数据仓库中的数据信息，选择合适的分析工具，应用统计方法、事例推理、决策树、规则推理、模糊集、神经网络、遗传算法的方法处理信息，得出有用的分析信息。

(7) 模式评估：从商业角度，由行业专家来验证数据挖掘结果的正确性。

(8) 知识表示：将数据挖掘所得到的分析信息以可视化的方式呈现给用户，或作为新的知识存放在知识库中，供其他应用程序使用。

数据挖掘的过程如图 5-4 所示。

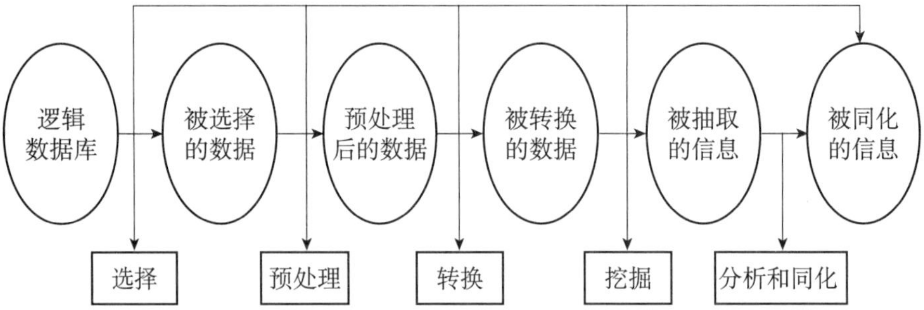

图 5-4　数据挖掘的过程

(五) 数据挖掘的应用领域

数据挖掘技术在高校、金融、保险、零售、电信、股市、交通等领域已得到广泛的应用。

1. 数据挖掘技术在高校中的应用

随着招生规模的扩大，高校的学生人数达到上万人，甚至几万人，学习成绩数据达到几十万个，还有大量的其他数据。传统的学习成绩分析方法已不能完全满足需要，对此引入数据挖掘技术可以找到影响学生成绩的真实原因，制定相应的措施，提高教育教学质量。

2. 数据挖掘技术在金融行业中的应用

数据挖掘技术在证券行业中得到了广泛应用，数据挖掘技术作为分析与辅助决策工具已经得到国内券商的重视。数据挖掘技术也应用于银行业，它可以从大量的历史记录中发现或挖掘出更深层次、更详尽的关联。

3. 数据挖掘技术在保险行业中的应用

对受险人员的分类有助于确定适当的保险金额度。通过数据挖掘可以得到对不同行业的人、不同年龄段的人、处于不同社会层次的人的保险金该如何确定的信息。还可以进行险种关联分析，分析购买了某种保险的人是否同时购买另一种保险，预测什么样的顾客会购买新险种。

4. 数据挖掘技术在零售行业中的应用

从超市销售管理系统、客户资料管理及其他运营数据中，可以收集到关于商品销售、客户信息、库存及超市店面信息等资料。数据从各种应用系统中采集，按不同条件分类，存放到数据仓库，允许管理人员、分析人员、采购人员、市场人员和客户访问，利用数据挖掘工具对这些数据进行分析，为管理者提供高效的科学决策支持。除此之外，数据挖掘技术还可用于分析用户的可信度和购物偏好等。

二、大数据挖掘的主要方法

5－6 数据挖掘算法

大数据挖掘方法主要包括关联规则、分类、聚类、异常检测、序列挖掘、预测等。关联规则用于发现数据项之间的关系，分类和聚类都是用于理解数据的内在结构和模式，异常检测用于发现数据中的异常或离群值，序列挖掘用于寻找数据序列中的规律性，预测用于预测数值结果。

（一）关联规则学习

关联规则学习是数据挖掘中的一个重要方法，主要用于发现大型数据集中变量之间的关系。它主要被用来挖掘交易数据中物品之间的关联，最著名的例子就是市场篮子分析。在这种情况下，关联规则可以帮助找出一组商品，这些商品常常在同一笔交易中被购买。

1. 关联规则的定义

一个关联规则可以写成“$X=>Y$”的形式，其中 X 和 Y 是不相交的数据项集，读作“如果 X，那么 Y”。例如，“如果买了面包和黄油，那么可能会买牛奶”。

2. 关联规则学习的度量

（1）支持度：数据集中含有特定规则（X 和 Y 同时出现）的比例。例如，如果面包、黄油和牛奶同时出现在1%的交易中，那么这个规则的支持度就是1%。

（2）置信度：在包含 X 的交易中，也包含 Y 的比例。例如，如果有80%购买了面包和黄油的客户也购买了牛奶，那么这个规则的置信度就是80%。

（3）提升度：规则的置信度与项 Y 在所有交易中出现的概率之比。提升度反映了项 X 和 Y 的关联程度。

3. 关联规则学习的过程

关联规则学习的过程主要包括两个步骤：生成频繁项集和生成规则。

（1）生成频繁项集。

频繁项集是指在所有交易中出现频率超过设定阈值（最小支持度）的项集。生成频繁项集的目的是在下一步生成规则时缩小搜索空间。这是关联规则学习过程中最费时的部分，因为可能的项集数量是指数级的。

为了解决这个问题，人们提出了一种名为 Apriori 的算法。Apriori 算法基于这样一个事实：一个项集如果是频繁的，那么它的所有子集也是频繁的；反之，如果一个项集是非频繁的，那么它的所有超集也是非频繁的。因此，Apriori 算法可以通过一种迭代方式生成频繁项集：从单个项开始，生成所有频繁的 k 项集，然后利用这些频繁的 k 项集生成所有可能的 $k+1$ 项集，然后重复这个过程，直至不能再生成新的频繁项集。

（2）生成规则。

一旦找到所有的频繁项集，就可以从中生成关联规则了。这一步的目标是找出那些置信度高于设定阈值（最小置信度）的规则。这一步通常比较快，因为已经缩小了搜索空间。

生成规则的过程也可以看作是一个搜索问题：对于每个频繁项集，需要找出所有可能的规则。例如，如果一个频繁项集是｛面包，黄油，牛奶｝，那么可能的规则包括｛面包，黄油｝=>｛牛奶｝、｛牛奶，面包｝=>｛黄油｝、｛牛奶｝=>｛面包，黄油｝等。每个规则的置信度可以通过频繁项集的支持度除以规则左侧项集的支持度来计算。如果规则的置信度大于或等于最小置信度，那么这个规则就是一个强规则。

这个过程也可以利用 Apriori 算法来加速。对于一个频繁项集，如果一个规则不满足最小置信度，那么这个规则的所有超规则也不会满足最小置信度。因此，可以通过一种自上向下的方式，从最大的规则开始搜索，然后逐渐减小规则的层级。

通过这两个步骤，关联规则学习可以从大型数据集中找出有趣的规则，这些规则可以帮助我们理解数据中的模式和关系。

4. 关联规则学习的应用

关联规则学习广泛应用于许多领域，包括零售行业的市场篮子分析、Web 使用挖掘、生物信息学（如基因序列分析）等。

注意，虽然关联规则可以找到数据中的有趣模式，但并不意味着这些模式代表了因果关系。例如，“买面包和黄油，那么可能会买牛奶”并不意味着“买面包和黄油导致了买牛奶”。

拓展知识

零售行业的市场篮子分析

市场篮子分析，也称购物篮分析，是一种广泛应用于零售行业的数据挖掘技术。其目标是发现在顾客的购物篮中，哪些产品经常一起被购买。这种方法可以用来生成关联规则，如“如果购买了产品 A，那么可能会购买产品 B”。

下面是市场篮子分析的主要步骤：

1. 数据收集

零售商需要收集并整理交易数据，这通常在 POS（销售点）系统中自动完成。这些数据通常包括交易 ID、商品 ID、商品类别、购买数量、购买时间等信息。

2. 生成频繁项集

使用一种称为 Apriori 或 FP－Growth 的算法，找出频繁出现在交易中的商品集合。例如，如果面包和黄油经常一起被购买，那么｛面包，黄油｝就是一个频繁项集。

3. 生成关联规则

从频繁项集中生成关联规则，如｛面包，黄油｝＝＞｛牛奶｝。每个规则有两个重要的度量值：支持度和置信度。支持度是规则在所有交易中出现的频率，置信度是规则左边的商品被购买时，规则右边的商品也被购买的概率。

4. 规则评估和解释

评估生成的规则，找出最有价值的规则。这可能需要业务知识和对数据的深入理解。例如，如果发现“购买面包和黄油的顾客也经常购买牛奶”，零售商可能会考虑将这些商品放在一起，以增加销量。

5. 采取行动

根据规则采取行动。这可能包括改变商品的摆放位置、调整价格和促销策略、优化库存管理等。

市场篮子分析是一种强大的工具，可以帮助零售商更好地理解顾客的购买行为，提高销量和顾客满意度。然而，它也有一些挑战，包括处理大量的交易数据、保护顾客隐私、解释和应用规则等。

（二）分类

分类是一种主要的数据挖掘技术，用于预测对象的类别或类别标签。该过程涉及学习一个分类模型（或分类器）和已标记的训练数据（即每个实例都有一个类别标签），然后用这个模型对未标记的数据进行分类。例如，信用卡交易可以被分类为正常或者欺诈性交易。这种分类的过程是基于过去的数据来进行预测的。以下是一些主要的分类技术：

1. 决策树分类

最常见的分类方法之一——决策树分类是一种常见的机器学习方法，用于分类和回归问题。在分类问题中，决策树用于预测目标变量的类别。

决策树由节点和有向边组成。在树中，每个内部节点表示一个特征或属性，每个边表示一个决策规则，每个叶节点表示一个类别。

（1）属性选择度量。

决策树算法使用一种度量来选择划分属性。常见的度量包括信息增益、增益率和基尼指数。

（2）树生成。

决策树的生成通常使用贪心策略，从根节点开始，递归地创建新的分支。例如，ID3 和 C4.5 算法使用信息增益和增益率作为分裂准则。

（3）剪枝。

为了防止过拟合，决策树需要进行剪枝，即移除树的一部分以改善其对未知数据的预测能力。剪枝可以在树生成的过程中（预剪枝）或者生成后（后剪枝）进行。

（4）连续和分类属性。

决策树可以处理连续属性（如温度、身高等）和分类属性（如颜色、品牌等）。连续属性通常需要先进行离散化处理。

（5）多路划分。

虽然二叉决策树（每个节点有两个子节点）最常见，但也可以创建多路划分的决策树（每个节点有多个子节点）。

（6）处理缺失值。

决策树可以处理缺失值。常用的策略包括忽略含有缺失值的实例、使用最常见的值填充、使用分布预测值等。

值得注意的是，决策树的一个主要优点是其模型易于理解和解释。然而，它也有缺点，比如容易过拟合、对噪声和异常值敏感、局部最优解等。为了解决这些问题，可以使用随机森林、梯度提升树等集成学习方法。

2. 朴素贝叶斯分类

朴素贝叶斯分类器基于贝叶斯定理和特征之间的独立性假设。这个假设就是每个输入变量在给定类别的情况下都是独立的，这被称为类条件独立性。尽管这个“朴素”假设在实际情况中往往不成立，但朴素贝叶斯分类器在解决许多复杂的实际问题时颇有成效。

（1）贝叶斯定理。

贝叶斯定理提供了一种在给定观察值的情况下计算某事件发生概率的方法。在分类上下文中，贝叶斯定理用于在给定输入特征的情况下计算观察到特定类别的概率。

（2）朴素假设。

朴素贝叶斯分类器假设每个特征在给定类别的情况下都是独立的。

（3）模型训练。

训练朴素贝叶斯分类器的过程主要涉及学习训练数据的类别先验概率和类条件概率。

（4）预测。

给定一个新的未标记实例，朴素贝叶斯分类器会计算它属于每个类别的后验概率，然后分配给它概率最大的类别。

（5）朴素贝叶斯分类器的类型。

根据特征分布的不同，有多种类型的朴素贝叶斯分类器，如高斯朴素贝叶斯（特征假设符合正态分布）、多项式朴素贝叶斯（特征假设符合多项式分布，通常用于文本分类）和伯努利朴素贝叶斯（特征是布尔变量）。

朴素贝叶斯分类器的主要优点是简单、效率高，它们在处理大型、高维度数据集时表现优秀。它们的性能通常不如更复杂的方法，如神经网络或支持向量机。然而，当数据稀疏、维度高且类条件独立假设大致成立时，朴素贝叶斯分类器可以表现得相当好。

3. K-近邻分类

K-近邻（K-Nearest Neighbors，KNN）是一种基于实例的学习算法，它基于一个简单的思想：相似的数据具有相似的属性。在分类任务中，KNN 算法将根据训练集中与新样本最相似的 K 个样本的主要分类来预测新样本的分类。分类是计算在特征空间中最接近新实例的训练实例的过程。

（1）相似度或距离度量。

KNN 算法需要一个度量来确定哪些样本是“最近邻”。常用的距离度量有欧氏距离、曼哈顿距离和闵可夫斯基距离等。选择合适的距离度量取决于数据的类型和分布。

（2）选择 K 值。

K 值的选择对 KNN 算法的性能有很大影响。小的 K 值使模型更复杂，容易过拟合；大的 K 值使模型更简单，但可能欠拟合。一般来说，K 值的选择需要通过交叉验证等方法来确定。

（3）分类决策规则。

在 K 个最近邻中，通常使用投票机制来决定新样本的类别。一种常用的规则是多数投票，即新样本的类别为最近邻样本的主要类别。

（4）处理连续和分类属性。

KNN 算法可以处理连续属性和分类属性，但需要不同的距离度量。例如，对于连续属性，通常使用欧氏距离；对于分类属性，可以使用汉明距离。

（5）归一化或标准化。

由于 KNN 算法基于距离进行计算，所以如果数据集中的特征具有不同的尺度，可能会导致一些特征对距离计算的影响大于其他特征。为了避免这个问题，通常需要对数据进行归一化或标准化处理。

KNN 算法的主要优点是简单、直观，对于某些问题能提供很好的解决方案，尤其是在数据集中、有很多决定性特征的情况下。然而，KNN 算法的缺点也很明显：首先，对于大数据集，计算量可能会非常大，因为它需要计算新样本与所有训练样本的距离；其次，它没有考虑特征的权重，所有特征都被认为是同样重要的，这在一些应用中可能并不合适。

4. 支持向量机分类

支持向量机（Support Vector Machines，SVM）是一种强大的分类方法，特别适用于高维度或者非线性可分的数据集。SVM 的主要思想是找到一个超平面，使得两个类别之间的边距最大化。

SVM 是一种广泛使用的机器学习方法，特别适合处理高维度的数据。其主要目标是找到一个超平面来分隔不同的类别，使得分隔后的各类别之间的间隔最大。以下是 SVM 分类的主要概念和步骤。

（1）线性 SVM。

在一个线性可分的二类问题中，SVM 试图找到一个划分超平面使得两类样本间的距离（间隔）最大。这个划分超平面被定义为决策边界，它位于最近的正例和负例之间（这些实例被称为支持向量）。SVM 的目标是使这个距离（也称为间隔）最大化。

（2）核技巧和非线性 SVM。

在很多实际问题中，数据可能是线性不可分的。在这种情况下，可以使用所谓的核技巧来将原始特征空间映射到一个更高维的空间，使得数据在新的空间中变得线性可分。这种映射可以通过一个核函数（如多项式核、高斯核等）来实现。

（3）软间隔和正则化。

在实际应用中，可能存在一些噪声或异常值，这使得数据在任何特征空间中都无法完全线性分隔。在这种情况下，可以使用软间隔的概念来允许 SVM 在一些实例上犯错误。这涉及一个正则化参数，用来控制模型的复杂性和错误之间的权衡。

（4）多类别分类。

标准的 SVM 是一个二类分类器。对于多类别问题，一种常见的策略是使用一对多或一对一的方法来构建多个二类 SVM，然后结合这些二类 SVM 的预测来进行多类别分类。

SVM 的优点是在高维空间中的效果优秀、使用核技巧处理非线性问题，以及可以通过调整正则化参数来控制过拟合。然而，SVM 的缺点也是显而易见的：首先，对于大规模数据集，SVM 训练可能非常耗时；其次，选择合适的核函数和参数需要经验和技巧；最后，SVM 生成的模型不易解释。

5. 神经网络分类

神经网络是一种模仿人脑神经元工作的机器学习模型，它可以处理非线性和复杂的数据。神经网络由大量的简单单元（称为“神经元”或“节点”）组成，这些单元通过连接（也称为“权重”）交互。在许多情况下，神经网络能够学习复杂的、非线性的关系。

（1）神经元和激活函数。

每个神经元接收来自其输入节点的信息，并将信息传递给其输出节点。每个神经元都有一个激活函数，它定义了该神经元的输出是如何依赖于其输入的。常见的激活函数包括 Sigmoid 函数、Tanh 函数、ReLU 函数等。

（2）网络结构。

神经网络由多个层组成，每个层由多个神经元组成。输入层接收原始数据，隐藏层执行中间计算，输出层生成最终预测。更深的神经网络可以表示更复杂的函数，但也更难训练。

（3）前向传播和反向传播。

前向传播是指从输入层到输出层计算神经网络的输出过程。反向传播是指计算损失函数关于权重的梯度，并更新权重以减小损失函数的过程。

（4）训练神经网络。

神经网络的训练通常使用梯度下降或其变体（如随机梯度下降、Adam 等）。在每个训练步骤中，都会计算预测输出和真实输出之间的差异（损失），然后更新权重以减小这个差异。

（5）正则化和防止过拟合。

神经网络有很多参数，因此容易过拟合。为了防止过拟合，可以使用各种正则化技术，如早停、权重衰减（L2 正则化）、Dropout、Batch Normalization 等。

神经网络的一个主要优点是它们的表示能力强大，能够处理各种复杂的、非线性的数据。此外，随着计算资源（特别是 GPU）的提高，神经网络能够处理非常大的数据集。然而，神经网络也有一些缺点，例如，训练过程可能需要很长时间，结果可能难以解释，以及模型容易过拟合（尽管有方法可以缓解这个问题）。

6. 随机森林分类

随机森林是一种集成学习方法，它通过创建和组合多个决策树分类器来工作。其目标是通过综合每个决策树的预测结果来提高整体的预测精度。随机森林的主要优点是它可以处理大量的特征，并且对于过拟合具有良好的抗性。

（1）随机子集选择。

在随机森林中，每个决策树都是在一个随机选择的子集上训练的。这个子集是通过有放回抽样（也称作自助抽样）从原始数据集中选取的。这意味着每个决策树的训练集可能会有重复的样本。

（2）随机特征选择。

在构建每个决策树的每个分裂点时，随机森林算法会从特征集中随机选择一个子集，并从中找到最优的分裂特征。这种随机特征选择带来更多的多样性，减小了模型的方差。

（3）决策树的构建。

每个决策树都是独立构建的。通常，决策树是完全生长的，不需要剪枝，这是因为随机森林的主要目标是增加模型的偏差，减小模型的方差。

（4）分类预测。

对新的输入样本，每个决策树都会做出一个预测，然后通过投票机制决定最终的预测类别。在回归问题中，通常会取所有决策树预测结果的平均值作为最终的预测。

随机森林是一种强大且易于使用的算法，它具有多种优点：首先，由于其集成的特性，随机森林通常比单一决策树有更好的预测性能；其次，随机森林对数据的扰动和噪声具有很好的鲁棒性；最后，它也可以用来评估特征的重要性。然而，随机森林也有其缺点，如在处理具有复杂关系的特征时，可能无法达到深度神经网络的性能；并且，由于随机森林包含多个决策树，因此它的预测结果可能不如单一决策树那样直观和易于解释。

注意，选择哪种分类方法取决于具体的任务、数据类型、特征和业务需求。通常需要尝试多种方法，并使用交叉验证等技术来评估和选择最佳的模型。

拓展知识

决策树实例

下面是一个简单的决策树分类实例。假设我们有一组天气数据，想预测某一天是否适合外出运动。

数据集如下：

天气	温度	风速	是否适合外出运动
晴	热	高	否
晴	热	低	是

续表

天气	温度	风速	是否适合外出运动
阴	温	高	是
雨	冷	高	否
雨	冷	低	否
阴	温	低	是
晴	温	高	是
晴	冷	高	否

在这个例子中，天气、温度和风速是特征，是否适合外出运动是我们想预测的目标。

使用 Python 和 Scikit-learn 库来实现上述天气数据集决策树的示例。注意在实际代码中，数据通常需要被编码为数值形式以便机器学习模型处理。在这个例子中，我们将使用简单的标签编码来将分类特征转化为数值形式。

```
from sklearn import preprocessing
from sklearn import tree
#数据集
weather = [ '晴', '晴', '阴', '雨', '雨', '阴', '晴', '晴']
temperature = [ '热', '热', '温', '冷', '冷', '温', '温', '冷']
windspeed = [ '高', '低', '高', '高', '低', '低', '高', '高']
sport = [ '否', '是', '是', '否', '否', '是', '是', '否']
#创建标签编码器
le = preprocessing.LabelEncoder()
#对特征和标签进行编码
weather_encoded = le.fit_transform(weather)
temperature_encoded  = le.fit_transform(temperature)
windspeed_encoded  = le.fit_transform(windspeed)
label = le.fit_transform(sport)
#合并特征
features = list(zip(weather_encoded,temperature_encoded,windspeed_encoded))
#创建决策树模型
model = tree.DecisionTreeClassifier()
#训练模型
model.fit(features,label)
#预测
predicted = model.predict([[0,2,0]])
#输入为:晴天、温和、风速低
print("预测结果:" + ("适合" if predicted[0] = =1 else"不适合") + "外出运动")
```

我们可以生成以下决策树：

```
天气
|---晴
|   |---风速
|   |   |---高：否
|   |   |---低
|   |   |   |---温度
|   |   |   |   |---热：是
|   |   |   |   |---温：是
|   |   |   |   |---冷：否
|---阴：是
|---雨：否
```

这个决策树表示的是：如果天气晴朗，而且风速较低，温度为温或热，则适合外出运动；如果风速较高，那么不适合外出运动。如果天气是阴天，那么适合外出运动；如果是雨天，那么不适合外出运动。

以上就是一个决策树分类的简单实例。在实际情况中，数据通常会更复杂，决策树也会更深、更广。

（三）聚类

5－7 利用聚类分析实现客户细分

聚类是一种将数据对象组织成相似的类别的过程，但这些类别是未预先定义的。换句话说，聚类是根据数据本身的特征进行分类的。目标是将数据点分组，使得同一组内的数据点之间的相似度尽可能高，而不同组内的数据点之间的相似度尽可能低。以下是一些常见的聚类方法：

K－均值聚类（K-means Clustering）：这是最常见的聚类方法之一。它将数据点分为 K 个簇，每个簇都有一个中心，数据点被分配给最近的簇中心。然后，根据分配给每个簇的数据点，重新计算簇中心。这个过程反复进行，直至簇中心不再显著变化。

层次聚类（Hierarchical Clustering）：这种方法创建一个数据点的层次分组。它可以从每个数据点自己的一个簇开始，然后合并最接近的一对簇，反复进行这个过程，直至所有的数据点都在一个簇中；也可以从一个包含所有数据点的簇开始，然后反复将簇分成更小的簇，直至每个簇只包含一个数据点。

基于密度的噪声应用空间聚类（Density-Based Spatial Clustering of Applications with Noise，DBSCAN）：这是一种基于密度的聚类方法。它将密度高（即相邻数据点的数量多）的区域划分为簇，并可以找到形状各异的簇。DBSCAN 还可以识别和处理噪声点。

谱聚类（Spectral Clustering）：谱聚类利用数据的谱（即矩阵的特征向量）特性来进行聚类。它可以识别并适应复杂的簇结构。

无论使用哪种聚类方法，都需要找到一种合适的方式来度量数据点之间的相似度或距离。这可能取决于数据的具体特性和问题的需求。对于高维数据，还可能需要使用降维方法，如主成分分析（PCA），以便更有效地进行聚类。

例如，通过对客户的购买行为和个人喜好的分析，市场营销人员可以将客户划分为几个不同的群体，以便进行更具针对性的营销。

市场营销中的客户聚类是一种重要的策略，它允许营销团队更深入地了解他们的客户群体，以便能提供更具针对性的营销活动和产品推广。这通常通过分析客户的购买行为、喜好、生活方式等因素来实现。

1. 数据收集

首先，需要收集关于客户的相关数据。这可能包括他们购买的产品、购买的时间、购买的频率、对不同营销活动的反应等；也可能包括一些其他信息，如他们的年龄、性别、收入、职业、婚姻状况、兴趣爱好等。

2. 数据预处理

数据预处理是非常重要的步骤，包括数据清洗（处理缺失值和异常值）、数据转换（如将分类变量转换为数值变量），以及数据标准化（使所有的特征都在相同的尺度上）等。

3. 特征选择

特征选择是选择最有可能影响客户行为的变量。有许多技术可用于特征选择，如相关性分析、主成分分析（PCA），或者使用特征重要性排名的机器学习算法等。

4. 聚类

接下来就可以使用聚类算法将客户划分为不同的群体了。有许多可用的聚类算法，如K-均值聚类、层次聚类、DBSCAN等。在选择聚类算法时，需要考虑到数据的特性以及问题的需求。

5. 解释和应用聚类结果

聚类完成后，需要解释每个群体的特性，并将这些理解应用到营销策略中。例如，如果发现一个群体的客户都是年轻人，他们经常在晚上购买娱乐产品，那么就可以在晚上向他们推送关于娱乐产品的广告。通过这种方式，市场营销人员可以更好地理解他们的客户，并为他们提供更具针对性的产品和服务。

（四）异常检测

异常检测是一种识别不符合预期模式的数据对象的过程，这些对象被称为异常。在许多领域，如信用卡欺诈检测、网络入侵检测等，异常检测都是非常重要的。

（五）序列挖掘

序列挖掘是一种寻找数据中时间或顺序模式的方法。例如，在销售数据中，序列挖掘可以帮助发现一系列事件，如果一个客户先买了商品A，然后又买了商品B，那么他很可能会接着购买商品C。

序列挖掘是一种数据挖掘技术，它的目的是在数据序列中寻找规律性的模式。数据序列包括时间序列数据、文本数据、DNA序列等。在这些数据中，元素之间的顺序是重要的。

1. 序列挖掘的常见任务

序列匹配：查找是否存在匹配给定序列模式的子序列。例如，通过匹配疾病的症状序列来辅助医疗诊断。

序列预测：根据已有的序列数据预测未来的数据。例如，基于过去的股票价格数据预测未来的股票价格。

序列聚类：将相似的序列划分到同一个类别中。例如，基于用户的浏览行为序列进行用户分群。

序列分类：根据已有的类别标签建立一个分类模型，用于预测新的序列的类别。例如，基于用户的购物行为序列预测用户的性别或年龄。

2. 序列挖掘的方法

基于距离的方法：这些方法通常需要定义一个序列之间的距离或相似度度量，如欧氏距离、动态时间规整（DTW）等。

基于模型的方法：这些方法假设数据是由某种模型生成的，然后尝试学习这个模型的参数。例如，隐马尔可夫模型（HMM）和自回归移动平均模型（ARMA）等。

基于模式的方法：这些方法寻找在数据中频繁出现的序列模式，如频繁项集挖掘和序列规则挖掘等。

3. 序列挖掘的应用

序列挖掘在许多领域都有广泛的应用，如金融、医疗、生物信息学、网络安全、推荐系统等。

下面以序列挖掘在金融领域的应用为例进行介绍。

（1）预测金融市场：金融市场的数据（如股票价格、汇率、利率等）通常是时间序列数据。通过分析这些数据的历史趋势和模式，可以建立模型预测未来的市场行为。例如，可以使用自回归集成移动平均（ARIMA）模型、神经网络或者长短期记忆（LSTM）模型进行预测。

（2）信用卡欺诈检测：信用卡公司可以记录每个用户的交易序列，如果某个用户的新交易与历史交易模式显著不同，那么这可能是欺诈行为。例如，如果一个用户过去总是在本地消费，但突然在国外有一笔大额交易，那么这可能是欺诈。

（3）用户行为分析：银行和其他金融机构可以通过分析用户的交易序列来理解用户的行为和需求，然后提供个性化的服务。例如，如果发现一个用户每月在某个日期前后总是有一笔大额入账，那么可能推断出这是他的工资日。

（4）风险管理：通过分析贷款申请者的信用历史序列，金融机构可以预测申请者未来违约的风险，然后决定是否批准贷款以及设置合适的利率。

（5）投资策略优化：基金经理可以通过分析历史投资决策和收益的序列，来评估和优化他们的投资策略。例如，如果发现每次买入某个特定股票后都会有好的收益，那么可能会增加对这个股票的投资。

5－8 机器学习助力投资分析

（六）预测

预测是数据科学和统计学中的一个重要领域，它是通过使用其他数据变量来预测未知或未来的趋势和行为模式的过程。这是数据挖掘最重要的部分之一，它使用一些变量来预测未知的可能性和趋势。

1. 常见的预测方法

预测方法根据应用领域和特定情况的不同而不同，下面是一些常见的预测方法：

回归分析：回归分析是一种预测数值变量的方法，它试图找出一个或多个自变量和因变量之间的关系。例如，我们可能会使用线性回归来预测房价（因变量）与房屋面积和地理位置（自变量）之间的关系。

时间序列分析：时间序列分析是预测一系列按时间顺序收集的数据点的方法。例如，我们可能会使用 ARIMA 模型或者 LSTM 模型来预测股票价格的未来走势。

机器学习：机器学习方法可以用来预测分类变量或数值变量。例如，我们可能会使用随机森林或支持向量机来预测一个电子邮件是否为垃圾邮件，或者使用神经网络来预测房价。

2. 时间序列

时间序列是按照时间顺序收集的数据点，通常用于分析趋势、周期、季节性和其他模式。股票价格、季度销售额、每日气温、月度失业率等都是时间序列的例子。

（1）时间序列分析的主要目标。

理解数据：这包括了解数据的基本特性，如趋势（数据是否随时间上升或下降）、季节性（数据是否有明显的周期性模式）和噪声（数据中的随机变化）。

预测：根据已有数据预测未来的数据点。这是时间序列分析最常见的应用，它被用于股市预测、天气预测、销售预测等许多场景。

（2）时间序列分析的常见方法。

自回归（AR）模型：这种模型假设未来的值取决于过去的值和一个随机误差项。参数是通过最小化预测误差来估计的。

移动平均（MA）模型：这种模型假设未来的值取决于过去的误差项。这也是一个线性模型，其参数可以通过最小化预测误差来估计。

自回归移动平均（ARMA）模型：这是 AR 模型和 MA 模型的结合，它同时考虑了过去的值和过去的误差项。

自回归集成移动平均（ARIMA）模型：这是 ARMA 模型的扩展，它还考虑了数据的非平稳性，即数据的均值和方差随时间变化。

季节自回归集成移动平均（SARIMA）模型：这是 ARIMA 模型的扩展，它还考虑了数据的季节性。

除了这些传统的统计模型，近年来的深度学习方法，如循环神经网络（RNN）和长短期记忆网络（LSTM）也被广泛应用于时间序列分析。

3. 机器学习

机器学习是人工智能的一个子领域，主要关注的是设计和实施算法，使得计算机系统可以从数据中自动学习和改进。在很多情况下，机器学习方法能够在处理大量数据和复杂问题时提供良好的解决方案。

机器学习的主要类型包括：

监督学习：这是机器学习中最常见的类型。在监督学习中，模型从标注的训练数据中学习。标注数据是指每个样本都有一个明确的输出或标签。例如，垃圾邮件检测是一个典型的监督学习问题，我们可以根据过去的邮件（输入）和它们是否为垃圾邮件的标签（输出）来训练模型。

无监督学习：在无监督学习中，训练数据不包含任何标签，模型需要自我发现数据中的结构和模式。例如，聚类是一种无监督学习任务，模型需要将数据分组，同一组的数据在某种意义上是相似的。

强化学习：强化学习是机器学习中的一个子领域，主要研究如何让智能体通过与环境的交互学习到最佳行为策略，以获得最大的累积奖励。例如，训练一个自动驾驶系统可以使用强化学习。

在每个类型中，都有许多具体的算法。例如，在监督学习中，有回归、决策树、随机森林、支持向量机、神经网络等算法；在无监督学习中，有聚类、主成分分析、关联规则学习等算法；在强化学习中，有 Q 学习、SARSA、Deep Q 网络等算法。

机器学习在许多领域都有广泛的应用，包括自然语言处理、计算机视觉、推荐系统、医疗诊断、金融市场分析等。尽管机器学习已经取得了成功，但也面临着一些挑战，如过拟合、训练数据的质量和数量、模型的可解释性等。

4. 预测的挑战

预测误差：预测模型很难完全准确，总是会有一些预测误差。我们的目标是尽可能减小这些误差。

过拟合：如果模型过于复杂，它可能会过于拟合训练数据，导致在新的、未见过的数据上表现不佳。这称为过拟合。

非平稳数据：如果数据的统计特性（如均值和方差）随时间变化，那么预测就变得更加困难。这种数据被称为非平稳数据。

为了应对这些挑战，预测者需要使用适当的预测方法、选择合适的模型复杂度，并且可能需要对数据进行预处理（如差分、对数转换等），以使其更趋于平稳。

三、大数据分析与挖掘常用工具

在这个信息化的数字时代，每天来自商业、社交媒体、商务智能、医学、交通等各行各业的数据达到 PB 级别，如此巨量的数据充斥在计算机网络以及各种存储设备中，这些数据结构复杂，为了更有效地利用数据，业界开发了众多大数据分析与挖掘工具，下面我们简要说明几种常用的大数据分析与挖掘工具。

（一）Python 与 Scikit-learn 库

Python 是一种广泛使用的高级编程语言，具有简洁易读的语法、强大的标准库和众多的第三方库，特别适合进行数据分析、数据挖掘和机器学习。

Python 是由荷兰人吉多·范罗苏姆发明的。他希望这门新的语言，能实现他的一些想法，如提高代码的可读性，让代码更简洁等。Python 目前已经成为最受欢迎的程序设计语言之一。自 2004 年以来，Python 的使用率呈线性增长。Python 2.0 于 2000 年 10 月 16 日发布，稳定版本是 Python 2.7。Python 3.0 于 2008 年 12 月 3 日发布，不完全兼容 Python 2.0。2011 年 1 月，Python 被 TIOBE 编程语言排行榜评为 2010 年度语言。2020 年，Python 2.0 版本停止维护，Python 3.0 版本成为 Python 的主要版本。

在过去的 30 年间，Python 发展迅速，从网络编程、GUI 编程、科学计算，到数据分析、机器学习，Python 都有着广泛的应用。Python 也积累了大量的第三方库，使其在很多领域都有很好的应用基础。Python 社区也非常活跃，这对 Python 的发展起到了关键的推动作用。

Python 的主要优点包括：

（1）易于学习和使用：Python 的语法简洁明了，是学习编程的理想选择。此外，Python 有众多教程和参考资料，使学习和使用变得更加容易。

（2）强大的科学计算库：如 NumPy 和 SciPy，它们提供了高效的数组操作和许多科学计算的功能。

（3）丰富的数据分析和数据挖掘库：如 Pandas，它提供了数据帧（类似于 R 中的数据帧）和大量的数据操作功能，非常适合数据清洗和预处理。Matplotlib 和 Seaborn 则提供了强大的数据可视化功能。

Scikit-learn 库是 Python 的一个开源机器学习库，提供了大量的机器学习算法，包括分类、回归、聚类、降维、模型选择和预处理等。

Scikit-learn 库的主要优点包括：

（1）广泛的算法覆盖：Scikit-learn 库提供了许多机器学习算法，包括线性和逻辑回归、支持向量机、随机森林、梯度提升、K-近邻、DBSCAN 等。无论是进行监督学习还是无监督学习，都可以找到合适的算法。

（2）高效的性能：Scikit-learn 库利用 NumPy 和 SciPy 进行计算，因此在计算效率上表现良好。

（3）易于使用：Scikit-learn 库的接口统一且易于使用。无论是进行模型训练、预测还是评估，都只需要调用简单的函数。

（4）详细的文档和丰富的教程：Scikit-learn 库有详细的 API 文档和丰富的教程，可以帮助用户快速掌握它的使用方法。

Python 和 Scikit-learn 库是进行数据分析和机器学习的理想工具。无论是数据科学新手还是经验丰富的专家，都可以从中获益。

（二）Apache Spark MLlib

Apache Spark MLlib 是 Apache Spark 项目的一个组成部分，它是一个分布式机器学习库。MLlib 包含多种算法：分类、回归、聚类、协同过滤、模型选择和数据预处理等。它也支持模型评估和 ML 管道等高级特性。MLlib 的主要目标是让机器学习在大规模数据集上变得更加容易和快速。

MLlib 主要特性包括：

易于使用：无论你是使用 Scala、Java 还是 Python，都可以方便地使用 MLlib。MLlib 也和 NumPy 一起工作，这让 Python 用户能够更加方便地使用它。

性能优越：MLlib 已经通过了各种性能基准测试，它的运行速度比大多数机器学习库都要快。

丰富的算法和工具：MLlib 包含了从基本的机器学习算法（如分类、回归）到更复杂的方法（如协同过滤、聚类），以及统计和线性代数等工具。

支持大规模数据：MLlib 旨在简化大规模机器学习，它可以处理数十亿样本和数百万特征的数据集。

高级特性：MLlib 支持模型评估、模型选择及 ML 管道等高级特性。

下面以训练一个线性回归模型为例进行展示。

```
from pyspark.mllib.regression import LabeledPoint,LinearRegressionWithSGD
from pyspark import SparkContext
#初始化 SparkContext
sc = SparkContext()
#加载并解析数据
def parsePoint(line):
    values = [float(x)for x in line.split(' ')]
    return LabeledPoint(values[0],values[1:])
data = sc.textFile("data.txt")
parsedData = data.map(parsePoint)
#构建模型
model = LinearRegressionWithSGD.train(parsedData)
#评估模型
valuesAndPreds = parsedData.map(lambda p:(p.label,model.predict(p.features)))
MSE = valuesAndPreds \.map(lambda vp:(vp[0] - vp[1]) * * 2)\.reduce(lambda x,y:x + y)/value-
sAndPreds.count()
print("Mean Squared Error = " + str(MSE))
```

在这个示例中，我们首先初始化一个 SparkContext，然后加载数据，并将数据解析为 LabeledPoint 对象，这是 MLlib 处理的数据格式。然后，我们用数据训练一个线性回归模型，并评估模型的均方误差（Mean Squared Error）。

（三）Apache Mahout

Apache Mahout 是一个开源项目，其目标是构建一个可扩展的机器学习库。Mahout 主要用于分类、聚类和协同过滤等任务，旨在在具有大量数据的环境中运行，如 Apache Hadoop。

Mahout 的核心算法实现是在 Hadoop 的 MapReduce 模式之上的，但随着 Apache Spark 的快速发展，现在 Mahout 也支持在 Spark 上运行，利用 Spark 的速度和易用性优势。

Mahout 的主要特性包括：

可扩展性：Mahout 的设计目标是处理大规模数据集。因此，它能够很好地处理在 Hadoop 或 Spark 集群上运行的大规模任务。

丰富的算法库：Mahout 提供了一系列的机器学习算法，包括分类、聚类、协同过滤、频繁项集挖掘等。这些算法均在分布式环境中实现，可以处理非常大的数据集。

灵活性：Mahout 旨在提供一个机器学习库，而不是一个封闭的黑箱系统。因此，可以很容易地在 Mahout 的基础上进行修改和拓展，以满足特殊需求。

集成性：Mahout 可以很好地与其他 Apache 项目（如 Hadoop 和 Spark）集成，使用户可以在一个统一的环境中进行数据处理和机器学习。

以下是一个使用 Mahout 进行协同过滤的简单示例：

```
#首先,你需要准备一个用户-物品评分数据,每行包含一个用户 ID、一个物品 ID 和一个评分,例如:
#1,101,5.0
#1,102,3.0
#2,101,2.0
#2,103,4.5
#...
#然后,你可以使用 Mahout 的命令行接口进行协同过滤:
mahout recommenditembased --input input.txt --output recommendations --numRecommendations 10 --similarityClassname SIMILARITY_COSINE
#在这个命令中,我们指定了输入数据文件(input.txt),输出目录(recommendations),每个用户要生成的推荐物品数量(10),以及计算物品相似度的方法(余弦相似度).
```

在这个示例中，Mahout 会读取输入数据，然后对每个用户计算出最相似的 10 个物品，结果会写入输出目录。

（四）RapidMiner

RapidMiner 是一个领先的数据科学平台，提供了一套集成的工具用于数据预处理、机器学习、深度学习、文本挖掘和预测分析等任务。它是一款商业软件，但同时也提供免费版本，特别是对于学术研究和教育目的。

RapidMiner 的主要特性包括：

易用性：RapidMiner 提供了一个可视化的界面，用户可以通过拖放的方式来设计和执行数据挖掘工作流，无须编写代码。同时，RapidMiner 也提供了对 R、Python、SQL 等语言的支持，使得高级用户可以编写自定义的脚本。

丰富的功能：RapidMiner 提供了从数据预处理到建模、验证和优化的一整套工具。其包含的算法涵盖了分类、回归、聚类、关联分析、时间序列分析等多个领域。

扩展性：RapidMiner 支持通过插件来增加新的功能，有许多第三方开发的插件可以用来扩展 RapidMiner 的功能。

集成性：RapidMiner 可以与各种数据源进行集成，包括数据库、数据仓库、云存储，甚至社交媒体等。它还支持和其他数据科学工具进行集成，如 R、Python、Hadoop、Spark 等。

以下是一个使用 RapidMiner 进行决策树分类的简单示例：

```
首先在 RapidMiner 的主界面中,创建一个新的工作流.
从 Operators 面板中,找到"Read CSV"操作符,拖放到工作流中,用来读取 CSV 格式的数据.
再找到"Decision Tree"操作符,拖放到"Read CSV"的右边,这样"Decision Tree"会接收"Read CSV"读取
的数据作为输入.
最后,连接"Decision Tree"的 output 到结果窗口(res),这样决策树的结果就会在结果窗口中显示.
单击"Run"按钮,RapidMiner 就会按照设计的工作流来读取数据,训练决策树,然后显示结果.
```

这就是一个非常基础的 RapidMiner 使用示例。实际上，RapidMiner 的功能要丰富得多，可以完成非常复杂的数据挖掘任务。

项目总结

在本项目中，首先介绍了大数据分析的概念、数据分析类型、分析步骤，然后又从预测和预算、风险管理、财务报表分析、投资决策、客户信用评估等几个方面介绍了大数据分析在财务领域中的广泛应用。第二部分介绍了大数据挖掘的概念、方法以及常用工具。

通过本项目的学习，读者应该对大数据分析有了一定的了解和认识，对于大数据分析和挖掘的意义有了深刻的理解。

5-9 数据分析报告的撰写

素养课堂

大数据杀熟

5-10 大数据杀熟

人们真正开始关注“大数据杀熟”是在 2018 年。大量电商平台、生活服务、网约车、视频、电影订票类互联网平台都纷纷被曝出存在疑似“大数据杀熟”的案例。因为事关无数互联网消费者的利益，一时间在互联网上引发人们的强烈关注和质疑。

“大数据杀熟”并非正式的法律概念，一般是指经营者收集消费者个人信息，运用大数据和算法分析其消费偏好、消费习惯、支付能力等信息，建立用户画像，将同一商品或服务以不同的价格卖给不同的消费者，从而获取更多消费者剩余的经营行为。

通过收集用户信息，运用大数据和算法建立用户画像，进而提供个性化推荐，是网络平台极为常见的经营模式，比如淘宝网几乎可以实现“千人千面”，提供最贴心的购物服务。建立用户画像的算法并不复杂，商家通过大数据分析建立的用户画像可能比用户本人更了解用户自己。

可见，原本是通过大数据分析技术推动社会进步，促进经济发展，提高企业运营效率，为消费者提供更精准、更贴心的服务。结果这些技术却演变成了“杀熟”的销售工具。而这些互联网平台对于这些“忠心耿耿”的老用户，不仅没有给予更多的福利和优

惠，反而利用用户的信任和信息不对称去谋取更多的利益。

一般而言，“大数据杀熟”在两个阶段涉嫌违法，一是在用户个人信息收集阶段，可能涉嫌违法收集用户个人信息。非法收集、分析、滥用用户个人信息事实上是当前互联网平台的通病，不限于“大数据杀熟”问题。二是在“大数据杀熟”实施阶段，涉嫌实施价格欺诈，侵犯消费者的合法权益。

依据《中华人民共和国民法典》:

第一百二十条　民事权益受到侵害的，被侵权人有权请求侵权人承担侵权责任。

第一百八十三条　因保护他人民事权益使自己受到损害的，由侵权人承担民事责任，受益人可以给予适当补偿。没有侵权人、侵权人逃逸或者无力承担民事责任，受害人请求补偿的，受益人应当给予适当补偿。

第一千一百六十七条　侵权行为危及他人人身、财产安全的，被侵权人有权请求侵权人承担停止侵害、排除妨碍、消除危险等侵权责任。

第一千一百六十八条　二人以上共同实施侵权行为，造成他人损害的，应当承担连带责任。

课后自测

一、单项选择题

1. 下面描述错误的是（　　）。

A. 数据分析可以分为广义的数据分析和狭义的数据分析

B. 数据挖掘是指狭义的数据分析

C. 数据挖掘是指从大量的数据中挖掘出未知的、有价值的信息和知识的过程

D. 广义的数据分析包括狭义的数据分析和数据挖掘

2. 聚类分析的常见应用场景不包括（　　）。

A. 不同产品的价值组合　　B. 目标用户的群体分类

C. 发现关联购买行为　　D. 探测发现离群点和异常值

3. 以下不是典型分类方法的是（　　）。

A. K-Means　　B. 人工神经网络

C. 决策树　　D. 朴素贝叶斯

4. 大数据挖掘的目标是（　　）。

A. 提供详细的数据描述　　B. 揭示隐藏的模式和规律

C. 实现数据的存储和管理　　D. 预测未来的数据趋势

5. 在大数据挖掘中，关联规则用于（　　）。

A. 分类任务　　B. 聚类任务

C. 预测任务　　D. 发现项之间的关联关系

6. 大数据挖掘是指（　　）。

A. 从大数据中提取有价值的信息和知识
B. 存储和管理大规模数据的技术
C. 分析数据中的隐含模式和规律
D. 处理和清洗大数据集

7. 在大数据挖掘中，关联规则用于发现（　　）。
A. 数据的异常值　　B. 数据的聚类模式
C. 数据的相关性　　D. 数据的分类结果

8. 在大数据挖掘中，支持度和置信度用于衡量关联规则的（　　）。
A. 可靠性　　B. 复杂度　　C. 准确性　　D. 效率

二、多项选择题

1. 数据分析主要实现的三大作用是（　　）。
A. 原因分析　　B. 预测分析　　C. 现状分析　　D. 误差分析

2. 数据挖掘主要侧重解决的问题有（　　）。
A. 预测　　B. 分类　　C. 关联　　D. 聚类

3. 下面关于数据分析与数据处理的描述，正确的是（　　）。
A. 数据分析过程通常会伴随着数据处理（或者说伴随着大量数据计算）
B. 二者是融合在一起的，很难割裂开来
C. 数据分析和数据处理不存在紧密的关联关系
D. 当用户在进行数据分析时，底层的计算机系统会根据数据分析任务的要求，使用程序进行大量的数据处理

4. 下列属于大数据挖掘中预处理步骤的是（　　）。
A. 数据清洗　　B. 特征选择　　C. 数据集成　　D. 数据分析

5. 常用的大数据挖掘算法包括（　　）。
A. K-means 聚类算法　　B. 决策树算法
C. 支持向量机算法　　D. 深度学习算法

6. 在大数据挖掘中，可以用于聚类分析的算法有（　　）。
A. K-means 算法　　B. 决策树算法
C. 支持向量机算法　　D. 层次聚类算法

7. 大数据挖掘的应用领域包括（　　）。
A. 金融服务　　B. 医疗健康　　C. 社交媒体　　D. 手机游戏

8. 大数据预测分析的方法有（　　）。
A. 时间序列分析　　B. 关联规则挖掘
C. 因子分析　　D. 神经网络

三、判断题

1. 大数据挖掘是一种通过分析大规模数据集来发现模式和规律的过程。（　　）
2. 大数据挖掘只能用于商业领域的决策和创新，对其他领域没有应用价值。（　　）
3. 关联分析是一种用于预测未来趋势的数据挖掘技术。（　　）

4. 特征选择是大数据挖掘中的一个重要步骤，用于从大量特征中选择最相关的特征。
（　　）

5. 数据挖掘可以直接解决所有业务问题。（　　）

6. 数据挖掘可以从结构化数据和非结构化数据中提取有价值的信息。（　　）

四、简答题

1. 根据数据挖掘的应用场景，谈谈数据挖掘的应用领域。

2. 比较各种数据挖掘方法的含义、特点和使用场景。

项目六 大数据可视化

学习目标

知识目标：

（1）掌握数据可视化的概念；

（2）了解数据可视化的作用及流程；

（3）掌握数据可视化的基本图表；

（4）熟悉常见的数据可视化工具。

能力目标：

（1）形成数据可视化思维能力；

（2）能根据需求选择合适的数据可视化工具；

（3）能够利用数据可视化工具进行数据呈现及数据分析。

素质目标：

（1）树立数据可视化可以对决策制定、营销推广、科学研究等产生积极影响的观念；

（2）具备利用数据可视化理解和分析社会问题的能力，提高社会责任感。

项目综述

本项目主要针对数据可视化进行阐述，数据可视化是一种将庞杂抽象的数据转化为直观易懂的图形的数据呈现技术，它能帮助我们快速把握数据的分布和规律，更加轻松地理解和探索信息。海量数据如何以一种直观、形象的方式展示出来，这是大数据可视化要解决的核心问题。本项目将重点对大数据可视化的基本图表及大数据可视化的常用工具进行详细讲解，让读者对数据可视化有一个概括性的认知。

任务一　大数据可视化认知

引导案例

6－1 百度大数据看迁徙

百度地图 2022 年国庆假期总结大数据

◎案例描述

据中国旅游研究院监测情况来看，2022 年国庆假期，全国旅游市场特征在空间上进一步收缩，以本地休闲和近程旅游为主。同时，百度地图通过大数据持续关注十一出行态势。

1. “微度假”成主旋律，人口迁徙规模、高速平均拥堵里程同比均下降

在本地及周边“微度假”更受欢迎的十一出行风潮下，百度地图大数据显示，国庆假期期间，全国人口迁徙规模日均值较节前增长约 56%，较 2021 年同期下降约 30%，人口迁徙规模峰值出现在 10 月 1 日，较节前增长 136%，但较 2021 年同期下降达两成。“微度假”出行方式同样反映在高速方面，全国高速拥堵里程峰值出现在 10 月 1 日的 10:30，达 4 711.96km，较节前暴涨 818%，但同比下降近三成；在返程方面，受错峰返程影响，全国高速未出现大规模、长时间的拥堵情况，返程拥堵小高峰出现在 10 月 5 日 16:30，峰值为 2 347.51km，相比 2021 年峰值也出现明显下降。

2. 新能源和自驾游成为以“绿色＋自由”为标识的新时代缩影

出行新时代下，便利的充电地图满足了用户的新能源出行体验，自驾游也成为新潮的出行方式之一。百度地图大数据显示，新能源自驾游的趋势愈加明显，10 月 1 日新能源充电桩导航搜索量较去年同期增长 140%，其中北京、上海、广州等一线城市位居新能源充电桩导航搜索前十；与节前相比，充电需求涨幅最高的 TOP10 城市为惠州、江门、温州、嘉兴、南通、中山、常州、佛山、宁波、南昌，成功引领非一线城市绿色出行新潮流。

3. 杭州、长沙等南方城市吸引力“爆表”，全国热门景区 TOP10 占 7 席

国庆假期的热门景区、热门商场等火爆的游玩购物景象，一定程度上也反映出旅游活力复苏。百度地图公布了 2022 年国庆期间全国重点旅游景区 TOP10，西湖风景区、普陀山风景名胜区、黄山风景区、上海迪士尼度假区、八达岭长城等重点景区榜上有名。从综合上榜景区所在地来看，杭州、长沙等南方热门旅游城市更受欢迎，城市吸引力“爆表”。

国民积累的旅游需求在本地及周边游中逐渐释放，进一步激发消费热情，重庆、西安等地充满了热闹的购物氛围。百度地图大数据显示，十一期间，重庆三峡广场、重庆龙湖时代天街、陕西赛格国际购物中心、河南正弘城、江苏南京万达茂、北京荟聚中心、北京世纪金源购物中心、山东泰安万达广场、江西万达广场（红谷滩店）、上海环球港位居全国热门购物中心 TOP10，客流指数较平日大幅增长。

◎案例解析

从案例可以看到，通过旅游监测预警系统、百度地图迁徙大数据平台、节假日出行仪表盘等平台紧密跟踪假期人口流向，从人口迁徙、交通拥堵、景区人流量等角度可以全面展示节假日公众出行特征。大数据可视化已经成为分析复杂数据的利器，它通过图形、图像和动画等视觉元素，将枯燥的数字信息变得生动有趣，帮助人们更好地理解和发现数据背后的规律和趋势。

知识学习

一、大数据可视化概述

（一）数据可视化的概念

6－2 数据可视化设计

数据可视化，是关于数据视觉表现形式的科学技术研究。其中，这种数据的视觉表现形式被定义为一种以某种概要形式抽取出来的信息，包括相应信息单位的各种属性和变量。

它是一个处于不断演变之中的概念，其边界在不断地扩大。它主要是指技术上较为高级的技术方法，而这些技术方法允许利用图形、图像处理、计算机视觉用户界面，通过表达、建模，以及对立体、表面、属性、动画的显示，对数据加以可视化解释。与立体建模之类的特殊技术方法相比，数据可视化所涵盖的技术方法要广泛得多。

（二）数据可视化发展阶段

数据可视化与信息图形、信息可视化、科学可视化及统计图形密切相关。数据可视化领域的起源，可以追溯到 20 世纪 50 年代计算机图形学的早期阶段。当时，人们利用计算机创建出了首批图形图表。

科学可视化（Scientific Visualization）是科学中的一个跨学科研究与应用领域，主要关注的是三维现象的可视化，如建筑学、气象学、医学与生物学方面的各种系统，重点在于对体、面以及光源等的逼真渲染，甚至还可能包括某种动态成分。美国计算机科学家布鲁斯・麦考梅克在其 1987 年关于科学可视化的定义中，首次阐述了科学可视化的目标和范围：利用计算机图形学来创建视觉图像，帮助人们理解科学技术概念或结果的那些错综复杂而又往往规模庞大的数字表现形式。

信息可视化（Information Visualization）是一个跨学科领域，旨在研究大规模非数值型信息资源的视觉呈现（如软件系统中众多的文件或者一行行的程序代码）。通过利用图形图像方面的技术与方法，帮助人们理解和分析数据。与科学可视化相比，信息可视化侧重于抽象数据集，如非结构化文本或者高维空间中的点（这些点并不具有固有的二维或三维几何结构）。

朱莉・斯蒂尔编著的《数据可视化之美》中提到：“数据可视化和信息可视化是两个相近的专业领域名词。狭义上的数据可视化指的是将数据用统计图表方式呈现，而信息可视化则是将非数字的信息进行可视化。前者用于传递信息，后者用于表现抽象或复杂的概念、技术和信息。而广义上的数据可视化则是数据可视化、信息可视化以及科学可视化等等多个领域的统称。”21 世纪，人们正在逐渐接受这个同时涵盖科学可视化与信息可视化领域的新生术语——数据可视化。

6－3 数据可视化的作用

（三）数据可视化的作用

1. 观测与跟踪数据

从知识爆炸到信息爆炸的进程中，许多实际应用的数据量已经远远超出人类大脑可以理解、消化、吸收的能力范围，海量的数据如果仅以数值、表格形式呈现，会给人类的记忆和分析带来极大的不便。利用变化的数据生成实时变化的可视化图表，可以让人们一眼看出各种参数的动态变化过程，有效跟踪各种参数值。比如，百度地图提供的实时路况服务，用户使用这项服务可以查询各大城市的实时交通路况信息。

2. 分析数据

数据可视化技术，对数据进行转化再加工，有助于清晰、准确地实时呈现当前分析结果，引导用户参与分析过程，根据用户反馈的信息执行分析操作，完成用户与分析算法的交互，实现数据分析算法与用户领域知识的完美结合；帮助观测者关注数据的实质，使得用户更快也更容易地对比数据、得出结论，而不必盯着庞大的原始数据。例如，企业高层管理者需要查看汇总财务数据指标相关的分析；中层管理者需要有汇总数据指标和明细数据的分析；基层管理者所需要展现的具体明细分析。动态可视化的财务分析，可以帮助管理层更直观高效地获取财务数据价值，也可以帮助财务人员从烦琐的制表工作中解放出来。

3. 辅助理解数据

图表的设计是一门大学问，如图形的选择、版式的设计、颜色的搭配等，都需要掌握一定的设计原则。数据可视化技术可以帮助用户更快、更准确地理解数据背后的含义，如用不同的颜色或字体区分不同对象、用动画显示变化过程、用图形结构展示对象之间的复杂关系等。例如，图 6－1 中我们可以直观地看出哪八项技术蝉联入选，还有两年排序发生的变动及排序的上升与下降。当人们能够一眼看出数据背后隐藏的信息时，数据可视化的目的便达到了，这种方法能够有效提高数据展示的效率。

4. 增强数据吸引力

枯燥的数据被制作成具有强大视觉冲击力和说服力的图像，可以大大增强读者的阅读兴趣。例如，在新闻传播领域，数据可视化作为数据新闻的呈现方式，是数据新闻得以成型的环节之一。“数说 70 年”系列短视频由经济日报微信公众号制作与刊播，如图 6－2 所示。用数据讲故事，从消费、饮食、大国工程、数字经济、生态、外贸等领域介绍我国的辉煌发展成果。该系列产品以短视频为主打，推文内容加以阐释。同时视频将数据进行变身，使数据与图像紧密结合，加以动画的生动切换，使得数据由静态转向动态，实现数据可视化，消弭了数字在视觉上的单调乏味。

（四）数据可视化流程

大数据可视化是一个系统的流程，该流程以数据为基础，以数据流为导向，包括数据

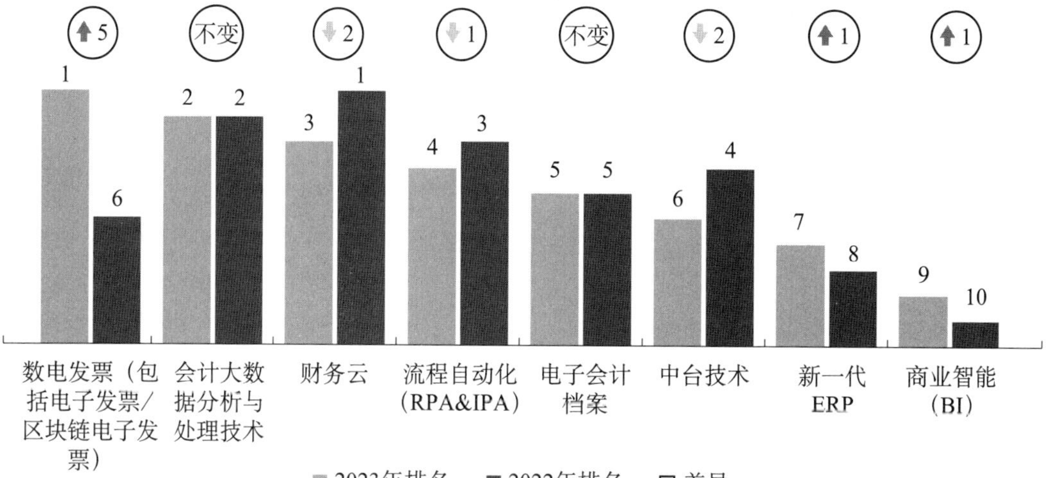

图 6-1　连续两年入选影响中国会计行业的八大信息技术比较

图片来源：《2023 影响中国会计行业的十大信息技术评选报告》。

图 6-2　“数说 70 年”之“中国消费的速度与激情”短片截图

采集、数据处理、可视化映射和用户感知等环节。

1. 数据采集

大数据可视化的基础是数据，数据可以通过很多方式进行采集。例如，制作调查问卷，随机抽取人群样本填写问卷，通过传感器、手机等设备采集容易量化测量的客观指标，等等。数据采集之前要明确知道采集什么数据。例如，采集财务数据，财务数据一般分为两类，一类是财务总账和财务报表。财务总账根据总分类科目开设账户，用来登记全部经济业务，进行总分类核算，提供核算资料的总分类账簿；财务报表包括资产负债表、损益表、现金流量表。另一类是根据不同需求对上述数据进行分析得到的数据，如企业的财务管理数据、决策分析数据等。收集数据还要注意三个事项：数据必须真实，数据一定要准确，数据必须是可以使用的。

2. 数据处理

数据处理是指对原始数据进行分析、预处理和计算等步骤。数据处理可以认为是数据可视化的前期工作，其目的是提高数据质量，保证数据的准确性、可用性等。收集了大量复杂的数据以后，要对数据进行必要的删减，否则将大大增加数据分析的难度。一方面，通过前期的数据采集得到的数据，不可避免地含有噪声和误差，数据质量较低；另一方面，数据的特征、模式往往隐藏在海量的数据中，需要进一步的数据挖掘才能提取出来。

3. 可视化映射

对数据进行处理以后，接下来的环节就是可视化映射。可视化映射是整个数据可视化流程的核心，是指将定义好的指标信息映射成可视化元素的过程。将数据的数值、空间坐标、不同位置数据间的联系等映射为可视化视觉通道的不同原色，如标记、位置、形状、大小、颜色等。例如，在知识图谱中，节点的大小表示数量或者权重，连线的粗细表示各节点之间关联的紧密程度。连线越粗表示各节点之间关联越紧密，反之越不紧密。这种映射的最终目的是让用户通过数据可视化观察数据和数据背后隐含的规律和现象。可视化映射并不是一个孤立的过程，而是和数据、感知、心理学、人机交互等方面相互依托，共同实现的。

4. 用户感知

用户感知是用户可以借助数据可视化结果感受数据的不同，从中提取信息、知识和灵感，并从中发现数据背后隐藏的现象和规律。可视化映射后的结果只有被用户感知到，才能发挥其作用，才能转化成知识和灵感，才有意义。用户进行可视化的目标任务主要有三个：生成假设、验证假设和视觉呈现。数据可视化可用于在数据中探索新的假设，也可以证实相关假设与数据是否吻合，还可以帮助专家向公众展示数据中隐含的信息。

数据可视化流程中的各个模块之间的联系并不是依照顺序的线性联系，而是任意两个模块之间都存在联系。例如，可视化交互是数据可视化过程中，用户控制修改数据采集、数据处理、可视化映射各模块而产生新的可视化结果，并反馈给用户的过程。

拓展知识

可视化编码

可视化编码是数据可视化的核心内容，将数据信息映射成可视化元素，映射结果通常具有表达直观、易于理解和记忆等特性。可视化元素由标记和视觉通道组成。

1. 标记

标记是从数据属性到可视化元素的映射，用以直观地表示数据的属性归类。根据空间自由度的差别，标记可以分为点、线、面、体，分别具有零自由度、一维自由度、二维自由度、三维自由度。比如，我们常见的散点图、折线图、矩形树图、三维柱状图，分别采用了点、线、面、体这四种不同类型的标记，如图 6－3 所示。

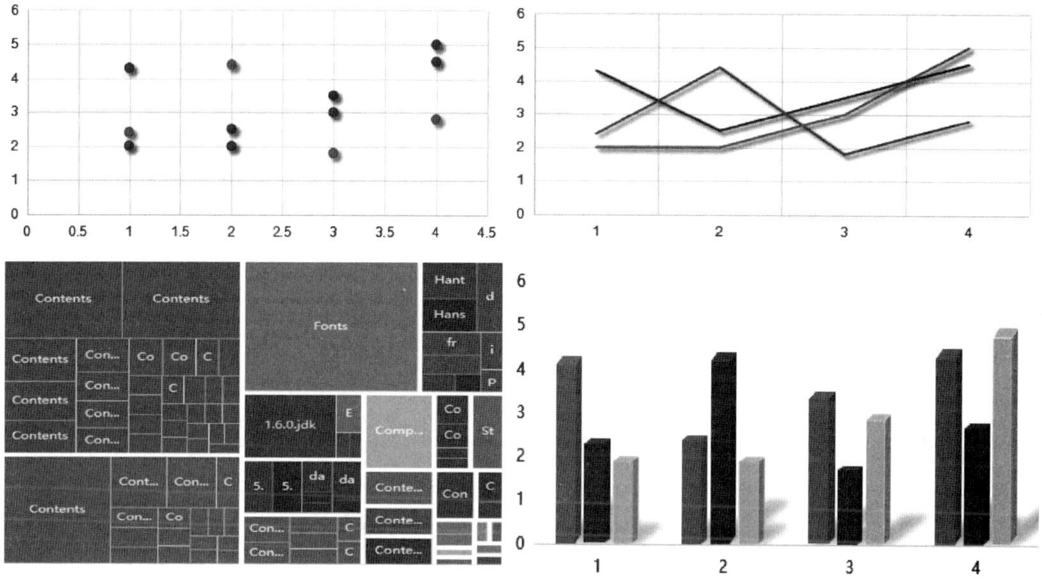

图 6－3 “点、线、面、体”类型标记示例

2. 视觉通道

视觉通道是从数据属性的值到标记的视觉呈现参数的映射，用于展现数据属性的定量信息，如图 6－4 所示。视觉通道用于控制标记的视觉特征，通常可用的视觉通道包括标记的位置、大小、形状、颜色、方向、色调、饱和度及亮度等。

图 6－4　视觉通道示例

数据可视化的有效性取决于用户的感知，感知系统接收视觉信号时，有以下两种基本的识别模式。

类别模式：获得关于对象本身特征和位置等信息，描述对象是什么或在哪里。

次序模式：获得关于对象某一属性在数值上的程度信息，描述对象具体有多少。

对应这两种识别模式，可以将视觉通道划分为定性（类别）和定量（连续、有序）两种。例如，用不同色调表现定性的类别数据，用同一颜色的不同亮度表示定量的次序数据。合理地选择视觉通道是信息传达的前提，对数据这种抽象信息尤为重要。

标记和视觉通道两者的结合，可以完整地将数据信息进行可视化表达，从而完成可视化映射这一过程。高效的数据可视化可以使用户在较短的时间内获取的原始数据更多、更完整，而其设计的关键因素是标记和视觉通道的合理运用。

6-4 财经数据可视化基本图表

二、大数据可视化基本图表

可视化工具能够输出视觉效果震撼的各种数据图形，它们可以是静态的，也可以是动态的，让观看者在接收到强烈视觉冲击的同时抓住数据图形想要表达的数据信息。万变不离其宗，不管可视化数据图形如何绚丽多彩，它们的终极目标还是数据信息的传达，所以它们的基础依旧是常用统计图形，是常用统计图形的变异和升华。因此，掌握常用统计图形的数据信息表达方式是做出丰富的可视化图形的基础。

统计图利用点、线、面的位置，以及升降和大小等变化来直观表达数据值的变化趋势、数量多少、分布状态和相互关系等信息，具有化繁为简、生动活泼、形象具体和通俗易懂的特点，便于数据分析者和决策者进行阅读、比较和分析。接下来将逐一简要介绍这些统计图的名称和适用范围。

（一）柱状图

柱状图是一种以长方形的长度为变量的统计图表，用来比较两个或两个以上的价值（不同时间或者不同条件）。它只有一个变量，通常用于较小的数据集分析。柱状图用柱状图形的高度来表示数量大小，用横轴上的时间轴来表示数量变化。即便只有一个柱状图形的数值明显大于其他的，也不能任意缩短其长度。柱状图的一个重要功能是比较，所以必须按实际的长短比例制图。在使用柱状图时，务必要使原点位于0。

作为人们最常用的图表之一，柱状图也衍生出多种多样的图表形式。例如，将多个并列的类别、聚类形成一组，再在组与组之间进行比较，这种图表叫作分组柱状图或簇状柱状图。将类别拆分成多个子类别，形成堆叠柱状图，如图6-5所示，堆叠柱状图可以同时反映总量与结构，即总量是多少，它又是由哪些部分构成的。

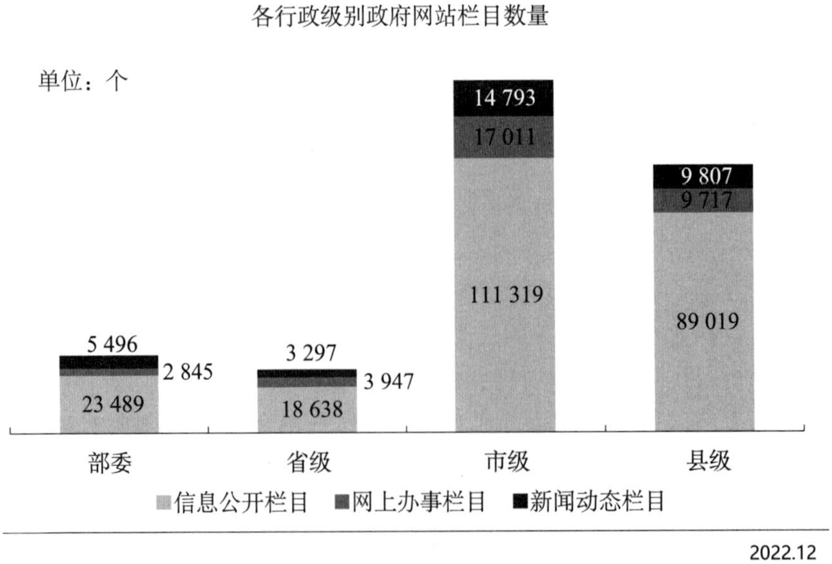

图6-5 堆叠柱状图

图片来源：第51次《中国互联网络发展状况统计报告》。

柱状图最适合对分类的数据进行比较。尤其是当数值比较接近时，由于人眼对于高度的感知优于其他视觉元素（如面积、角度等），因此，使用柱状图更加适合对各个柱状图内的每个类别进行比较。此时，将相同的类别用点线连接会更加清楚。

（二）直方图

直方图，又称质量分布图，是一种统计报告图，由一系列高度不等的纵向条纹或线段表示数据分布的情况。一般用横轴表示数据类型，纵轴表示分布情况。直方图与柱状图看似相像，实则完全不同。前者反映数据分布情况，后者则不具备此功能，只能对数值进行比较，如图 6－6 所示。从数据结构来说，柱状图需要一个分类变量，且是离散的（如管理学院、经济学院、机电学院等），因此柱状图形间有间隙；直方图的数据均为连续的数值变量（如学生成绩），因此柱状图形间是没有间隙的，但有时为了美观，会留出适当的间隙。

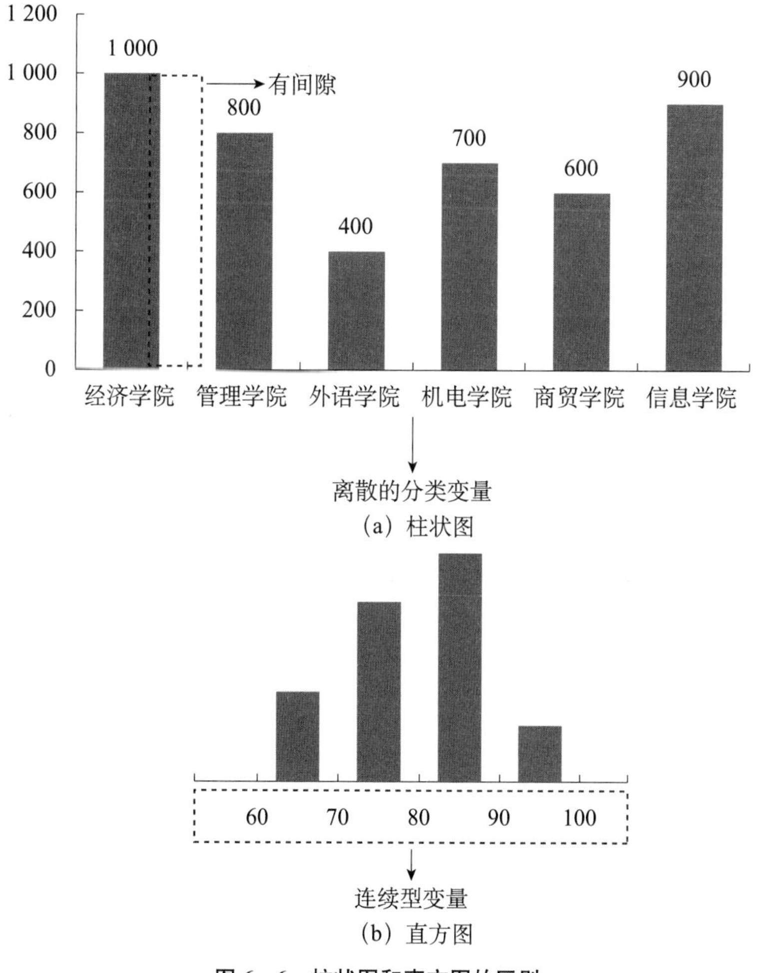

图 6－6　柱状图和直方图的区别

（三）饼图

仅排列在工作表的一列或一行中的数据可以绘制到饼图中。饼图呈现一个数据系列中各项的大小与各项总和的比例。饼图在某些条件下可以与柱状图和直方图互相转换。图 6－7 所示的饼图呈现的是互联网相关领域投融资事件数占比情况，其中企业服务领域投融资事件数占比达 34.2%，位列第一，推动产业转型升级持续提速。图 6－8 所示的三维饼图中，每个扇区的面积大小表示第七次全国人口普查时大陆（31 个省、自治区、直辖市）、香港特别行政区、澳门特别行政区、台湾地区的人数占总人数的比例。

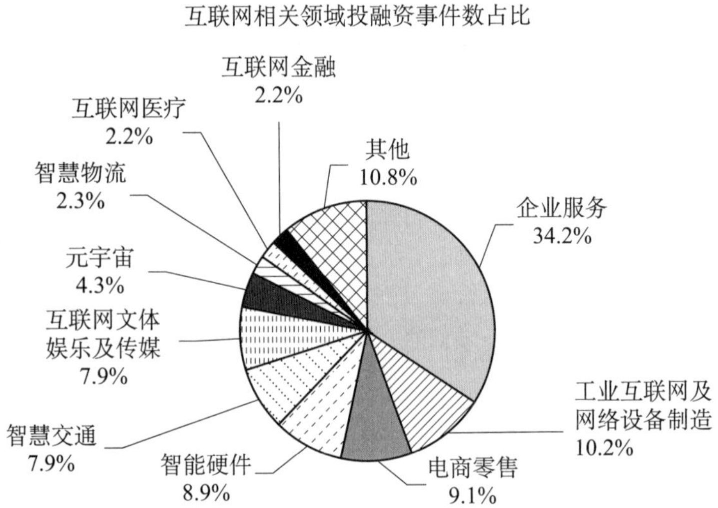

图 6－7　饼图

图片来源：第 51 次《中国互联网络发展状况统计报告》。

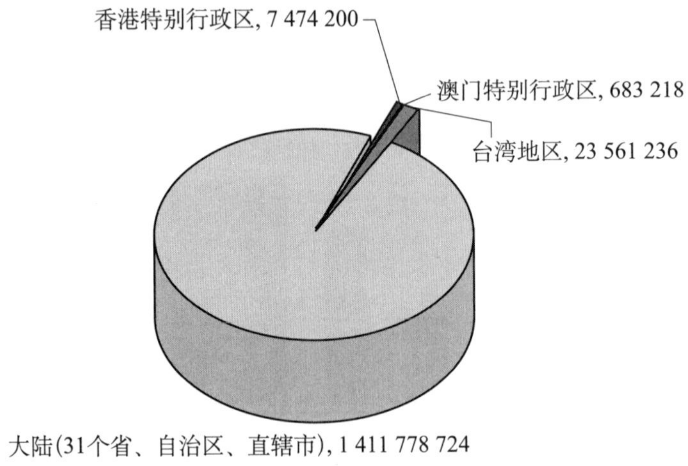

图 6－8　三维饼图

柱状图、直方图和饼图都能够用来描述变量的频数、频率和比例等信息。不同的是柱状图和饼图用于分类变量（离散型变量），直方图用于连续型变量。柱状图和饼图主要用于直观展现分类变量中每个变量所占的比例或频数的大小；直方图的作用更丰富一些，除表示比例或频数信息以外，还能与概率曲线对比，看连续型变量是否服从某些特定的概率分布。

（四）折线图

折线图可以显示随时间（根据常用比例设置）而变化的连续数据，如图 6－9 所示，因此非常适用于显示在相等时间间隔下数据的趋势。在折线图中，类别数据沿水平轴均匀分布，所有数据沿垂直轴均匀分布。如果分类标签是文本并且代表均匀分布的数值（如月、季度或财政年度），则应该使用折线图。当有多个系列时，尤其适合使用折线图。如果有几个均匀分布的数值标签（尤其是年），也应该使用折线图。如果拥有的数值标签多于 10 个，应改用散点图。

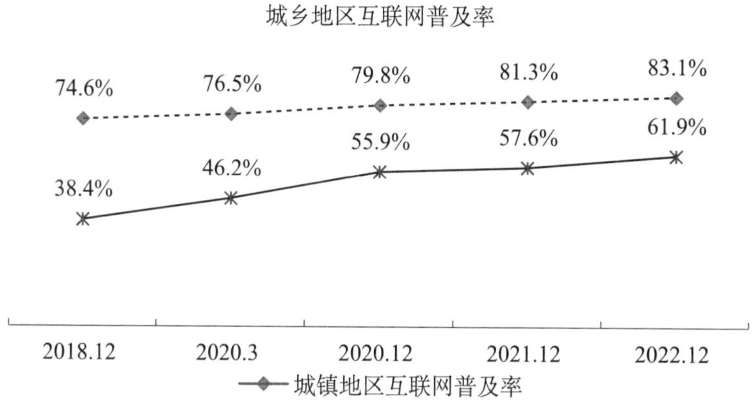

图 6－9　折线图

图片来源：第 51 次《中国互联网络发展状况统计报告》。

折线图用于分析事物随时间或有序类别而变化的趋势。如果有多组数据，则用于分析多组数据随时间变化的趋势或有序类别的相互作用和影响。折线的方向表示正/负变化，折线的斜率表示变化的程度。将柱形图与折线图结合起来，共同绘制在一张图上，俗称“折柱图”，如图 6－10 所示。

（五）面积图

面积图强调数量随时间而变化的程度，可引起人们对总值趋势的注意。例如，表示随时间而变化的利润的数据可以绘制在面积图中以强调总利润。面积图原理与折线图相似，都是用来描述某一变量随时间或其他因素变化而变化的趋势或过程。折线图使用折线的高低走势变化，而面积图用的是面积大小的变化。面积图的特点在于，折线与自变量坐标轴之间的区域，会由颜色或者纹理填充。

面积图也可用于多个系列数据的比较。相较于折线图，面积图不仅可以清晰地反映出数据的趋势变化，也能够强调不同类别的数据间的差距对比。但它的劣势在于，填充会让形状互相遮盖，反而看不清变化。一种解决方法是增加透明度，显示出覆盖区域。基础面积图（见图 6－11）只表现一个变量的变化趋势；堆积面积图（见图 6－12）和百分比堆积面积图则表现多个变量的变化趋势，可以显示部分与整体的关系。

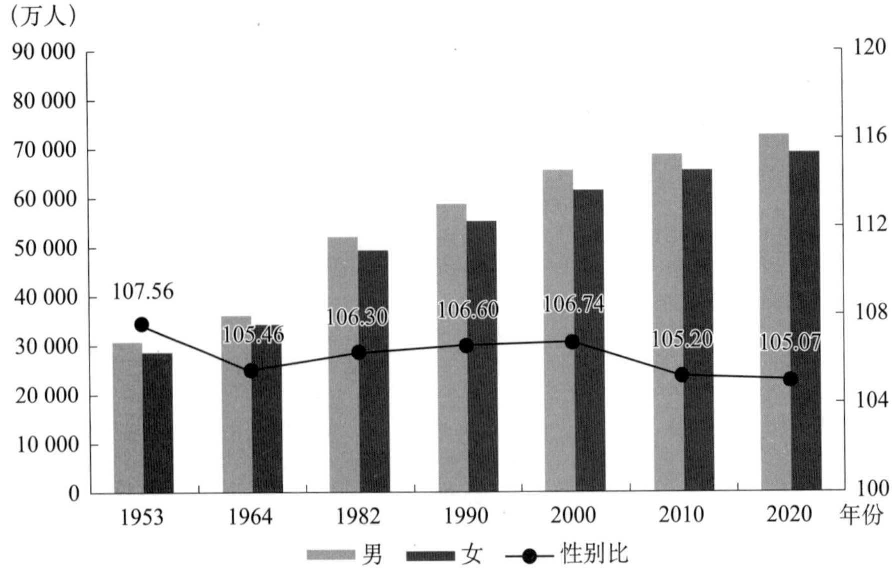

图 6 - 10　历次人口普查人口性别构成（折柱图）

图片来源：第七次全国人口普查公报。

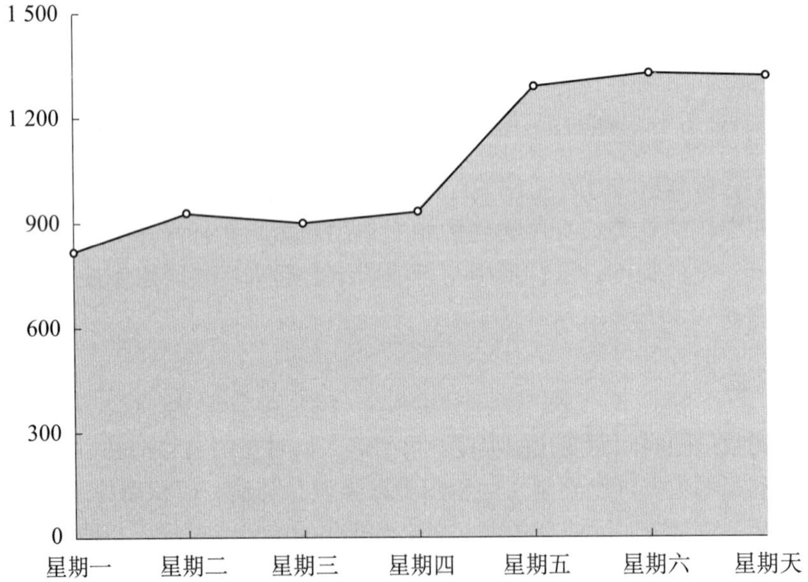

图 6 - 11　基础面积图

（六）散点图

散点图是指在回归分析中，数据点在直角坐标系平面上的分布图。散点图表示因变量随自变量而变化的大致趋势，据此可以选择合适的函数对数据点进行拟合。散点图是以散点的分布来直观地展示变量之间的相关关系，适用于描述数据集合的分布状况，通过散点的位置和密度来判断数据点的集中趋势和离散程度，以及不同变量之间的相关关系。图 6 - 13

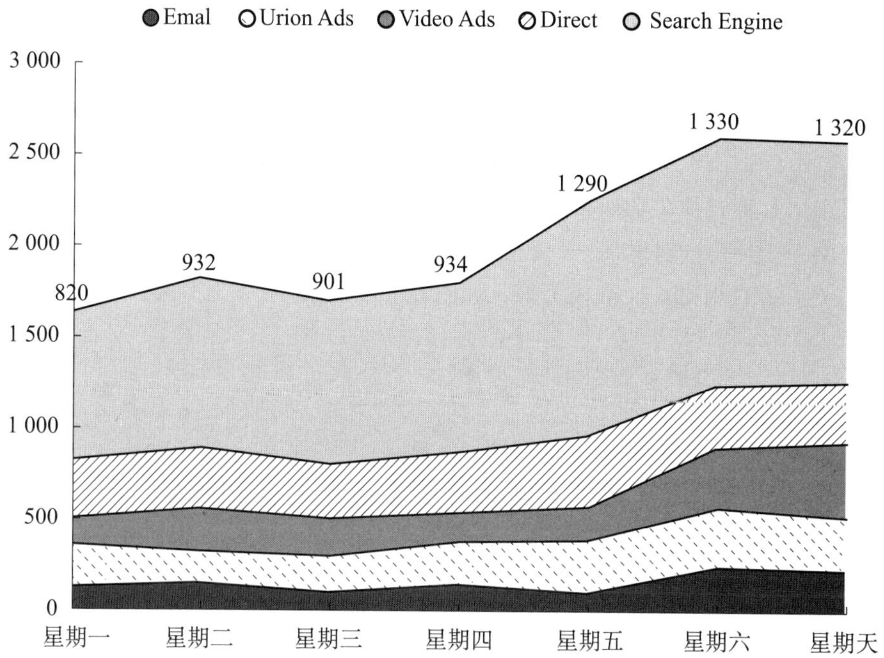

图 6-12　堆积面积图

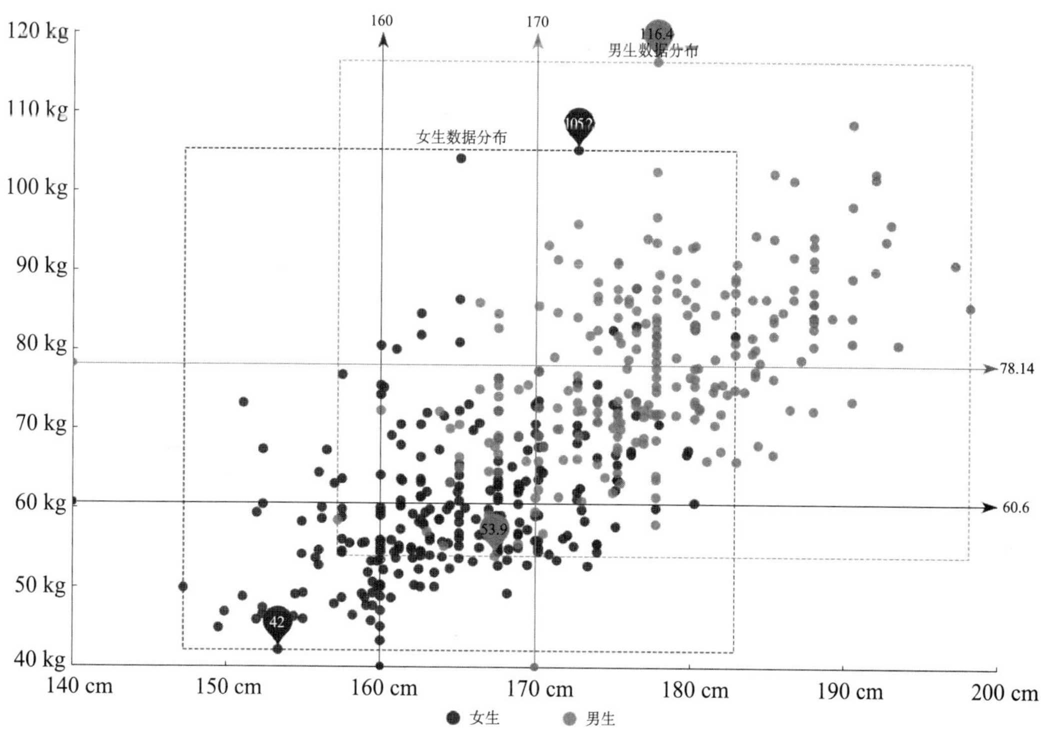

图 6-13　身高与体重散点图

是一个身高与体重散点图，横轴是身高变量，纵轴是体重变量。从散点图来看，男生的平均身高和平均体重更高和更重。同时，散点图还展示了相关关系的信息，随着体重的增加，身高也相应增加，说明体重变量和身高变量是高度相关的。

散点图适用于分析变量之间是否存在某种关系或相关性。如果散点图呈现出一系列随机分布的数据点，那两个变量之间可能并没有相互关系；如果大部分的数据点都相对密集地分布且呈现出某种趋势，那两个变量之间可能存在某种相关性。数据的相关关系主要分为正相关（两个变量值同时增加）、负相关（一个变量值增加，另一个变量值下降）、不相关、线性相关、指数相关、U 形相关等，如图 6－14 所示。

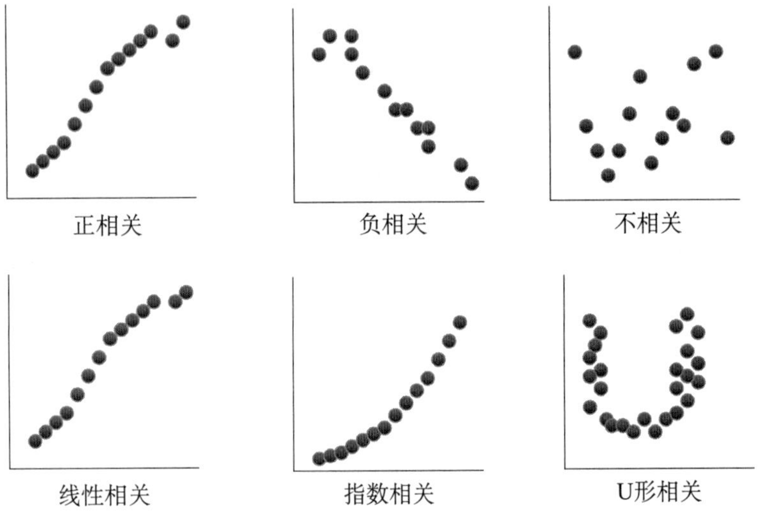

图 6－14　散点图相关关系示例

（七）漏斗图

漏斗图用梯形面积表示某个环节业务量与上一个环节之间的差异。漏斗图从上到下有逻辑上的顺序关系，表现了随着业务流程的推进，各阶段业务目标完成的情况。漏斗图适用于业务流程比较规范、周期长、环节多的单流程单向分析，通过漏斗各环节业务数据的比较能够直观地发现和说明问题所在的环节，进而做出决策。漏斗图还广泛应用在销售和电商零售行业中，如客户的成交转化率、订单的处理情况、某店铺某款商品的销售转化率、招聘的录用情况、跟踪点击广告/市场营销活动的进度和成功率等，图 6－15 展示了某平台用户购买商品流程的统计。图 6－16 所示的“美国篮球”漏斗图分析了社会现象，最上方是在高中打篮球的男孩，最后是进入 NBA 打职业篮球的男孩。

漏斗图总是开始于一个 100％的数量，结束于一个较小的数量。在开始和结束之间由 N 个流程环节组成。每个环节用一个梯形来表示，梯形的上底宽度表示当前环节的输入情况，梯形的下底宽度表示当前环节的输出情况，上底宽度与下底宽度之间的差值形象地表现了在当前环节业务量的减小量，当前梯形侧边的斜率表现了当前环节的减小率。一般来说，所有梯形的高度应该是一致的，这有助于人们辨别数值间的差异。通过给不同的环节标以不同的颜色，可以帮助用户更好地区分各个环节之间的差异。漏斗图的所有环节的流

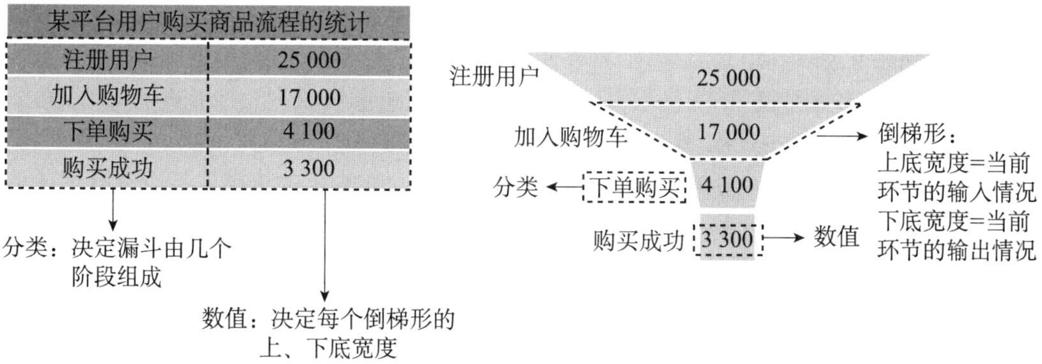

图 6－15 漏斗图示例

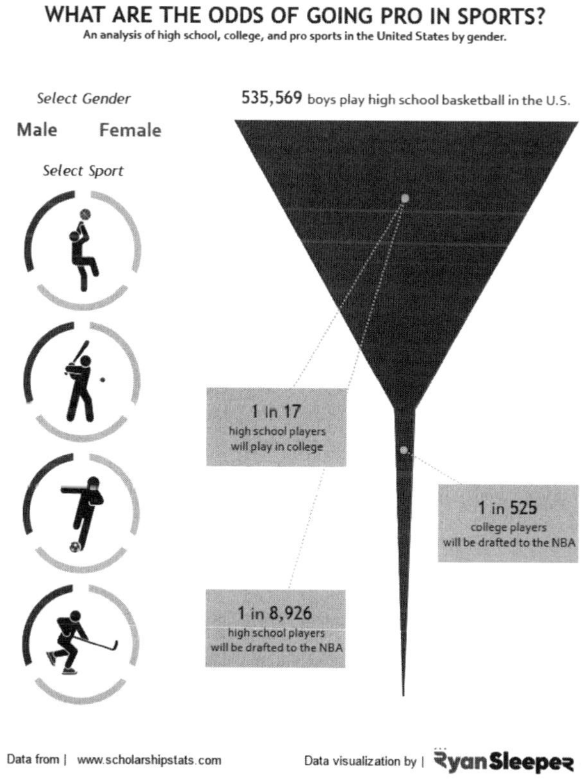

图 6－16 “美国篮球”漏斗图

量都应该使用同一个度量。

（八）矩形树图

矩形树图的本质是决策树的可视化，适合展现具有层级关系的数据，能够直观体现同级之间的比较。矩形树图采用矩形表示层次结构中的节点，父子节点之间的层次关系用矩形之间的相互嵌套来表达。在同一层级中，所有矩形依次无间隙排布，它们的面积之和代表了整体的大小。单个矩形面积由其在同一层级的占比决定。

从数据的角度来看，矩形树图需要树形结构数据，且子节点需要有权重。例如，某公司南方销售额 120 万元（其中东南地区 60 万元、华南地区 40 万元、西南地区 20 万元），北方销售额 80 万元（其中华北地区 50 万元、东北地区 30 万元）。图 6－17 展示的是某公司全国销售额，其中北方市场占 40%，即代表北方的矩形面积占整个矩形面积的 40%，北方市场中华北的矩形面积占整个北方矩形面积的 62.5%。

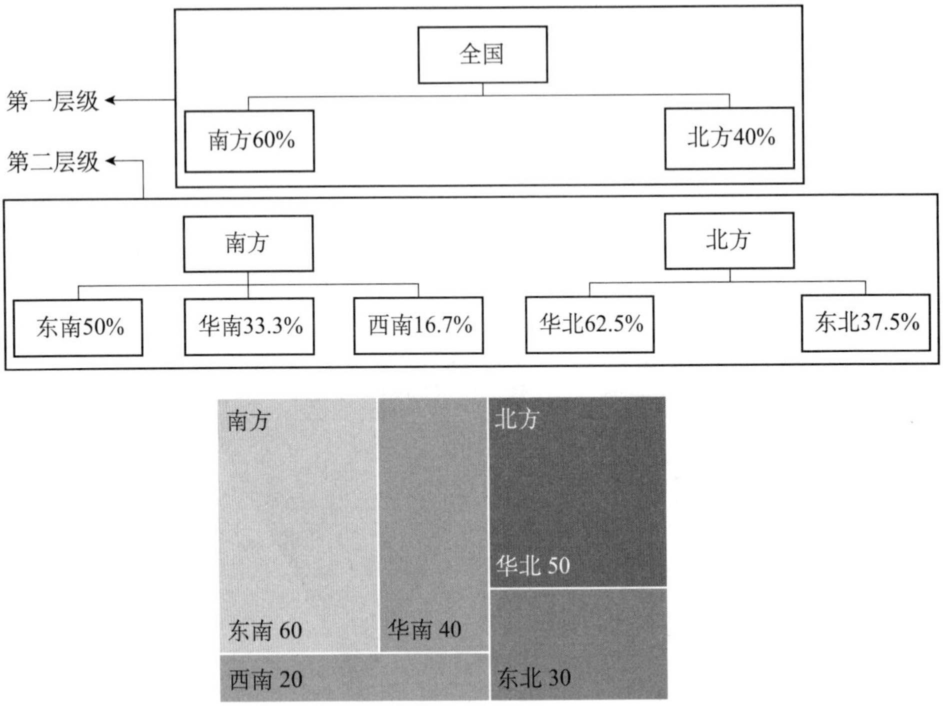

图 6－17　某公司全国销售额（矩形树图）

（九）雷达图

雷达图是以从同一点开始的轴上表示的三个或更多个变量的二维图表的形式显示多变量数据的图形方法。雷达图可以用来在变量间进行对比，或者查看变量中有没有异常值。轴的相对位置和角度通常是无信息的。每个变量都具有自己的轴，彼此间的距离相等，所有轴都有相同的刻度。在将数据映射到这些轴上时，需要注意预先对数值进行标准化处理，保证各个轴之间的数值比例能够做同级别的比较。例如，2023 年春节经济指数较 2022 年春节期间同比增长 5.2%，从图 6－18 的雷达图可以看出工业制造、信息服务、商业零售、农村农业、旅游交通五大行业指标均有提升，其中信息服务指标提升最多。

（十）气泡图

气泡图是一种多变量图表，可用于展示三个变量之间的关系，如图 6－19 所示。气泡图与散点图相似，不同之处在于，气泡图允许在图表中额外加入一个表示大小的变量。实际上，这就像以二维方式绘制包含三个变量的图表一样，其中 X 轴和 Y 轴分别代表不同的两个维度的数据。但是不同于散点图的是，气泡图的每个气泡都有分类信息。气泡由大小不同的标记表示，每一个气泡的面积代表第三个数值数据。气泡图可用于分析数据之间的相关性。

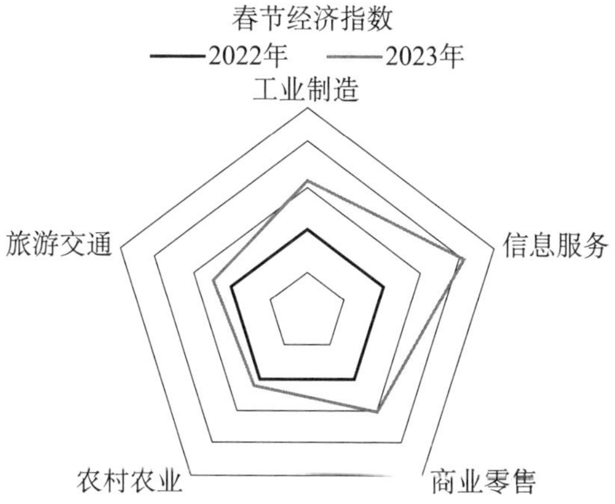

图 6-18　雷达图

四个国家的宏观数据			
国家	人口	人均寿命	GDP
甲	1 000	75	80 000
乙	3 000	70	60 000
丙	2 500	66	30 000
丁	8 000	62	9 000

变量A：X轴
变量B：Y轴
变量C：气泡面积

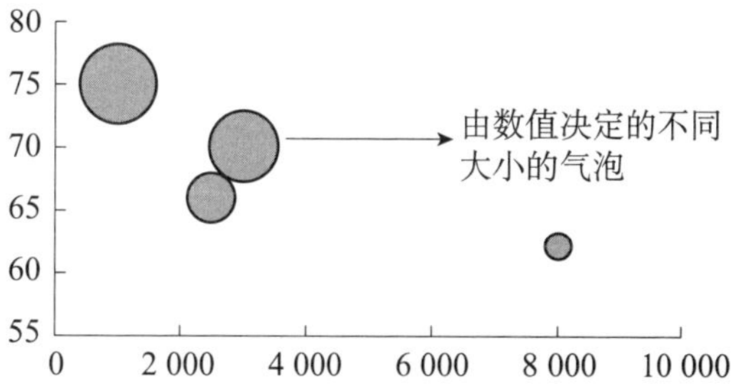

图 6-19　气泡图示例

拓展知识

6-5 如何选择可视化图形

如何选择图表

“一图胜千言”，好的图表可以快速、简单地揭示枯燥的数字背后有价值的信息和思想。图表的种类很多，不同的图表各有特点，适用场景和范围各不相同，所以选择什么样的图表颇有讲究。这里推荐由安德鲁·阿贝拉博士开发的极限演示中介绍的方法，可以参考他画的一张“图表选择”（见图 6-20），其核心思想是根据要展示的信息的关系——关联、比较、组合、分布，再根据数据的自变量与因变量的维度进行分类。

安德鲁·阿贝拉将图表所能展示的关系分为四类：

1. 比较型图表

比较型图表可以展示多数据之间的相同和不同之处，也可以展示单个数据在时间上的变化趋势，是基于时间或分类维度来进行对比的图表，通过图形的颜色、长度、宽度、位置、角度、面积等视觉变量来对比数据。典型的比较型图表有柱状图、条形图、折线图、雷达图等。

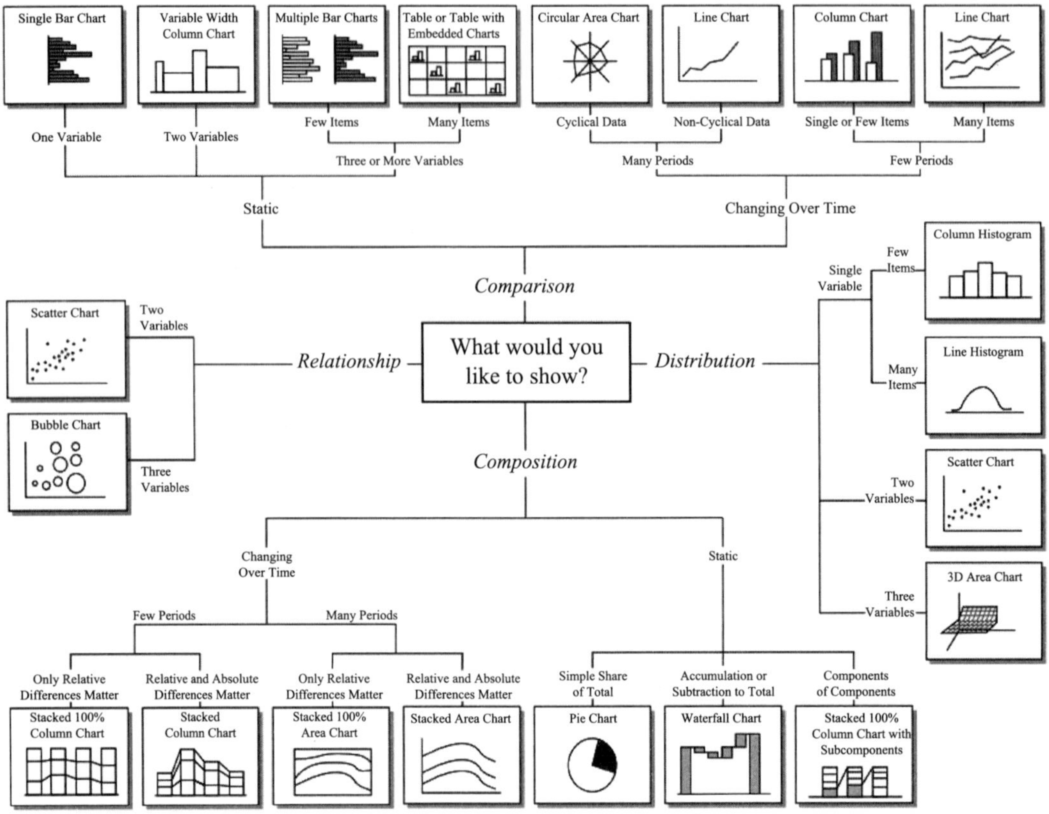

图 6-20　图表选择（2020 更新版）

2. 分布型图表

分布型图表通常用于展示连续数据的分布情况，通过图形的颜色、大小、位置、长度的连续变化来展示数据的关系。用户可以通过图表中数据的形态，识别数值范围的特征值、集中趋势、形状和异常值，如客户年龄段分布、学生成绩分布等。比较类数据强调自身和其他个体之间的差异，而分布类数据强调整体的分布特征。散点图、直方图、正态分布图、面积图等表现方式都能体现数据的分布情况。

3. 构成型图表

构成型图表是在同一维度展现结构、组成、占比关系的图表，它可以是静态的，也可以是随时间变化的。最典型的构成型图表就是饼图、环状图，还有百分比堆积柱状图、条形图、面积图。构成关系的数据通常会采用圆形图，通过圆弧长度和扇形的面积大小来展示构成情况，如市场份额分布、公司利润来源分布等。

4. 关联型图表

关联型图表是一种用于展示数据之间存在关系的图表，如散点图、气泡图，主要通过图形的颜色、位置、大小来展示数据的关联性。图 6-21 所示的动态气泡图中 X 轴代表人均收入，Y 轴代表预期寿命，每一个气泡代表一个国家，相同颜色的气泡属于同一个地区。这个世界健康图表反映的是过去 200 年全球各国预期寿命与收入的关系，可以发现收入与健康息息相关。用户还可以选定某些国家，这些国家的变化轨迹就会记录并显示出来，便于用户比较和研究特定国家的相关情况。

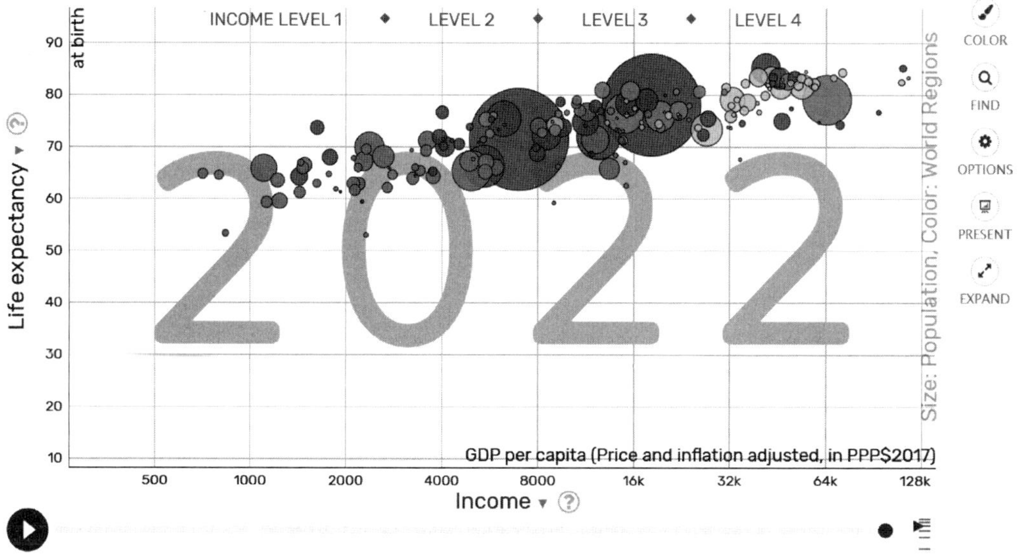

图 6-21　世界健康图表（动态气泡图）

任务二　大数据可视化软件与工具

引导案例

6-6 可口可乐瓶装公司利用 Tableau 移动仪表板促进利润增长

联合可口可乐瓶装公司利用 Tableau 移动仪表板促进利润增长

◎案例描述

可口可乐公司是世界上最大的饮料公司之一，旗下有超过 500 个品牌和 3 900 种产品。联合可口可乐瓶装公司（Coca-Cola Bottling Company Consolidated，CCBCC）是可口可乐最大的独立装瓶合作伙伴。利用 Tableau，CCBCC 的 IT 和商业智能团队摒弃了每日一次、每次用时 45 分钟的手动报告流程。

公司团队整合了数百个不同来源的数据，只需点击几下，就可以了解交付运营情况、预算和利润率等指标。因此，销售团队现在可以在现场利用 iPad 访问移动仪表板，从而更及时地把握机会，销售更多产品。

CCBCC 的商业智能团队要处理所有销售和交付运营的报告。高级商业分析师肖恩·克伦肖这样阐释该团队需要解答的问题："我们是否按约定时间配送产品？我们能在预算内完成工作吗？我们的实际开支与预测的预算有多大的差距？"

以前，该团队大部分的时间都用来生成报告。将来自 100 个不同系统的 2 亿行数据汇总到一个数据仓库中，然后生成一个可用仪表板的一部分，这可能需要几天的时间。每天早上都要在 7:30 走进办公室，花 45 分钟刷新公司的每日销售报告。最终仪表板上有多达 10 张选项卡，领导团队必须一一点击才能看到数据中的详细信息。

CCBCC 采用 Tableau 作为分析平台时，各团队彻底简化了其工作流程。对于每日销售报告，报告和分析总监在 Tableau Server 中设置了自动刷新，因此数据会在每天凌晨固定时间点自动更新。领导团队可以在每天上午访问最新数据并查询到最精细的数据级别。

例如，领导团队仪表板专注于策略、业务增长和盈利能力；管理仪表板面向区域销售经理和监理等，可协助他们进行指导、培训和员工培养；经理可以看到每个区域的粗略概述，可查询到员工级的数据；销售团队可以通过现场销售仪表板查看客户档案的完整概述，可跟踪销售配额。

◎案例解析

数据可视化使数据变得更有意义，而且数据可视化工具能够以一种简便易用的方式将复杂的数据呈现出来。案例中整个商业智能团队减少了用于手动报告的时间，可以用更多的时间来解决关键问题、推动业务发展；以前销售代表要花一整天才能找到与销售绩效相关的指标，利用可视化工具以后现场销售团队和可口可乐管理层点击几次鼠标查看仪表板就能使用分析数据。数据可视化工具能够让我们打破思维定式，以截然不同的方式看待数据，从而实现更有效的决策过程。

知识学习

一、大数据可视化常用工具

在这个信息爆炸的时代，人们已经不再有耐心看表格里繁多的数据。随着云和大数据时代的来临，数据可视化产品必须满足互联网爆发的大数据需求，能够快速地收集、筛选、分析、归纳、展现决策者所需要的信息，并帮助其分析数据和对比数据。因此，在大数据时代，数据可视化工具必须具有实时性、操作简单、展现丰富、能提供多种数据集成支持方式等特性。数据可视化非常重要，但是制作令人满意的数据图却是一件费时又费力的事。下面介绍一些国内外主流的数据可视化工具。

（一）Excel

6-7 利用 Excel “数据透视图”进行可视化

Excel 是最常用的数据处理和分析的办公软件，已经被广泛地应用于管理、统计、金融等领域。Excel 的图表功能可以将数据进行图形化，帮助用户更直观地显示数据，使数据对比和变化趋势一目了然。Excel 提供内部使用的统计图形模板，图表与工作表的数据相连接，当工作表数据发生改变时，图表也随之更新，反映出数据的变化。它提供了柱状图、折线图、散点图等常用的数据展示形式供用户选择使用。虽然这款办公软件使用便捷，但其在颜色、线条和样式上可供选择的模板范围有限，这也意味着用 Excel 很难制作出令人惊艳的数据图。虽然 Excel 的图形化功能并不强大，但是作为一个入门级工具，Excel 是快速分析数据和制作简单统计图的理想工具，并且随着 Excel 版本的不断更新，其数据处理、分析和展示的能力也将越来越强大。Excel 制图示例如图 6－22 所示。

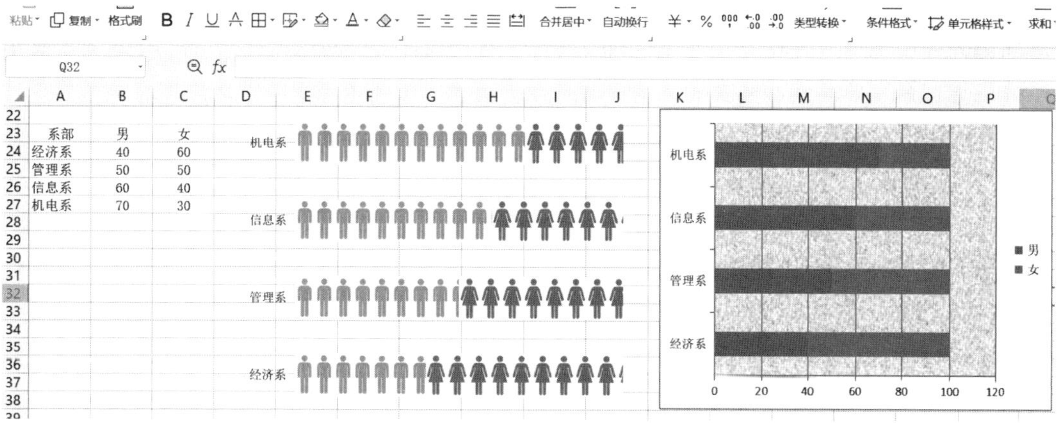

图 6－22　Excel 制图示例

（二）Flourish

Flourish（见图 6－23）是一款在线数据可视化工具，使用精美的可视化探索和解释数据，可以帮助用户创建各种类型的图表和动画。无须编码或安装软件，只需要使用浏览器即可。Flourish 支持多种图表类型，用户可以使用简单的拖放添加数据、选择图表类型、自定义颜色和字体等选项，并进行交互式数据探索和过滤，绘制完成的可视化图表可以发布并且嵌入网站。Flourish 还提供了许多高级功能，如动画效果、时间轴、自动化报告生成和定制、数据分析和机器学习模型的集成等。此外，Flourish 也支持团队协作和分享，用户可以邀请其他人来共同编辑和查看他们的可视化结果。

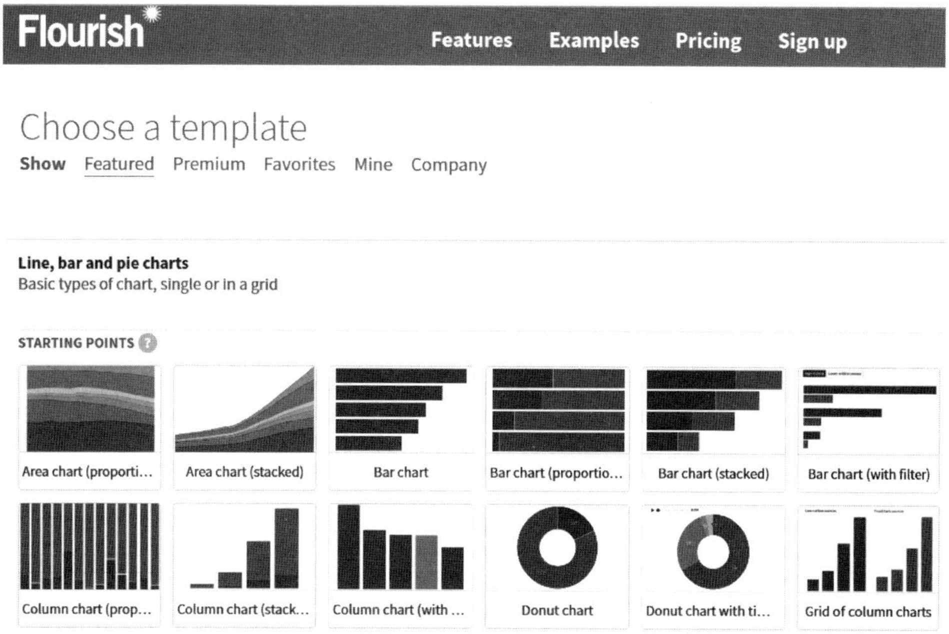

图 6－23　Flourish

6-8 ECharts——体验炫酷财经数据

（三）ECharts

ECharts 由百度团队开源。2018 年初，它被捐赠给 Apache 基金会，成为 ASF 孵化级项目。2021 年 1 月 26 日，Apache 基金会官方宣布 ECharts 项目正式毕业，成为 Apache 顶级项目。

ECharts 是一个使用 JavaScript 实现的开源可视化库，可以流畅地运行在 PC 和移动设备上，兼容当前绝大部分浏览器（如 IE9/10/11、Chrome、Firefox、Safari 等），底层依赖矢量图形库 ZRender，提供直观、交互丰富、可高度个性化定制的数据可视化图表。

Echarts 因其交互丰富、高度个性化定制的数据可视化图表、绚丽的特效，受到人们的欢迎。ECharts 提供了常规的折线图、柱状图、散点图、饼图、K 线图，用于统计的盒形图，用于地理数据可视化的地图、热力图、线图，用于关系数据可视化的关系图、树图、旭日图，多维数据可视化的平行坐标，还有漏斗图、仪表盘等，并且支持图与图之间的混搭，如图 6-24 所示。Echarts 支持多种数据格式，支持跨平台使用，除了 PC 端和移动端的浏览器，还支持微信小程序。另外，它还提供了丰富的语言拓展，如 Python 的 Pyecharts、R 语言的 Recharts，这样任何平台语言都不会成为使用 ECharts 实现可视化的限制。

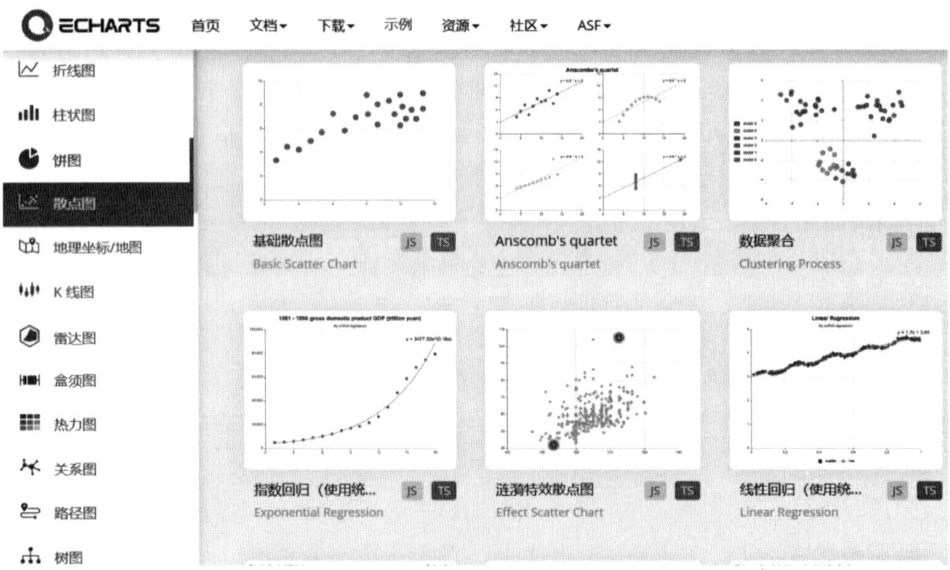

图 6-24　ECharts 示例图

6-9 使用 Tableau 可视化呈现数据

（四）Tableau

Tableau 是一个可视化分析平台，通过“数据＋人工智能＋CRM 驱动”的分析，制定更优决策。Tableau 是新一代商业智能工具软件，它将数据连接、运算、分析与图表结合在一起，容易操控各种数据，通过直观的界面将拖放操作转化为数据查询，可轻松创建交互式可视化图表、仪表盘和报告，适用于各种数据分析应用场景。Tableau有Tableau Desktop、Tableau Server、Tableau Cloud、Tableau Prep等产品。

Tableau Desktop可实时可视化分析，实现随心所欲的数据探索。无论是大数据、SQL数据库、电子表格，还是Salesforce之类的云应用，都可以连接到本地或云端；无须编写代码即可合并和清理数据，从现有数据快速构建强大的计算。借助具有直观体验的高级工具，所有技能水平的人员可直接在分析流程中做出更明智的决策。该平台包含内置的透明AI，有助于实现预测建模的普及。借助假设情景规划、引导式模型构建、AI驱动的预测和其他数据科学技术，具有业务背景的人员可以更快地做出更明智的决策。数据科学家可以集成来自R、Python、Einstein Discovery、MATLAB和其他扩展的结果，并对其进行可视化，从而在整个组织中扩展模型。连接到Tableau Server或Tableau Cloud可以安全地共享分析和见解。Tableau提供了一个受管控的灵活环境，各团队可以在其中共享它们的工作内容，并根据可信的数据开展协作。Tableau示例图如图6-25所示。

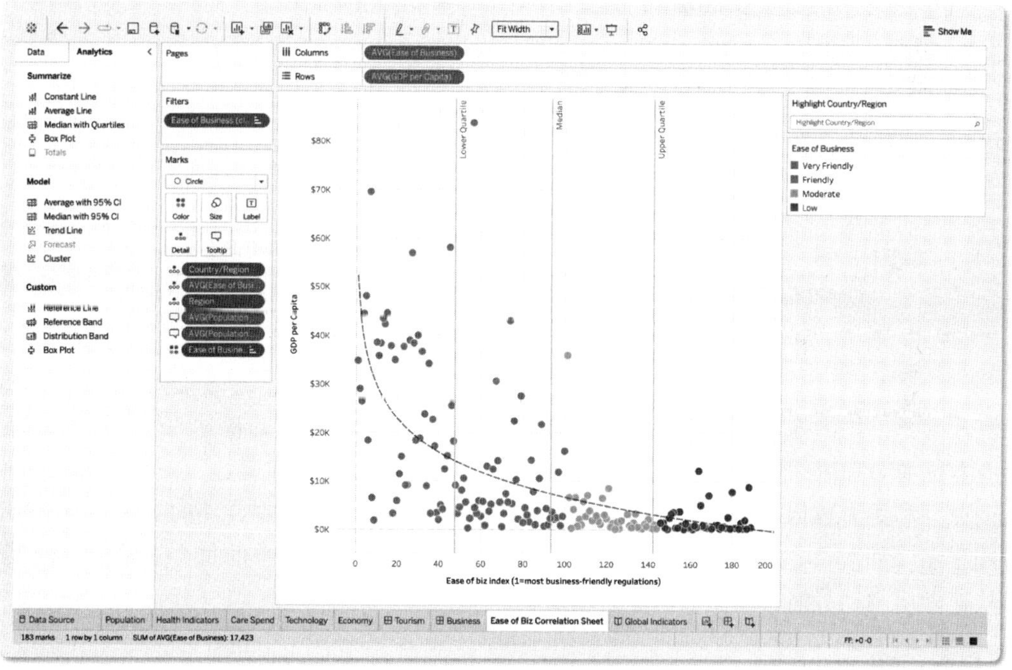

图6-25　Tableau示例图

（五）Power BI

Power BI是一个统一、可扩展的自助服务和企业商业智能（BI）平台，可以利用它连接到任何数据并实现数据可视化，并将视觉对象无缝融入日常应用中。Gartner 2023魔力象限报告，以Power BI为产品代表的微软连续16年成为领导者，并且连续5年位于领导者象限最高地位，如图6-26所示。

6-10 运用BI可视化呈现财务数据

从任何数据源轻松创建数据集并将它们添加到Power BI数据中心，为用户的所有数据创建一个可访问的单一事实源。使用由AI提供支持的行业领先数据分析

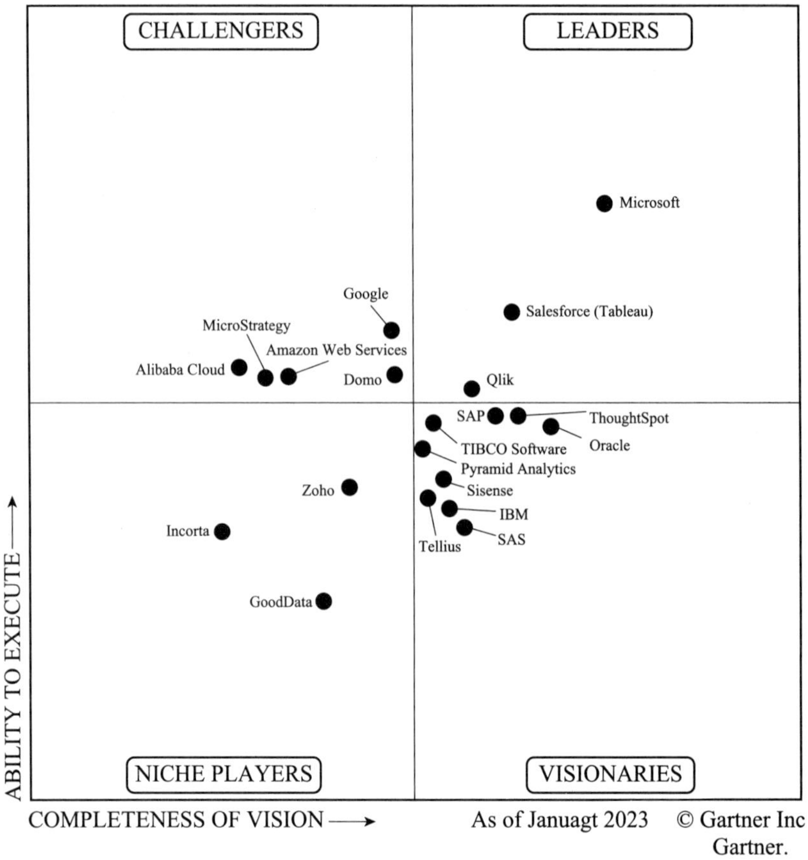

图 6-26　Gartner 2023 魔力象限图

工具和易于使用的拖放式报表画布，将原始数据转化为引人入胜的视觉效果。通过连接到所有数据源，在组织中分析、共享和优化见解，同时保持数据准确性、一致性和安全性，从而充分利用大数据投资；可以协作处理相同的数据和报表，并在常用的 Microsoft Office 应用程序（如 Microsoft Teams 和 Excel）中共享见解，为组织中的每个人赋能，使其能够快速做出驱动战略行动的数据驱动型决策。

（六）FineBI

FineBI 是国产的商业智能软件，采用强大的数据处理引擎和优秀的图表渲染机制，满足更高数据量的要求，前端展示的数据量可达百万级别。FineBI 会根据数据类型自动将数据识别为维度和指标，并针对维度和指标分别提供丰富的分析功能，如钻取层级、求和、重新分组、占比等。FineBI 支持添加计算结果为数值类或非数值类的计算字段，提供分组表、交叉表、明细表三类表格形式，展现类型则提供列表展示和树形展示。此外，FineBI 还提供了丰富的表格过滤和排序功能，满足用户对数据的各种方式的观察和分析。除基础的图标类型外，FineBI 还支持日历图、KPI 指标卡、热力地图等，支持全面分析、智能图表推荐、图形组合等功能。其仪表板支持分析组件间的数据联动，支持点击数据实现仪表板跳转功能，支持设置标题的样式以及隐藏标题的过滤组件功能，如图 6-27 所示。

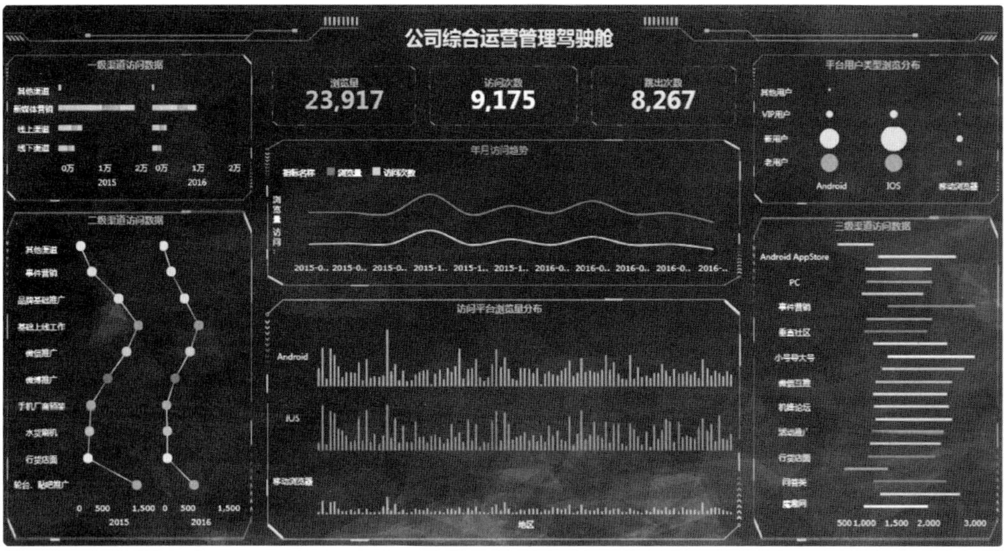

图 6-27　FineBI 仪表板示例图

（七）Processing

Processing 是一个开源的编程语言和编程环境，支持 Windows、macOS、Linux 等多个操作系统。Processing 是一种具有革命前瞻性的新兴计算机语言、以数字艺术为背景的程序语言，它的用户主要面向计算机程序员和数字艺术家。Processing 是 Java 语言的延伸，并支持许多现有的 Java 语言架构，在语法上简易许多，并具有许多人性化的设计，不需要太高深的编程技术便可以创作震撼的视觉表现及互动媒体作品。

在数据可视化方面，Processing 不仅可以绘制二维图形，还可以绘制三维图形。除此之外，为了扩展其核心功能，Processing 还包含许多库和工具，支持播放声音、计算机视觉等。Processing 图标示例图如图 6-28 所示。

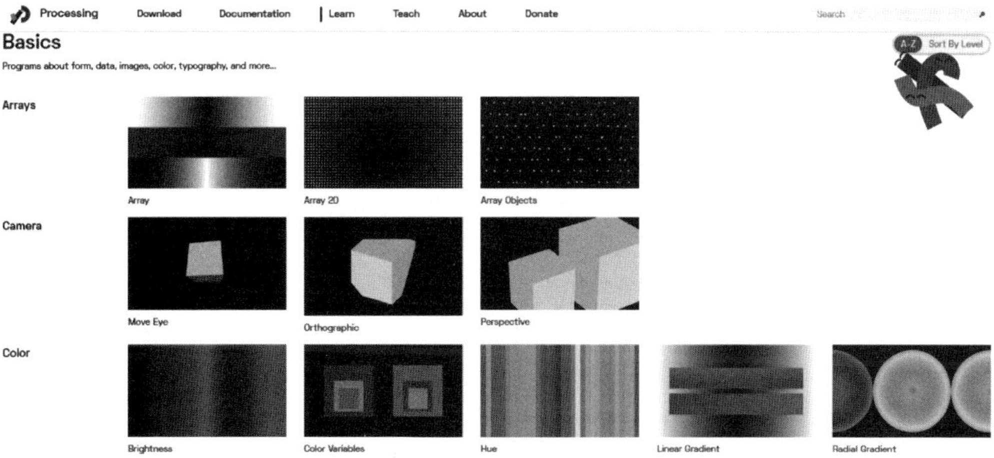

图 6-28　Processing 图标示例图

（八）Python 可视化库

Python 是一种面向对象的解释型计算机程序设计语言，目前已成为最受欢迎的程序设计语言之一。Python 可视化库，如 Matplotlib、Seaborn、Pyecharts 等，提供了丰富的可视化函数和方法，可用于数据探索、数据分析和机器学习等领域。

Matplotlib 是 Python 用户最常用的可视化库之一，Matplotlib 的 pyplot 子库提供了和 MATLAB 类似的绘图 API，方便用户快速绘制可视化图表。它设计了大量类似 MATLAB 中的绘图函数，并充分利用了 Python 语言的简洁优美和面向对象的特点，使用起来十分方便。

Seaborn 是基于 Matplotlib 构建的更高级别的可视化库。作为面向数据集的绘图库，Seaborn 的优势是针对统计绘图的，能够满足数据分析 90%的绘图需求，但复杂的自定义图形，还是要用 Matplotlib。实际上，Seaborn 是在 Matplotlib 基础上进行封装的，Seaborn 就是让困难的东西变得更加简单。

Pyecharts 是一个用于生成 ECharts 图表的类库，实际上就是 ECharts 与 Python 的对接。

（九）R 可视化库

R 是用于统计分析、绘图的语言和操作环境。R 是属于 GNU 系统的一个自由、免费、源代码开放的软件，是用于统计计算和统计制图的优秀工具。R 的作图功能非常强大。R 可视化库，如 ggplot2、lattice、Shiny 等，提供了丰富的可视化函数和方法，可用于数据探索、数据分析和统计建模等领域。由于 R 是开源的，所以拥有强大的社区和组件库，而且数量还在不断增长，能够应用于各种场景的数据可视化。与此同时，R 也是一个复杂难学的工具，所有的操作都需要用控制语言完成，所以需要较长时间的学习实践才能逐渐掌握。

拓展知识

什么是 CSV 格式？

在学习生活中，我们会经常听说 doc 格式、ppt 格式、pdf 格式，那么大家有没有听说过 CSV 格式呢？CSV（逗号分隔值）和 JSON（JavaScript 对象注释）是常见的数据格式，所有数据可视化工具基本都支持至少 CSV、JSON 两种中的一种格式。我们需要清楚它们的结构，这样才能理解如何从这些文件导入或导出数据。

CSV 文件一般以纯文本形式存储表格数据，包括数字和文本，纯文本意味着该文件是一个字符序列，不包含必须像二进制数字那样被解读的数据。

CSV 格式由任意数目的记录组成，记录之间以某种换行符分隔；每条记录由字段组成，字段之间的分隔符是其他字符或字符串，最常见的是逗号或制表符。

CSV 是一种通用的、相对简单的文件格式，在商业上应用较为广泛。

CSV 并不是一种单一的、定义明确的格式，在实践中 CSV 泛指具有以下基本规则的文件：

（1）纯文本格式，并通过单一的编码来表示字符。

（2）以行为单位，开头不留空行，一行数据不跨行，行与行之间没有空行。

（3）每一行表示一个一维数据。

（4）主要以半角逗号作为分隔符，即便列为空也要表达其存在。

（5）可以包含列名，也可以不包含列名，含列名则居文件第一。

图 6－29 所示的文件名为“2012—2021 年国内生产总值”，这是一个 CSV 格式文档。第一行是列名，后续行是其中的数据。每一行的数据和列名是相对应的。以半角逗号作为分隔符。

```
指标 ,2021年 ,2020年 ,2019年 ,2018年 ,2017年 ,2016年 ,2015年 ,2014年 ,2013年 ,2012年
国民总收入(亿元) ,1133518 ,1006363.3 ,983751.2 ,915243.5 ,830945.7 ,742694.1 ,685571.2 ,644380.2 ,588141.2 ,537329
国内生产总值(亿元) ,1143669.7 ,1013567 ,986515.2 ,919281.1 ,832035.9 ,746395.1 ,688858.2 ,643563.1 ,592963.2 ,538580
第一产业增加值(亿元) ,83085.5 ,78030.9 ,70473.6 ,64745.2 ,62099.5 ,60139.2 ,57774.6 ,55626.3 ,53028.1 ,49084.6
第二产业增加值(亿元) ,450904.5 ,383562.4 ,380670.6 ,364835.2 ,331580.5 ,295427.8 ,281338.9 ,277282.8 ,261951.6 ,244639.1
第三产业增加值(亿元) ,609679.7 ,551973.7 ,535371 ,489700.8 ,438355.9 ,390828.1 ,349744.7 ,310654 ,277983.5 ,244856.2
人均国内生产总值(元) ,80976 ,71828 ,70078 ,65534 ,59592 ,53783 ,49922 ,46912 ,43497 ,39771
```

图 6－29　“2012—2021 年国内生产总值”CSV 格式文档

如果分隔的字段在文件中不使用逗号分隔，而是使用制表符进行分隔，这样的文件格式称为 TSV（制表符分隔值）文件格式。在众多操作系统和常用的文本编辑器中，按一次 Tab 键为插入一个制表符的默认按键。

除了在 Windows 中的记事本中创建 CSV 格式文档以外，还可以使用 Excel 软件创建 CSV 格式文档。下面讲述创建步骤：

首先打开 Excel 软件，在其中输入内容，如图 6－30 所示。

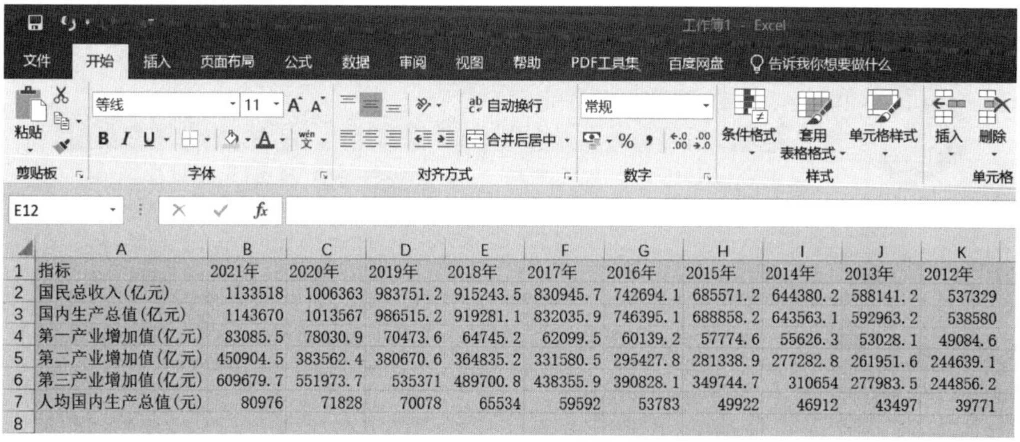

	A	B	C	D	E	F	G	H	I	J	K
1	指标	2021年	2020年	2019年	2018年	2017年	2016年	2015年	2014年	2013年	2012年
2	国民总收入(亿元)	1133518	1006363	983751.2	915243.5	830945.7	742694.1	685571.2	644380.2	588141.2	537329
3	国内生产总值(亿元)	1143670	1013567	986515.2	919281.1	832035.9	746395.1	688858.2	643563.1	592963.2	538580
4	第一产业增加值(亿元)	83085.5	78030.9	70473.6	64745.2	62099.5	60139.2	57774.6	55626.3	53028.1	49084.6
5	第二产业增加值(亿元)	450904.5	383562.4	380670.6	364835.2	331580.5	295427.8	281338.9	277282.8	261951.6	244639.1
6	第三产业增加值(亿元)	609679.7	551973.7	535371	489700.8	438355.9	390828.1	349744.7	310654	277983.5	244856.2
7	人均国内生产总值(元)	80976	71828	70078	65534	59592	53783	49922	46912	43497	39771
8											

图 6－30　打开 Excel 软件，在其中输入内容

然后将此文件另存为其他格式。再将保存类型设置为 CSV（逗号分隔），即可保存为 Windows 中常见的 CSV 格式，如图 6－31 所示。

创建 CSV 格式的文件，除可以使用 Excel 外，还可以使用 Python 编程来生成。由于具有数据存储和管理功能的软件存储数据的格式并不完全统一，很多时候存储的文件相互之间可能无法正常读取，为了在不同的软件之间共享数据，可以将数据存储为 CSV 文本

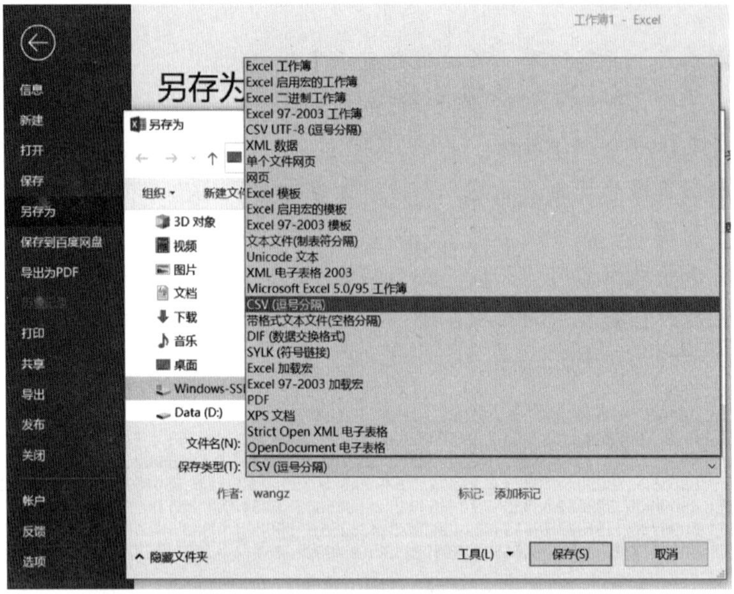

图 6-31 在 Excel 中另存为 CSV 格式

格式的数据，大部分数据库和数据处理软件都支持这种格式，许多设备或软件也支持导出这种类型的文件。

下面讲解 CSV 格式文件的导出：

以国家统计局的数据查询为例，首先打开国家统计局的“国家数据”界面，如图 6-32 所示。

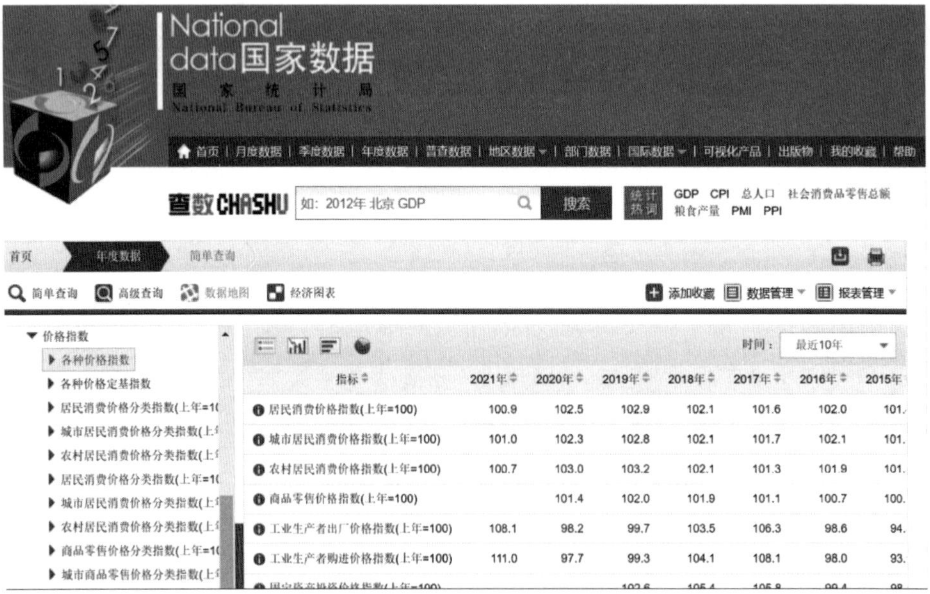

图 6-32 国家统计局“国家数据”界面

找到所查询的数据，例如，想把各种价格指数数据采集保存下来，可以单击右上角的“下载”按钮，如图 6-33 所示。

图 6－33　“国家数据”数据查询界面

通过弹出框，我们可以看到数据库支持 Excel、CSV、XML、PDF 等几种格式的数据下载，如图 6－34 所示。

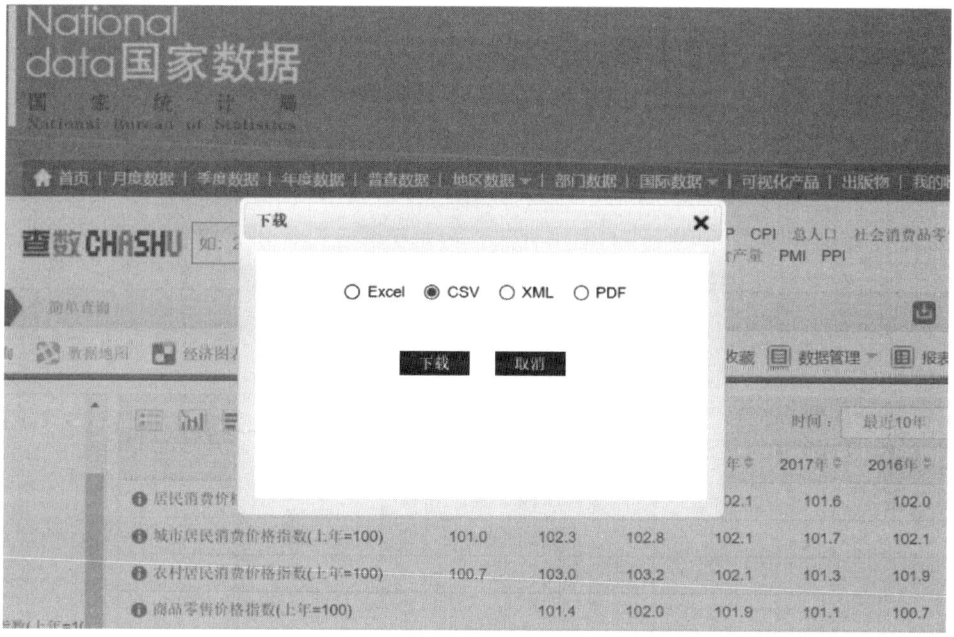

图 6－34　数据下载界面

选择 CSV 格式导出，导出后查看文件属性，可以看到文件类型是 CSV 格式，如图 6－35所示。

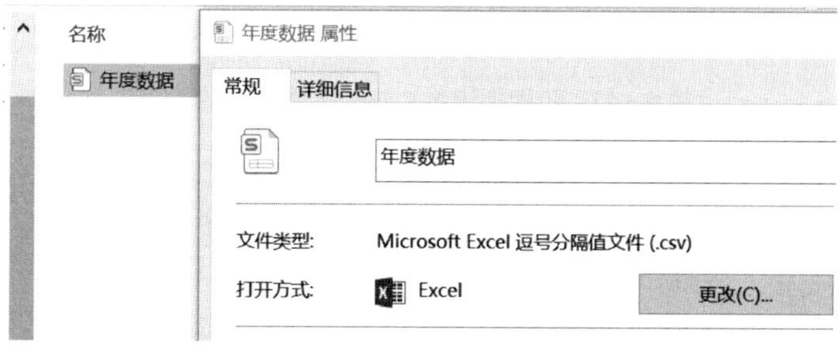

图 6－35　查看文件属性

CSV 格式文件可以直接用 Excel 打开，打开后的界面如图 6－36 所示。获得 CSV 格式文件以后，可以根据实际需求，导入相应的数据库进行数据转换或数据分析。

	A	B	C	D	E	F	G	H	I	J	K
1	数据库：年度数据										
2	时间：最近10年										
3	指标	2021年	2020年	2019年	2018年	2017年	2016年	2015年	2014年	2013年	2012年
4	居民消费价格指数(上年	100.9	102.5	102.9	102.1	101.6	102	101.4	102	102.6	102.6
5	城市居民消费价格指数(	101	102.3	102.8	102.1	101.7	102.1	101.5	102.1	102.6	102.7
6	农村居民消费价格指数(	100.7	103	103.2	102.1	101.3	101.9	101.3	101.8	102.8	102.5
7	商品零售价格指数(上年=100)		101.4	102	101.9	101.1	100.7	100.1	101	101.4	102
8	工业生产者出厂价格指数	108.1	98.2	99.7	103.5	106.3	98.6	94.8	98.1	98.1	98.3
9	工业生产者购进价格指数	111	97.7	99.3	104.1	108.1	98	93.9	97.8	98	98.2
10	固定资产投资价格指数(上年=100)			102.6	105.4	105.8	99.4	98.2	100.5	100.3	101.1
11	注：1. 国家统计局从2011年1月开始实施新的工业生产者价格统计调查制度方法。"工业品价格统计"改称为"工业生产者价格统计"，将"工										
12	2. 国家统计局从2011年1月开始实施新的工业生产者价格统计调查制度方法。"工业品价格统计"改称为"工业生产者价格统计"，相										
13	数据来源：国家统计局										

图 6－36　CSV 格式文件用 Excel 打开

二、大数据可视化工具使用示例

（一）ECharts

ECharts 图表工具为用户提供了详细的帮助文档，这些文档不仅介绍了每类图表的使用方法，还详细介绍了各类组件的使用方法，为每类图表都提供了丰富的实例。用户在使用时可以参考实例提供的代码，稍加修改就可以满足自己的图表展示需求。下面结合 ECharts 实例介绍 ECharts 的使用方法。

1. 南丁格尔玫瑰图

图 6－37 所示是不同渠道推广注册人数的原始数据。

推广渠道	用户量（千）
直接访问	65
搜索引擎	50
论坛、社区	45
短视频	35
联盟广告	30
社交平台	25
电子邮件	15

图 6－37　不同渠道推广注册人数的原始数据

第一步：找到 ECharts 的官网。

第二步：单击示例菜单。选择官方实例，在左边导航栏中找到饼图，如图 6－38 所示，然后选择南丁格尔玫瑰图，如图 6－39 所示。

第三步：南丁格尔玫瑰图模板左边是代码，右边是效果图，单击效果图，可以进行交互。

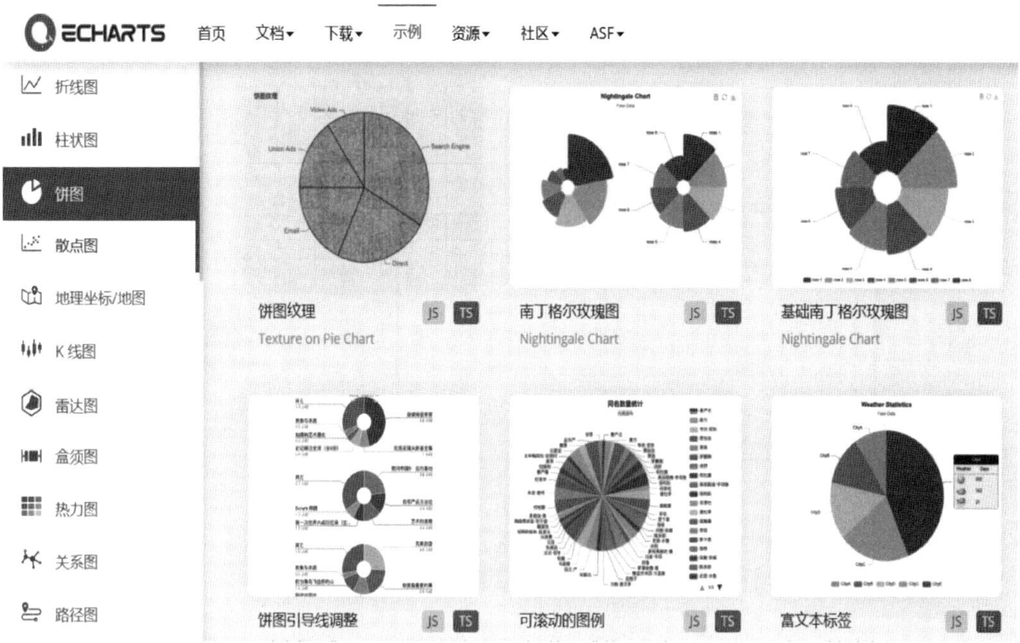

图 6-38　ECharts 饼图示例

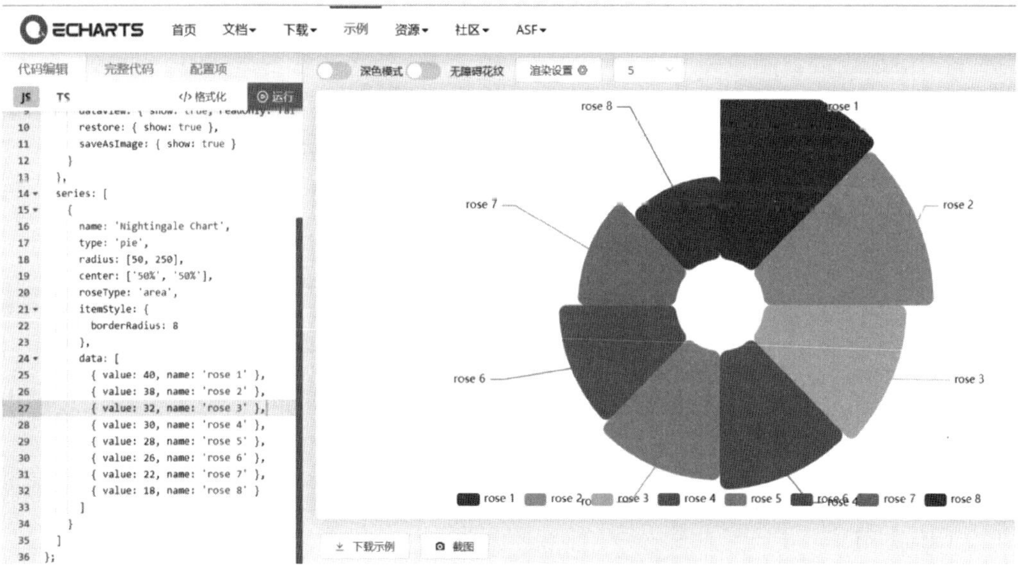

图 6-39　ECharts 南丁格尔玫瑰图模板

第四步：修改代码，这里的一行代码代表一行数据，value 对应的是表里的数值，name 对应的是名称，根据原始数据修改代码里的数据即可。表里有 7 行数据，把代码里多余的一行数据删除即可。左边是原代码模板，右边是修改后的代码，如图 6-40 所示。

第五步：修改代码后，右边的图形跟着发生变化。修改后的图片下面的标签和图例有重合的地方。把 radius 的外半径值缩小，改为 180，如图 6-41 所示。

```
series: [
  {
    name: 'Nightingale Chart',
    type: 'pie',
    radius: [50, 250],
    center: ['50%', '50%'],
    roseType: 'area',
    itemStyle: {
      borderRadius: 8
    },
    data: [
      { value: 40, name: 'rose 1' },
      { value: 38, name: 'rose 2' },
      { value: 32, name: 'rose 3' },
      { value: 30, name: 'rose 4' },
      { value: 28, name: 'rose 5' },
      { value: 26, name: 'rose 6' },
      { value: 22, name: 'rose 7' },
      { value: 18, name: 'rose 8' }
    ]
```

```
series: [
  {
    name: 'Nightingale Chart',
    type: 'pie',
    radius: [50, 250],
    center: ['50%', '50%'],
    roseType: 'area',
    itemStyle: {
      borderRadius: 8
    },
    data: [
      { value: 65, name: '直接访问' },
      { value: 50, name: '搜索引擎' },
      { value: 45, name: '论坛社区' },
      { value: 35, name: '短视频' },
      { value: 30, name: '联盟广告' },
      { value: 25, name: '社交平台' },
      { value: 15, name: '电子邮件' },
    ]
  }
```

图 6－40　ECharts 南丁格尔玫瑰图代码

```
series: [
  {
    name: 'Nightingale Chart',
    type: 'pie',
    radius: [50, 180],
    center: ['50%', '50%'],
    roseType: 'area',
    itemStyle: {
      borderRadius: 8
    },
    data: [
      { value: 65, name: '直接访问' },
      { value: 50, name: '搜索引擎' },
      { value: 45, name: '论坛社区' },
      { value: 35, name: '短视频' },
      { value: 30, name: '联盟广告' },
      { value: 25, name: '社交平台' },
      { value: 15, name: '电子邮件' },
    ]
```

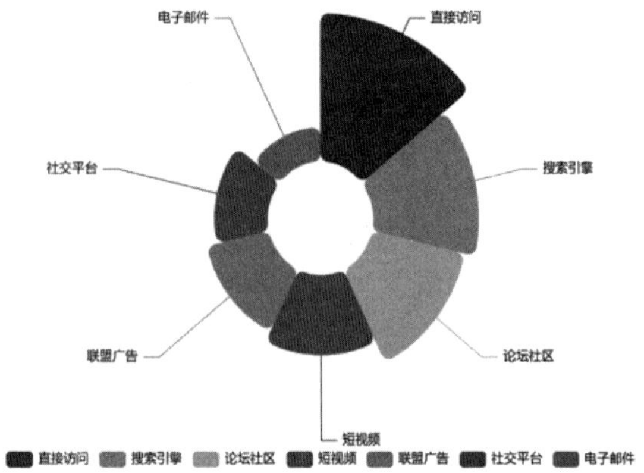

图 6－41　南丁格尔玫瑰图示例修改后界面

第六步：图片里的外半径值缩小后，标签与图例就不再重合了。在实际制图过程中，根据不同的个性化需求，可以做一些相应的配置。修改完图片后，单击下载示例，保存为 html 格式。还可以单击截图或另存为图片。

2. 柱状图

柱状图是企业应用中最常用的图表。图 6－42 所示是某企业销售额前 5 位的品种，直观反映了企业重点产品的销售情况，表明生产、销售应重点保障的产品。这个图就是在基础柱状图的基础代码上，通过增加标题和副标题代码、修改数据而制作完成的。

3. 折线图

折线图可以用来统计一年来各月份的销售额，展现销售额随季节变化的情况，便于分析销售量在年度内不同月份变化的原因，作为来年生产计划与销售计划的参考因素。图 6－43 所示的折线图就是在 ECharts 中制作而成的。

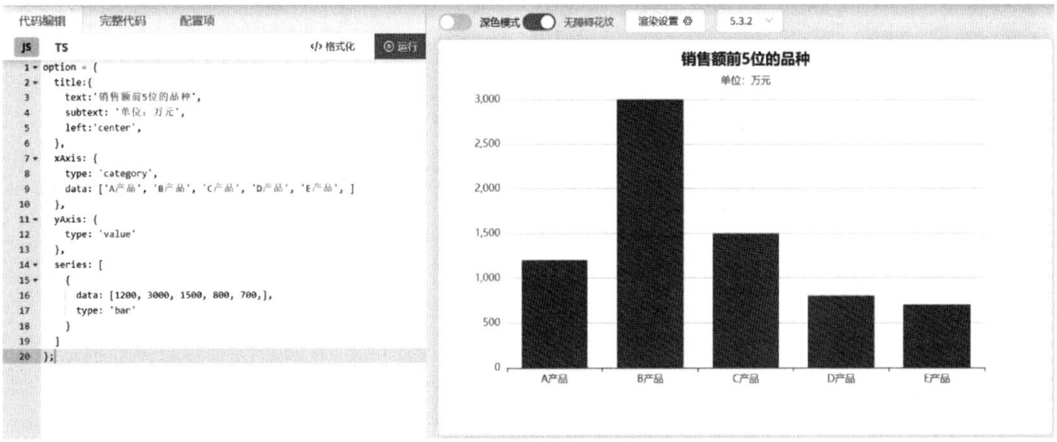

图 6－42　柱状图示例

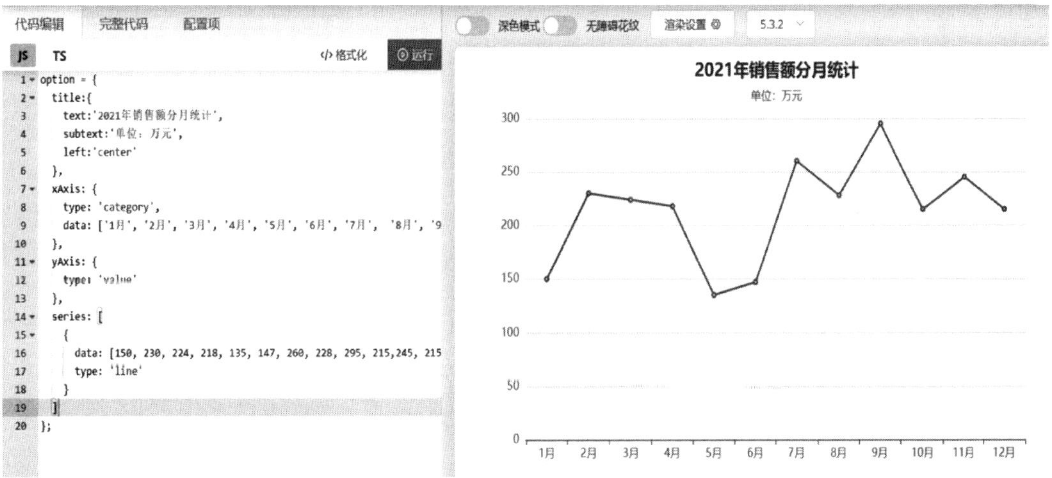

图 6－43　折线图示例

（二）PowerBI

庞大而繁杂的财务数据经过清洗、整理和分析之后，如何使分析结果和分析过程可视化，以帮助数据使用者理解和使用数据，是一件非常重要的事情。

在对财务数据可视化的过程中，我们经常会利用最基本的图表，如柱状图、折线图、饼图来展示数据结果。基本图表的优点在于简单易懂，缺点在于不够酷炫和高级，不容易抓人眼球，那么此时就需要利用 PowerBI 来实现数据可视化了。

Power BI 是微软推出的一款数据分析和可视化工具，能够在较短时间内生成各种酷炫的报表。Power BI 能够从各种数据源中抓取数据进行分析，除了支持微软产品（如Excel、SQL Server 等）、各类数据库（如 Oracle，My SQL 等），还支持从 R 语言脚本、Hdfs 文件系统、Spark 平台等地方导入的数据，也支持直接从网页抓取的数据。图 6－44 所示是 Power BI 的数据导入窗口。

图 6-44 Power BI 的数据导入窗口

数据导入后，就可以进入内嵌的查询编辑器，这是 Power BI 的一个主要模块，也可以称为 Power Query，数据整理都在这里完成，如图 6-45 所示。

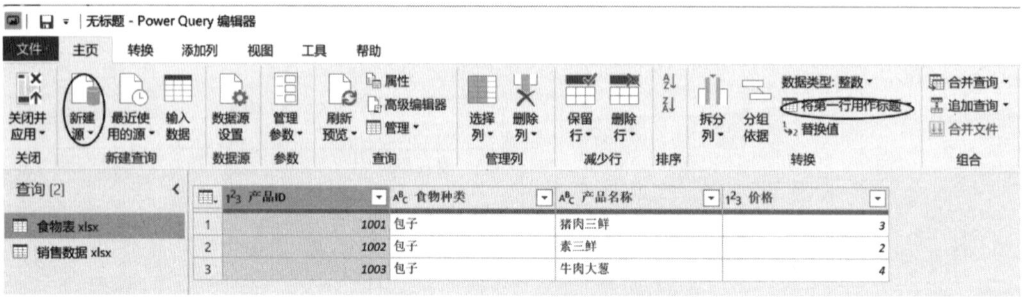

图 6-45 Power Query 编辑器窗口

整理数据后进行数据建模，即在表格之间建立关联，这是下一步数据可视化的基础。如果只有一个表，就没有必要经过这一步了。Power BI 数据建模界面如图 6-46 所示。

然后就可以进行可视化工作了。Power BI 的可视化组件有很多选择，如图 6-47 所示。

下面以一家快餐店某一时段的销售数据为例，展示如何利用 Power BI 可视化呈现财务数据。假设有两张 Excel 表，一张是某快餐店的销售情况表，另一张是某快餐店的产品情况表。

销售情况表（见图 6-48）包括如下字段：订单编号、订单日期、门店、产品 ID、顾客、数量。产品情况表（见图 6-49）中则记录了食物的种类与价格，包括字段：产品 ID、食物种类、产品名称、价格。

图 6-46　Power BI 数据建模界面

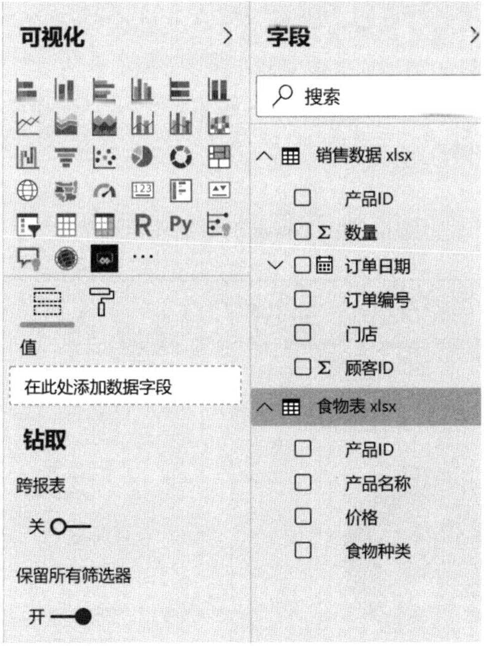

图 6-47　Power BI 的可视化组件

将案例数据的两张表导入 Power BI，如图 6-50 所示。假如想要知道每种食物的下单数量占总数量的比重，可以选择用环形图来进行分析，如图 6-51 所示。

	A	B	C	D	E	F
1	订单编号	订单日期	门店	产品ID	顾客ID	数量
2	x2200001	2022/1/1	一中店	1001	101	200
3	x2200002	2022/1/1	一中店	1002	103	150
4	x2200003	2022/1/1	一中店	1003	105	185
5	x2200004	2022/1/2	一中店	1001	102	220
6	x2200005	2022/1/2	一中店	1002	106	180
7	x2200006	2022/1/2	一中店	1003	110	215
8	x2200007	2022/1/3	一中店	1001	102	230
9	x2200008	2022/1/3	一中店	1002	103	195
10	x2200009	2022/1/3	一中店	1003	101	225

图 6－48　某快餐店销售情况表

	A	B	C	D
1	产品ID	食物种类	产品名称	价格
2	1001	包子	猪肉三鲜	3
3	1002	包子	素三鲜	2
4	1003	包子	牛肉大葱	4

图 6－49　某快餐店产品情况表

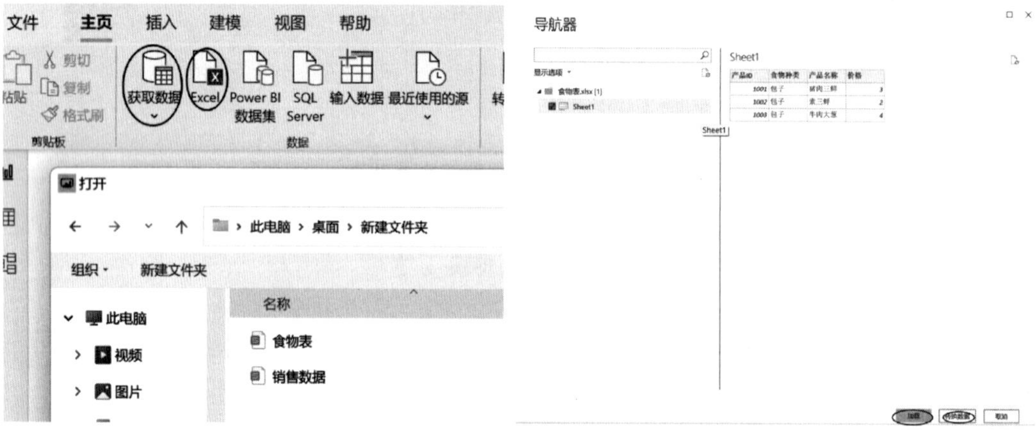

图 6－50　Power BI 数据表导入界面

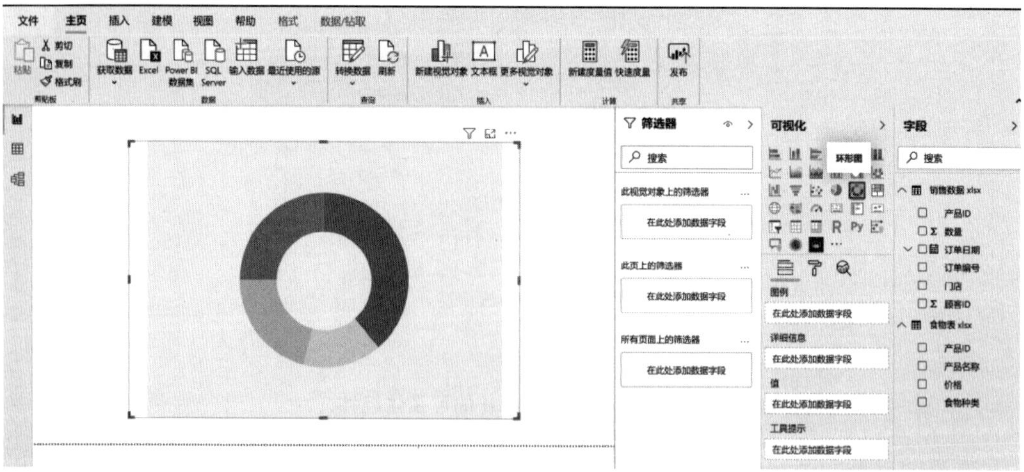

图 6－51　Power BI 可视化环形图界面

选择用表中的字段来绘图。对于这个案例，我们选择产品情况表中的“食物种类”和销售数据表中的“数量”，可视化结果如图 6－52 所示。在环形图中，用每种食物的数量除以总数量，就是每种食物的占比。

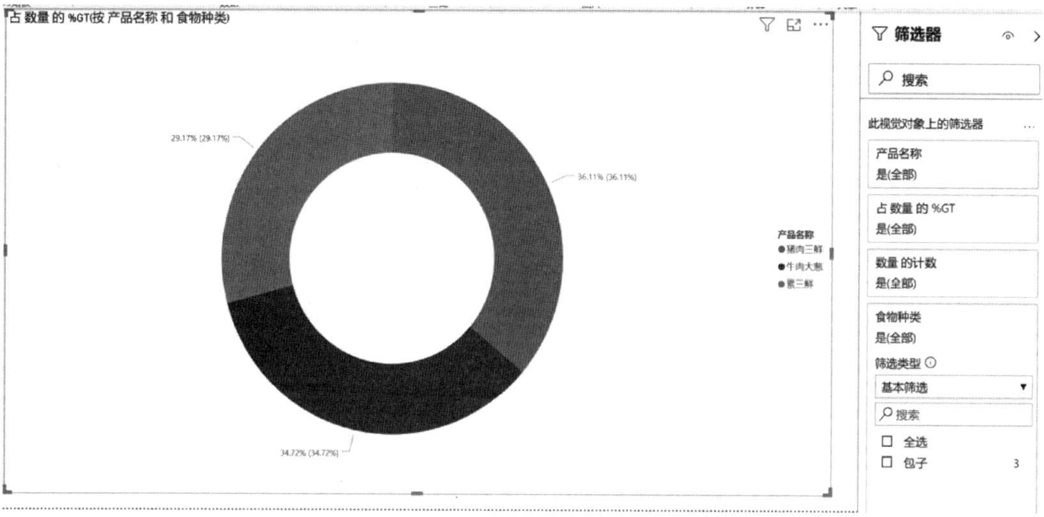

图 6－52　Power BI 可视化结果呈现界面

项目总结

本项目介绍了数据可视化的基本概念、作用、工作流程，以及可视化基本图表和常用可视化工具的使用。随着数据可视化被越来越多的行业所重视，功能强大的数据可视化软件也如雨后春笋般被开发出来。熟练掌握合适的数据可视化工具，制作出令人满意的数据可视化图形，不仅能提高自己的数据分析技能，还能提升就业竞争力。

素养课堂

呈现可视化数据，传递社会价值

贸易是经济繁荣的重要组成部分，但你对全球贸易了解多少？为了让大家更直观地感受国际贸易流动的情况和趋势，数据可视化专家马克斯·加尔卡用 Blueshif 工具创造了国际贸易流动图（见图 6－53），通过交互可视化的方式展现国际贸易流动的情况和趋势。

地图上的彩色圆点代表不同的类别，左下角的色卡对不同的颜色做出相应的标注，如食物、木材、机械等。这个球状图是可以翻转的，移动鼠标即可翻找感兴趣的国家。只需要单击某一个国家，数据就会动态更新显示，可以看到该国家的进出口贸易情况。

交互可视化使得抽象的贸易概念变得更具触觉，同时视觉上也更容易吸收信息。利用可视化工具把那些冗长的数字列表变成可视化动图，不仅具备视觉审美，更传递出社会价值，在贸易、气候、语言、职场等不同领域，都带给我们不一样的数字震撼力。

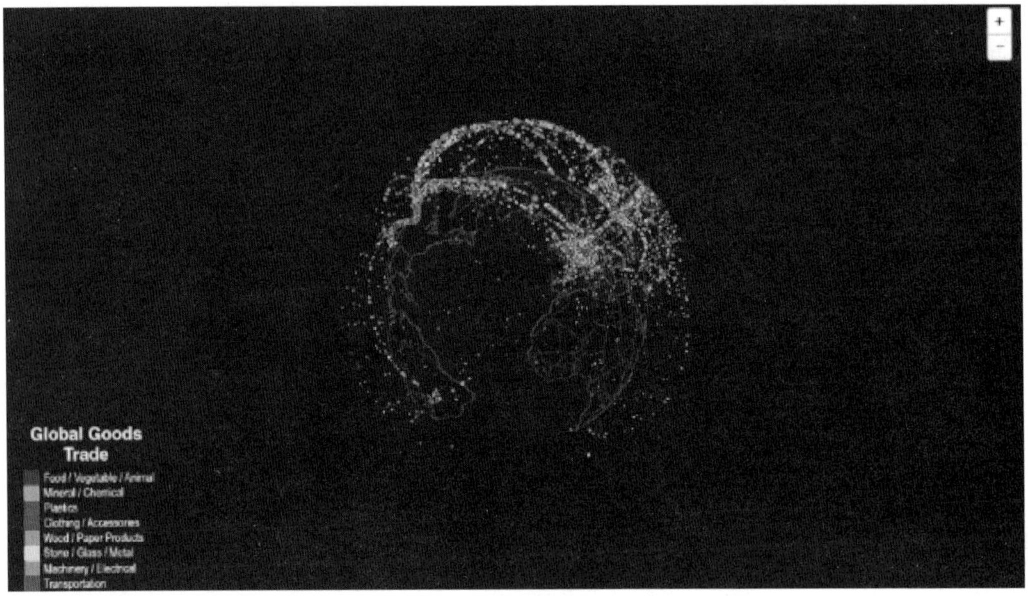

图 6-53　国际贸易流动图

课后自测

一、单项选择题

1. 直方图和柱状图的区别之一是（　　）。

A. 直方图的各矩形是连续排列的，而柱状图是分开排列的

B. 柱状图的各矩形是连续排列的，而直方图是分开排列的

C. 直方图主要用于描述分类数据，柱状图主要用于描述数值型数据

D. 直方图主要用于描述各类别数据的多少，柱状图主要用于描述数据的分布

2. 用散点图可以推断出变量间的（　　）。

A. 分布性　　B. 相关性　　C. 因果性　　D. 结构性

3. 漏斗图用（　　）面积表示某个环节业务量与上一个环节之间的差异。

A. 三角形　　B. 圆形　　C. 梯形　　D. 正方形

4. 下列关于矩形树图的说法，错误的是（　　）。

A. 矩形树图是一种基于面积的可视化方式

B. 矩形树图只能展示数据的层级关系

C. 矩形树图可以展示树状结构的数据的比例关系

D. 矩形树图的外部矩形表示父类别，内部矩形表示子类别

5. 可以在二维平面上展示三个变量关系的单一图表是（　　）。

A. 散点图　　B. 柱形图　　C. 堆叠面积图　　D. 气泡图

6. ECharts 是一个使用（　　）实现的开源可视化库，可高度个性化定制数据可视化图表。

A. Java　　B. C++　　C. Python　　D. JavaScript

7. 可视化和其他数据分析处理方法最大的不同是用户起到了关键作用，可视化映射后的结果只有通过（　　）才能转换成知识和灵感。

A. 可视化映射　　B. 数据处理　　C. 用户感知　　D. 数据转换

8. Gartner 2023 魔力象限报告，以（　　）为产品代表的微软连续 16 年成为领导者，并且连续 5 年位于领导者象限最高地位。

A. ECharts　　B. Processing　　C. Power BI　　D. Tableau

二、多项选择题

1. 数据可视化的作用有（　　）。

A. 观测与跟踪数据　　B. 分析数据

C. 辅助理解数据　　D. 增强数据吸引力

2. 数据可视化流程包括的环节有（　　）。

A. 数据采集　　B. 数据处理　　C. 可视化映射　　D. 用户感知

3. （　　）是可视化工具，可以制作可视化图表。

A. ECharts　　B. Oracle　　C. FineBI　　D. Tableau

4. 以下属于 CSV 格式特征的是（　　）。

A. 纯文本格式，并通过单一的编码来表示字符

B. 一行对应一条记录，每行开头不留空格

C. 主要以半角逗号作为分隔符

D. 每行都有同样的字段序列

5. 颜色的视觉通道包括（　　）。

A. 饱和度　　B. 色调　　C. 透明度　　D. 美观度

三、判断题

1. 柱状图和饼图用于分类变量（离散型变量），直方图用于连续型变量。（　　）

2. 面积图不可以用于多个系列数据的比较。（　　）

3. 雷达图可以用来在变量间进行对比，或者查看变量中有没有异常值。（　　）

4. 气泡图主要用于分析数据之间的对比性。（　　）

5. Pyecharts 是一个用于生成 ECharts 图表的类库，是 ECharts 与 Python 的对接。（　　）

6. 在数据的测量、清洗、建模、可视化过程中，都可能产生数据不确定性。（　　）

四、简答题

1. 简述数据可视化在财务工作中的作用。

2. 简述分布型图表类型和特征。

3. 结合财务工作流程，举例阐述使用数据可视化工作的业务价值。

项目七 大数据安全

学习目标

知识目标：

（1）掌握大数据安全与传统数据安全的区别；

（2）了解大数据应用引发的安全风险；

（3）了解大数据安全技术的种类。

能力目标：

（1）分析财经大数据应用常见的风险因素；

（2）掌握常见的用户隐私防护策略。

素质目标：

（1）形成良好的财务数据信息保护意识；

（2）增强个人的信息安全意识与国家信息安全意识。

项目综述

随着大数据时代的到来，人类迎来了一场生活、工作、技术、思维的大变革，但同时，大数据也使人类面临更多的风险和挑战。在大数据时代，数据的安全问题日益凸显，大数据因其蕴藏的巨大价值以及集中化的存储管理模式，更容易成为网络攻击的重点目标，针对大数据的勒索攻击以及数据信息的泄露问题，正随着大数据技术的普及而变得越来越严重。在全球范围内，几乎每天都会发生相关的数据安全事件。大数据安全问题，已经成为人类社会在信息化发展过程中无法回避的问题，大数据技术将网络空间与现实社会连接得更加紧密，使传统的信息安全与非传统信息安全混杂一起，这不仅给个人和企业带来威胁，甚至会危及整个社会和国家安全。

任务一　大数据安全概述

引导案例

Facebook 数据泄露事件

◎案例描述

2018 年 3 月，众多 Facebook 用户忽然意识到他们正面临着巨大的数据隐私泄露危机。据透露，剑桥分析公司在未经他们同意的情况下使用 Facebook 应用程序来收集用户的个人数据。

这种收集私人信息（如电子邮件地址或用户生日）的操作不是新奇事，但剑桥分析公司是在用户无意识的情况下将这些数据用于政治研究领域。2018 年 4 月，Facebook 宣布剑桥分析公司实际上可能拥有多达 8 700 万用户的数据，比原先报告的数量多得多。

然而更糟的是，据悉 Facebook 知道剑桥分析公司在美国大选前所做的事情，但选择不披露。直到《纽约时报》《卫报》《观察家报》联合报道震惊社交界，Facebook 才出面解释和分享相关更多信息。

当时，Facebook 称公众将剑桥分析公司的行为视为违规行为是"完全错误的"，因为受影响的用户是自己选择注册使用该应用程序的，然而，这个解释公众并不买账。

此次事件也被视为 Facebook 有史以来遭遇的最大型数据泄露事件。受此事件的影响，Facebook 的市值大幅下跌。

◎案例解析

在当前以 App 为主要载体的移动互联网时代，在大数据安全问题上，将越来越容不下慢一拍的危机应对方式，相关部门应当在第一时间出面解决，尽可能减少数据泄露的负面影响。当然，最好的方式还是防患于未然，从 App 还在初期建设时就将大数据安全基因倾注其中，坚持以用户为中心去考虑问题，千万不要借口于用户不敏感就可以不在意、不考虑而肆意妄为，要时刻不忘初心，居安思危。

知识学习

一、传统数据安全与大数据安全

数据安全的实质就是要保护信息系统中的各项资源免受各种威胁、干扰和破坏。大数据作为一种资源，其具备的普遍性、共享性、增值性、多样性及可处理性，对人类的信息应用有着十分重要的意义和价值。

传统数据安全理论，重点强调保护数据信息的保密性、完整性和可用性，属于静态的安全问题。在大数据时代，通过共享、交易等流通方式，数据的质量和价值得到更大程度的实现和提升，数据的动态利用逐渐走向常态化、多元化，这使得大数据安全表现出与传统数据安全不同的特征。

（一）传统数据安全的威胁因素

1. 计算机病毒

计算机病毒可以影响计算机软件、硬件的正常运行，破坏数据的正确性与完整性，甚至导致系统崩溃，特别是一些针对盗取数据信息的木马病毒，会造成十分严重的后果。目前，针对该类威胁，杀毒软件可以进行较好的防御，如 360 杀毒软件。随着杀毒软件的普及与推广，人们不再频繁受到计算机病毒的困扰。

2. 黑客入侵

账号泄露、资料丢失、网页被黑等是企业信息安全管理中常遇到的问题。黑客入侵往往具有明确的目标性，当黑客要攻击一个目标时，通常先收集被攻击方的有关信息，分析被攻击方可能存在的漏洞，然后建立模拟环境，进行模拟攻击，测试对方可能的反应，再利用适当的工具进行扫描，最后通过已知的漏洞，实施攻击。然后黑客便可以读取邮件、搜索和盗窃文件、毁坏重要数据，甚至破坏整个系统的信息，造成不堪设想的后果。

3. 数据信息存储介质的损坏

在物理介质的层面上，对数据的存储与传输进行安全保护，是信息安全的基本保障。该方面的安全隐患形成的原因主要是自然灾害、物理损坏和设备故障，以及电磁辐射、信息泄露、痕迹泄露、操作失误和意外泄漏等情况。

7-1 大数据发展面临的五大安全挑战

（二）大数据安全的威胁因素

1. 大数据成为网络攻击的显著目标

在虚拟网络空间里，数据的规模越庞大，其受到的关注度就会越高。大数据规模巨大的特征使其很容易成为被攻击的目标，其原因一方面是由于大数据包含了大量复杂、敏感又具有较高价值的信息，对于潜在的攻击者具有较强的吸引力；另一方面，大量聚集的数据信息一旦被攻破，攻击者将会一次性获得大量的收益，这也增加了大数据对潜在攻击者的吸引力。

2. 大数据加大了隐私泄露的风险

从大数据的技术角度看，数据平台对数据的聚合增加了数据泄露的风险。数据平台具有海量的数据存储能力，数据存储量往往突破 PB 级别，一旦数据保护机制被黑客突破，将会带来不可估量的损失。因此企业在实际应用过程中，必须严格实施安全访问机制和数据保护机制。

3. 大数据技术被应用到攻击手段中

大数据技术在为企业带来价值的同时，也可能被黑客用来攻击企业，给企业造成损失。为实现更加精准的攻击，黑客一般会利用大数据技术工具多渠道搜集信息，如社交网络、电子邮件、微博、购物网站等，这些渠道存在的海量数据将能为黑客发起攻击提供更多机会。

4. 大数据成为高级可持续攻击的载体

传统的安全防护机制都是基于单个时间点进行的实时匹配监测，而高级可持续攻击是一个动态过程，并不具备实时监测的明显特征，因而无法被实时监测。

在大数据时代，黑客往往会较好地隐藏自己的攻击，我们依靠传统的安全防护机制通常很难监测到。

二、大数据应用引发的各类安全风险

7－2 大数据安全面临的挑战

2018 年，Facebook 的数据泄露问题扭转了大众对大数据风险的传统认知。大数据风险问题已经不仅仅是个人和企业层面的问题，而是上升至社会和国家层面，直接影响社会稳定和国家的经济、政治安全。数据安全防护不再仅保证数据本身的保密性、完整性和可用性，而是承载着个人、企业、国家等多方主体的利益诉求，涉及个人权益保障、企业知识产权保护、市场秩序维护、产业健康生态建立、社会公共安全乃至国家公共安全维护等诸多数据治理问题。

（一）隐私和个人信息安全问题

传统意义上，隐私是个人隐藏、不便公开的私事，如个人身份、健康状况、个人信用和财产状况等。但在大数据时代，隐私与传统意义上的隐私存在较大差别，其内容更加丰富，分为个人信息、个人事物和个人领域等，如使用设备位置信息、电子邮件等；同时，我们上网的浏览情况、应用的 App、在网上参加的活动、发表及阅读的帖子，甚至我们不经意间的点赞等，也可能成为隐私。

大数据的价值并不单纯地源于它的用途，而更多源自数据的二次利用。在大数据时代，我们会在各式各样的数据库系统中留下数据"脚印"，就单个系统而言，这些细小的数据可能是无关痛痒的，但一旦将它们通过自动化的技术整合以后，就能够逐渐还原和预测个人生活的轨迹和全貌，使得个人隐私无所遁形。

哈佛大学的研究显示，只要知道一个人的年龄、性别和邮编，就可以在公开的数据库中识别出此人 87%的身份。在"小数据时代"，一般只有政府机构才能掌握个人数据，现如今，许多企业和社会组织也拥有海量数据，甚至在某些方面超过了政府拥有的数据量。这些海量数据的汇集，使得敏感数据暴露的可能性大大增加，一旦对大数据的收集、处理、保存不当，更是会加剧数据信息泄露的风险。

（二）国家安全问题

大数据作为一种社会资源，不仅给互联网领域带来了变革，同时也给全球的政治、经济、军事、文化、生态等领域带来了巨大影响。它已经成为衡量一个国家综合国力的重要标准。大数据事关国家的主权和安全，必须加以高度重视。

1. 大数据成为国家之间博弈的新战场

大数据意味着海量的数据，也意味着更加复杂敏感的数据，特别是关系国家安全和利益的数据，如国防建设数据、军事数据和外交数据等，这些数据极容易成为网络攻击的目标。一旦机密的信息或情报被敌对势力窃取或泄露，就可能会改变整个国家的命运。

对于数据的跨国流通和交易，如果没有掌握数据主权，最终势必会影响到国家主权，这是因为发达国家的跨国公司或者政府机构，会凭借其高科技优势收集、分析、存储、传输数据，而这种能力远超发展中国家。如果发展中国家向外国政府或企业购买其所需的数据，只要卖方有所保留，则无法做出正确的形势研判，经济上的竞争力势必也会大打折扣，发展中国家在经济发展的自主权上也会受到严重的侵犯。可见，大数据重新定义了各国博弈的空间，国家强弱不仅以政治、经济、军事实力为着眼点，也受到数据主权的影响。数据安全防线一旦失守，将会给国家带来不可估量的损失。

2. 自媒体平台成为影响国家意识形态安全的重要因素

自媒体又称公民媒体或者是个人媒体，是私人化、平民化、普泛化、自主化的传播者，以现代化、电子化的手段，向不特定的大多数或者特定的个人传递规范性及非规范性信息的新媒体的总称。常见的自媒体平台主要包括博客、微博、微信、抖音、贴吧、论坛（BBS）等网络社区。大数据时代的到来重塑了整个媒体表达的方式，使传统媒体不再是一枝独秀。

但是自媒体的发展良莠不齐，而受众群体一般没有足够的能力去分辨信息的真伪，从而可能会冲击主流媒体发布信息的权威性。此外，网络是人民参政议政、舆论监督的一个重要渠道，但是网络的通达性会使其容易被境外敌对势力利用和渗透，从而削弱国家主流意识形态的传播，对国家的主权安全、意识形态安全和政治制度安全，都会产生很大的影响。

三、财经大数据应用面临的安全风险

7-3 财经大数据也有风险

（一）大数据信息来源风险

企业使用大数据技术进行财务信息管理时，首先要接收大量的信息，由于信息量巨大，种类繁多，难以保证接收到的所有信息都是有效的。倘若企业使用大数据技术无法接收到准确的信息，可能导致企业的信息处理失真，严重时将会直接影响到企业的财务管理，使企业做出一些不合理的决策。

（二）大数据信息系统风险

当企业在使用大数据技术进行财务信息管理时，需要使用最新的信息管理系统，以便处理一些烦琐的财务信息。信息系统的水平将会直接影响企业财务信息处理的质量，如果信息系统在使用的过程中出现了问题，整个财务信息工作将会受到严重影响，因此，加强大数据信息系统的建设十分必要。虽然近些年我国的大数据技术水平得到了大幅提升，但在使用的过程中依然存在一些缺陷，若不能及时修复，将会时刻威胁到企业财务信息管理的质量。

（三）大数据运营过程风险

企业在使用最新的信息技术处理财务信息时，财务管理工作者必须依赖计算机和网络技术，若在运营过程中出现网络不良的状况，将会使企业的财务工作受到影响，这便是运营过程中存在的风险。与此同时，在进行财务信息管理的过程中，系统会对信息进行一定范围内的分享，此时一旦出现系统故障，就会导致切断分享，极大降低了整体工作效率，造成严重损失。

（四）大数据操作过程风险

在以往的财务信息管理过程中更加关注实践的操作，使得很多的财务管理者的理论水平远远低于实践水平。在当下大数据普及的时代，企业内很多的财务工作者知识水平不足，容易出现系统逻辑错误或徇私舞弊现象，引发信息失真。

拓展知识

全民国家安全教育日

4 月 15 日是全民国家安全教育日。全民国家安全教育日是为了增强全民国家安全意识、维护国家安全而设立的节日。当代国家安全包括 16 个方面的基本内容：政治安全、国土安全、军事安全、经济安全、文化安全、社会安全、科技安全、网络安全、生态安全、资源安全、核安全、海外利益安全、生物安全、太空安全、极地安全、深海安全。当前我们身处大数据时代，这些安全都与大数据安全息息相关。

数据被形容为“21 世纪的石油和钻石矿”。这类新型生产要素交织着个体权利、商业价值、产业发展、公共利益等诸多因素，是国家基础性战略资源，因此数据安全是国家安全的重要维度。

保护数据安全，是全民的责任和义务。我们应通过《中华人民共和国数据安全法》导航新形势下社会发展原则，唤醒尊重和保护数据安全的意识，培育全社会共同维护数据安全和促进数据有序发展的良好环境，从而促进“数字社会”向着更文明、更先进、更现代、更宜居的方向发展。

任务二　大数据保护的原则与对策

引导案例

大数据时代，你被“监听”了吗？

7－4 大数据时代，你被“监听”了吗？

◎**案例描述**

在大数据时代，往往存在着许多听上去“细思极恐”的传说。例如，日常聊天提到了外出度假，不久就收到了酒店服务的精准广告推送，很多人会不止一次产生怀疑，手机里的App是不是通过麦克风监听了自己的聊天，在自己不知情的情况下收集隐私信息并推送相应的广告，真的有人“监听”了自己吗？从技术和商业角度来说，手机App真的在监听用户说话吗？

大数据与人工智能专家表示，手机监听用户这件事，从硬件层面来看是具备条件的，但从软件的实际应用角度往往是不可行的。从技术的角度来说，手机软件想要监听用户谈话来实现广告精准推送，会发生明显持续的电量和流量消耗，非常影响手机的使用体验，这很难不被用户察觉。从商业的角度来说，通过语音数据来记录、传输和保存所耗费的成本巨大，对后台录音这样复杂而不可控的语音进行识别和分析，效果欠佳。从用户谈话语音数据中识别信息并精准投放广告成本太高，性价比很低，而且与“窃取用户隐私”这样巨大的法律和道德风险相比，实在是得不偿失。

◎案例解析

精准的广告推送来源于个性化广告。所谓个性化广告，是广告系统按照广告主的需求，精准、及时、有效地将广告呈现在广告主希望覆盖的受众面前，以获得预期转化效果。

不可否认的是，在新的大数据环境下，人们对数据安全和个人信息保护的问题变得敏感，要解决这些问题，一是要靠法律法规制定最低标准，二是要靠平台方与广告主规范自身行为，做到行业自律。

知识学习

一、大数据保护的基本原则

大数据保护应该在实现数据的保护与数据的自由流通和合理利用之间寻找一个平衡点。一方面要积极制定规则，确认与数据相关的权利；另一方面要努力构建数据平台，促进数据的自由流通和利用。

7-5 数据保护的基本原则

大数据保护的基本原则，包括以下几个方面。

（一）数据主权原则

数据主权原则是大数据保护首要的原则，是指一个国家独立自主地对本国数据进行占有、管理、控制、利用和保护的权利。数据主权原则，对内体现为一个国家对其政权管辖范围内任何数据的生成、传播、处理、分析、利用和交易等拥有最高的权利，对外则表现为一个国家有权决定以何种程序、何种方式参与到国际数据活动当中，并有权利采取必要的措施，保护本国数据权益免受其他国家侵害。

（二）数据保护原则

数据保护原则的主旨是确认数据为独立的法律关系客体，数据的法律性质和法律地位得以明确，从而使数据成为一种独立主体而受到法律的确认和保护。具体而言，它包含两个方面的含义：第一，数据不是人类的共同财产，数据的权属关系应该受到法律的调整，而法律必须确认权利人对数据的权利；第二，数据应该由法律进行保护，数据的流通过程必须受到法律的保护。规范合理的数据流通，不但能够确保数据的合理使用，还能够促进数据的再生和再利用。

（三）数据自由流通原则

数据自由流通原则是指法律应该确保数据作为独立的客体可以在市场上自由流通，而不对数据流通给予一些不必要的限制。一方面要积极促进数据的自由流通，使数据作为独立的生产要素，促进社会生产力的发展；另一方面要反对数据垄断，对于利用数据技术优势阻碍数据自由流通的行为，都应予以坚决抵制。要积极贯彻落实数据自由流通原则，在全球范围内消除数字鸿沟，构建国际数据共享的新秩序。

（四）数据安全原则

数据安全原则是指通过法律机制来保障数据的安全，以免数据面临遗失毁坏、不法接触、篡改变更或者泄露滥用的风险。数据安全原则，第一，要保障数据的真实性和完整性，既要加强对静态存储数据的安全保护，使其不受非授权的访问、篡改和伪造，也要加强对传输过程当中数据的安全保护，使其不被中途篡改，不发生丢失和缺损；第二，要保障数据的安全使用，数据使用必须具有保密性，禁止任何机构和个人的非授权访问，仅允许取得授权的机构和个人获取和使用；第三，以合理的安全措施来保障数据系统具有可用性，可以为确定合法授权的使用者提供服务。

二、大数据安全技术

7－6 大数据安全技术

（一）身份认证

身份认证，即“身份验证”或“身份鉴别”，是验证用户的真实身份与其对外的身份是否相符的过程，从而确定用户信息是否可靠、属实，防止非法用户假冒其他合法用户获得一系列相关权限，保证用户信息的安全和合法利益。身份认证是判断被验证对象是否属实或是否有效的一个过程，主要通过以下 3 种方式来判别：

（1）知识类认证方式，即根据用户所知道的信息来证明用户身份。知识类认证方式主要包括静态口令和用户相关信息等。

静态口令是指长期保持不变、可以被用户反复使用的口令，是一种最原始、最简单的认证方式。静态口令是一种极不安全的身份认证方式，虽然也存在增强口令安全性的策略，如定期更改静态口令、大小写字母和数字混排的口令、加入特殊字符的口令等，但因使用不便，且容易被破解，并不被大多数用户所接受。

用户相关信息是用户为重置密码等操作而预留的相关信息，如邮箱地址、手机号码、生日信息等。

（2）资产类认证方式，即根据用户所拥有的资产来证明用户身份。资产类认证方式包括电子令牌、App 动态口令、手机短信验证、智能卡和数据证书等。

电子令牌是一种动态口令技术，用户使用时只需要将动态令牌上显示的当前密码输入用户侧客户端，即可实现身份认证。用户的密码根据时间或使用次数不断动态变化，每个密码只使用一次。如果客户端硬件与服务器端程序的时间或使用次数不能保持良好的同步，就可能发生合法用户无法登录的问题，并且用户每次登录还需要通过键盘输入一长串无规律的密码，一旦输错就需重新输入，用户在使用方面并不便利。

App 动态口令是移动互联网新兴的一种认证方式，需要用户在手机上安装 App 动态口令生成软件，当用户需要使用口令时，运行 App 动态口令生成程序产生一个动态口令即可。

手机短信验证是通过服务端下发到用户手机的短信验证码来验证身份。目前使用最普遍的有网上银行、网上商城、团购网站、票务公司等。

智能卡是一种内置集成电路的卡片，卡片中存有与用户身份相关的数据，由专门的厂商生产，可以认为是不可复制的硬件。智能卡具有硬件加密功能，有较高的安全性。使用智能卡认证时，用户输入 PIN 码（个人身份识别码），智能卡认证成功后，即可读出智能卡中的加密信息，进而利用该加密信息与主机之间进行认证。对于智能卡认证，需要在每个认证端添加读卡设备，增加了硬件成本，并且单个用户可能拥有多张智能卡，不便于携带和管理。

数字证书包括证书版本、序列号、用户标识符、用户的密钥、证书所用的数字签名算法说明等内容。数字证书认证是借助第三方电子认证服务机构，为用户颁发基于 USB-Key 的数字证书，实现“双因子认证”（USB-Key 和用户 PIN 码）。USB-Key 是一种 USB 接口的硬件设备，可以存储用户的密钥或数字证书，利用 USB-Key 内置的密码算法实现对用户身份的认证。用户只有同时取得 USB-Key 和用户 PIN 码，才可以登录系统。但是单个用户可能拥有多个 USB-Key，不便于用户对 USB-Key 的携带和管理。

（3）本征类认证方式，即根据用户独一无二的身体特征来证明用户身份。本征类认证方式包括指纹识别、人脸识别和虹膜识别等。

指纹识别是目前应用最广泛的生物识别方式，是把现场采集到的用户指纹与数据库中已经登记的指纹进行一对一的比对，来确认身份的过程。指纹识别使用方便，样本容易获取，硬件成本低，在许多应用中，基于指纹的生物认证系统的成本是可以承受的。

人脸识别是基于人的脸部特征信息进行身份识别的一种生物识别技术。现有的人脸识别系统在用户配合、采集条件比较理想的情况下可以取得令人满意的结果。但是，当采集的人脸图像与系统中存储的人脸图像有差异时，如剃胡子、换发型、加眼镜、变表情等都有可能引起比对失败。

虹膜识别基于人眼中的虹膜进行身份识别，主要应用于安防设备（如门禁等），以及有高度保密需求的场所。虹膜在胎儿发育阶段形成后，始终保持不变，因此，可以将人眼的虹膜特征作为每个人的身份识别特征。虹膜识别便于用户使用，不需物理接触，可靠性高，目前可能是最可靠的生物识别技术。然而，现有的技术很难将虹膜识别的图像获取设备小型化，且设备造价高，很难大范围推广和应用。

（二）访问控制

目前，适用于大数据访问控制需求的方案主要有两种：基于属性加密的访问控制和基于角色的访问控制。

（1）基于属性加密的访问控制。

基于属性加密的访问控制是一种利用密文机制实现客体访问控制的方法，主要可以分为两种：基于密钥策略的属性加密（KP-ABE）和基于密文策略的属性加密（CP-ABE）。

基于密钥策略的属性加密，引入了访问结构，密文与属性集合相关联，密钥与访问策略关联，只有当用户提供的属性集可以达到密钥的访问结构时才能解密文件，主要用于访问静态数据。

基于密文策略的属性加密，密文由访问结构生成，密钥是用户的属性集合，只有当用户的属性满足密文中的访问结构时才能解密该段密文。基于密文策略的属性加密使得数据拥有者可以灵活地控制哪些用户访问数据，因此也被广泛地用作云计算的访问控制方案。

（2）基于角色的访问控制。

基于角色的访问控制，其基本思想是：对系统操作的各种权限不是直接授予具体的用户，而是在用户集合与权限集合之间建立一个角色集合。每一个角色对应一组相应的权限。一旦用户被分配了适当的角色，该用户就拥有此角色的所有操作权限。这样做的好处是，不必在每次创建用户时都进行分配权限的操作，只要分配用户相应的角色即可，而且角色的权限变更比用户的权限变更要少得多，这样将简化用户的权限管理，减少系统的开销。

（三）数据加密

数据加密的一个重要问题是如何对密文数据进行处理。同态加密和可搜索加密为此问题提供了解决方案。

（1）同态加密。

本质上来说，同态加密是指对明文进行环上的加法和乘法运算再加密的一种加密函数，与加密后对密文进行相应的运算的结果是等价的。由于这个良好的性质，人们可以委托第三方对数据进行处理而不泄露信息。同态加密技术允许公司将敏感的信息存储在远程服务器中，既避免从当地的主机端发生泄密，又保证了信息的使用和搜索；用户也得以使用搜索引擎查询并获取结果，而不用担心搜索引擎会留下自己的查询记录。同态加密可为大数据的处理过程提供数据保护的功能，但是，如何提高同态加密的安全性和运算效率以满足实际应用需求，还需要进一步的研究。

（2）可搜索加密。

采用一般的加密方式对数据进行加密很难为数据建立索引，导致数据的可用性很低。可搜索加密技术的出现实现了对密文的检索和查询，有效解决了此问题。目前，主要的可搜索加密技术可以分为两大类：对称加密和非对称加密。

对称加密（Symmetric Encryption）使用相同的密钥进行加密和解密。在对称加密中，发送者和接收者需要事先共享同一个密钥，并且使用该密钥进行加密和解密操作。对称加密算法的优点是加解密速度快，适合对大量数据进行加密处理；缺点是密钥管理较为困难，因为发送者和接收者需要事先共享密钥，并确保密钥的安全传递。

非对称加密（Asymmetric Encryption）使用一对不同但相关的密钥，分别称为公钥

(Public Key) 和私钥 (Private Key)。公钥可以被公开传播，而私钥则必须保持私密。在非对称加密中，公钥用于加密数据，而私钥用于解密数据或者进行数字签名。非对称加密算法的优点是密钥管理较为方便，不需要事先共享密钥，并且可以实现数字签名和身份验证等功能。非对称加密的缺点是加密速度较慢，不适合对大量数据进行加密处理。

三、大数据安全政策法规

随着数字世界的加速构建，网络安全形势愈发复杂，网络安全上升为国家战略。2017 年 6 月 1 日《中华人民共和国网络安全法》(简称《网络安全法》) 正式实施，我国网络安全领域各类政策法规日益完善，应对新增网络风险策略更加成熟。以《网络安全法》为基础，我国相继出台《中华人民共和国数据安全法》《中华人民共和国个人信息保护法》《关键信息基础设施安全保护条例》《网络安全审查办法》《网络数据安全管理条例 (征求意见稿)》《数据出境安全评估办法》等多个文件，形成“三法两条例两办法”基础格局，标志着我国网络空间治理框架逐步完善，网络空间法治进程迈入新时代。

(一)《网络安全法》

《网络安全法》是国家监管、行业发展、企业运营、个人安全在网络安全空间稳定运行、可持续发展的利器。对于国家，《网络安全法》明确了我国境内建设、运营、维护和使用网络的网络安全监督和管理，并对关键信息基础设施、等级保护制度等进行阐述，为我国网络安全稳定运行提供法律依据。对于行业和企业，《网络安全法》对网络安全建设管理运行提出明确要求，并对网络相关产品及服务进行约束，加速网络安全产业发展。对于个人，《网络安全法》对个人信息保护有明确要求，对网络诈骗及网络犯罪进行约束，维护了网络空间秩序，切实保障我国广大人民群众的网络空间利益。

(二)《数据安全法》

7-7《数据安全法》

《中华人民共和国数据安全法》(简称《数据安全法》) 由第十三届全国人民代表大会常务委员会第二十九次会议于 2021 年 6 月 10 日通过，自 2021 年 9 月 1 日起施行。该法共七章五十五条，分别是总则、数据安全与发展、数据安全制度、数据安全保护义务、政务数据安全与开放、法律责任和附则。《数据安全法》的颁布与实施，对于规范数据处理活动，保障数据安全，促进数据开发利用，保护个人、组织的合法权益，维护国家主权、安全和发展利益，具有重要的作用和意义。

(三)《个人信息保护法》

7-8《个人信息保护法》是如何保护我们的

《中华人民共和国个人信息保护法》自 2021 年 11 月 1 日起施行。该法共计八章七十四条，在有关法律的基础上，进一步细化、完善个人信息保护应遵循的原则和个人信息处理规则，明确个人信息处理活动中的权利义务边界，健全个人信息保护工作体制机制。

（四）《关键信息基础设施保护条例》

《关键信息基础设施保护条例》是结合我国现有关键信息基础设施安全保障体系成果提出的可落地的安全保护要求，是我国首个发布的关键信息基础设施安全保护标准，有助于进一步为关键信息基础设施运营者及相关人员提供安全工作指引和依据，对于我国关键信息基础设施安全保护有着极为重要的指导意义。

（五）《网络数据安全管理条例（征求意见稿）》

2021 年 11 月 14 日，国家互联网信息办公室发布《网络数据安全管理条例（征求意见稿）》，并向社会公开征求意见。征求意见稿共九章七十五条，涵盖了个人信息保护、互联网平台运营者义务等多个方面，首次将个人通信与非个人通信相区分、要求企业说明第三方收集个人信息的频次或者时机，并首次提出平台制定隐私政策需公开征求意见。

（六）《网络安全审查办法》

2021 年 11 月 16 日，国家互联网信息办公室 2021 年第 20 次室务会会议审议通过《网络安全审查办法》，并经国家发展和改革委员会、工业和信息化部、公安部、国家安全部、财政部、商务部、中国人民银行、国家市场监督管理总局、国家广播电视总局、中国证券监督管理委员会、国家保密局、国家密码管理局同意，自 2022 年 2 月 15 日起施行。该办法的出台为我国开展网络安全审查工作提供了重要的制度保障。同时，该办法的出台与落实，进一步完善公民个人信息保护制度，为国家个人数据保护制度添砖加瓦。

（七）《数据出境安全评估办法》

2022 年 5 月 19 日，国家互联网信息办公室审议通过《数据出境安全评估办法》，自 2022 年 9 月 1 日起施行。《数据出境安全评估办法》是基于《网络安全法》《数据安全法》《个人信息保护法》等法律法规制定的。与此前的法律法规相比，《数据出境安全评估办法》提出了我国数据出境“安检”的具体要求，标志着我国数据出境规则的基本形成。

四、用户隐私防护策略

从信息时代开始，关于隐私保护的研究就开始了。随着数据不断增长，人们对隐私越来越重视，常见的隐私保护策略有：

（一）数据加密

数据加密是常见的隐私保护手段，它把用户的数据转换成不易被窃取或解读的形式，以保护用户隐私。在应对网络安全攻击时，数据加密技术能够使攻击者无法获取用户的敏感信息，从而保护用户隐私。

（二）个人信息权限控制

个人信息权限控制是指在软件系统中，用户可控制自己的各项个人信息是否可以被其他用户访问、修改、删除等。这种方法可以有效保护个人隐私，避免用户信息被其他人滥用。

（三）匿名化处理

匿名化处理指在处理用户数据时，剥离出与用户身份有关的信息，在保护用户隐私的同时，仍可以完成一些基本的业务处理。例如，在线购物时，可以匿名记录用户的购买历史，同时又不会泄露用户的个人隐私信息。

（四）数据保险和信用保障

当用户管理自己的信息时，有时需要交换分享自己的个人信息，以便获取优惠和服务。在这种情况下，用户需要考虑数据保险和信用保障这些保险服务，这样可以在用户信息在被其他人滥用时，弥补所造成的经济损失。

拓展知识

隐私计算

隐私计算，也叫作隐私保护计算，简单来说，就是在保护数据本身不对外泄露的前提下，实现数据分析计算的技术集合，达到数据可用不可见的目的。它运用一系列计算技术，设置一个绝对黑盒，当第三方需要你的数据时，你把信息放到盒子里，所有数据和计算都在黑盒里，第三方可以得知计算结果，但却无法得知这些数据。

在隐私计算领域，我国一直走在前列，权威机构公布的全球隐私计算专利技术TOP100 榜单中，前 10 名有 6 名是我国企业，前 100 名的企业中，我国企业占 39%。华为及国内外多家公司组成了隐私计算联盟，发力隐私安全计算，目的就是通过软硬件结合，实现数据可用不可见，数据可以共享进行联合计算，但原始数据依然在本地，不会泄露给第三方，从源头实现数据隐私的加密保护。

任务三　大数据安全典型案例

在大数据时代，数据已经成为公司的核心竞争力。数据安全事件频发，给相关企业造成了无可挽回的损失，更为数据安全防护意识薄弱的企业敲响了警钟。如何对公司内部数据最为集中的数据分析、数据服务、数据治理等各种数据类产品进行权限管控，已经成为数据安全建设中最为重要的任务。

如果从控制力的角度来进行划分，权限管控可以分为功能级权限管控和数据级权限管控。早期的数据安全产品大多使用传统的权限模型，只能实现功能级权限管控，无法进行数据级权限管控。基于数据类产品更高的安全要求，我们需要构建一个同时满足各类产品数据安全的平台。为此，某 App 用户平台应用研发组设计了能表达和管控各种复杂关系的权限模型，如图 7－1 所示，并针对事前、事中、事后等三个场景，分别设计了审批、权限、审计三个子系统以保障数据安全的完整闭环，进而满足数据安全的各种要求。

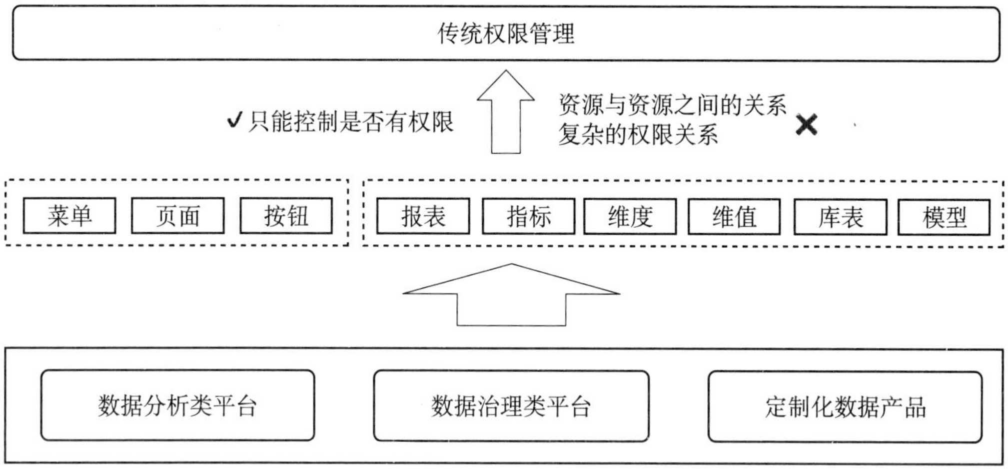

图 7-1　权限模型

功能应用类产品的权限表达，一般为“是否有权限”，而数据类产品权限表达的关系更加复杂。例如，数据类产品的报表，不仅需要表达出用户能否访问这个报表，而且需要表达出用户能访问报表中的哪些维度、指标以及维值的范围，还需要告知这些维度、指标等来自哪些库表模型，是否有权限访问以及创建报表。

传统的权限模型有访问控制列表（Access Control List，ACL）、基于角色的访问控制（Role-Based Access Control，RBAC）等。以上模型比较适用于应用类型产品的权限管控，而数据类型的产品对信息安全的要求更高，而且各类资源间的关系也更复杂，使用传统的权限模型难以将内部关系清晰地表达，某 App 技术团队在 RBAC 权限模型的基础上，扩展设计了新的权限模型。新的权限模型的突出特点体现在以下几个方面：

设计资源模型时，资源与资源之间具有从属关系，并且资源允许多层级，以树形结构展示。例如，报表是一个父资源，标签、组件、维度、指标都是报表下的子资源，这样赋权时能清晰地展示出报表资源与下面的子资源的关系，赋权和鉴权时才能满足各种权限控制的要求。

角色与角色之间具有从属关系。例如，员工在华东区/销售一区/销售一组的组织架构中，华东区/销售一区/销售一组这三个角色之间分别具有父子级的从属关系，当员工在销售一组部门下，则拥有华东区、销售一区、销售一组的所有权限。当权限不冲突时则直接合并所有权限，冲突时则以“就近原则”进行覆盖。

图 7-2 所示是新的权限模型，其包含三个部分：用户中心、资源中心、权限中心。

（1）用户中心：用户管理、角色管理。

角色分为个人、组织、自定义三种，一个用户可以同时拥有多个角色。比如，用户默认对应一个个人角色，又可同时拥有在公司组织架构中组织角色、在自定义组织的自定义角色。

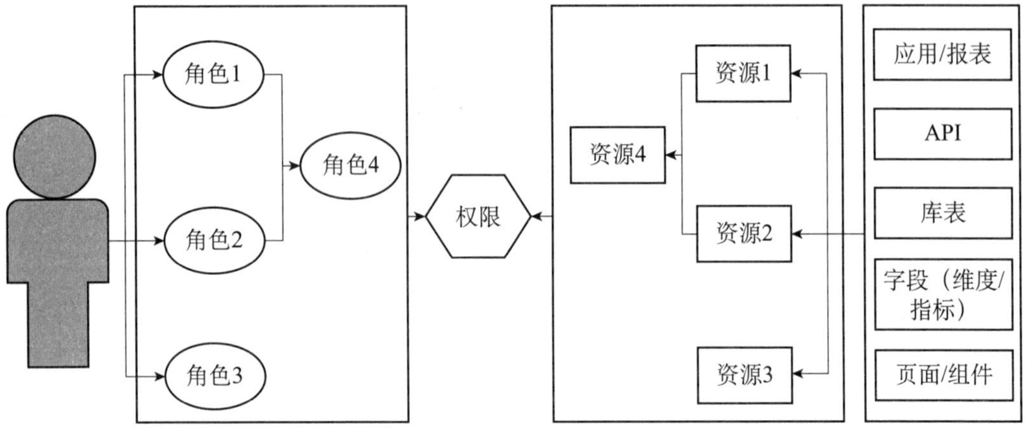

图 7－2　新的权限模型

角色支持多层级，满足角色间权限继承的表达方式。

用户、部门信息 Mafka（某 App 基于 Kafka 开发的一个分布式消息中间件综合解决方案）实时更新，每天 ETL 定时同步，保证人员入职、转岗、调离权限实时同步，如图 7－3 所示。

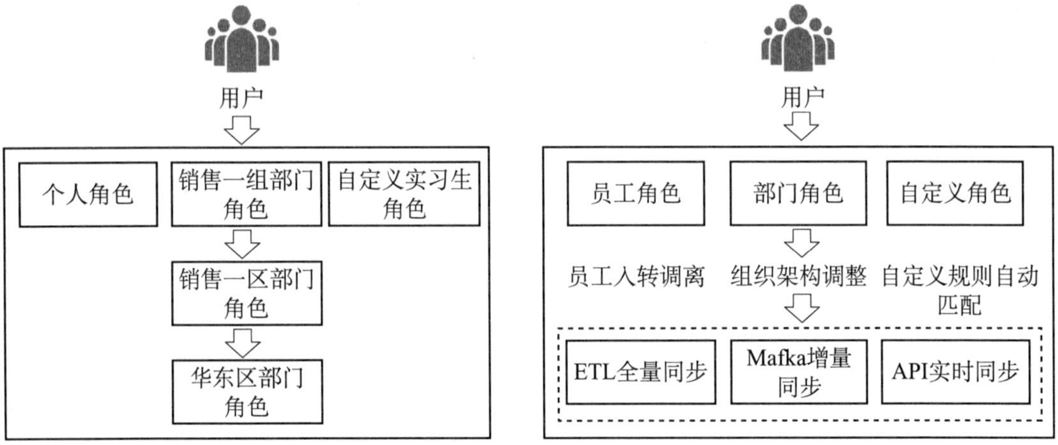

图 7－3　用户中心

（2）资源中心：资源管理。

资源类型支持自定义，在通用资源类型的基础上支持自定义的资源接入，满足各个系统不同资源的统一管控。

资源支持多层级，树形结构的资源展示方式便于资源的统一赋权鉴权；给一个报表资源赋权时，挂在报表下的维度、指标等资源能统一获得权限。

资源密级、资源管理员，支持按照资源配置不同的审批模板进行权限自助申请。

资源中心如图 7－4 所示。

（3）权限中心：角色与资源的关系的多种策略表达。

范围策略：例如，报表中的平台维度的维值包括美团和大众点评，赋权时，支持按要求给用户赋予部分或全部权限；鉴权时，按照规则解析为某人拥有某维度的部分或全部权限。

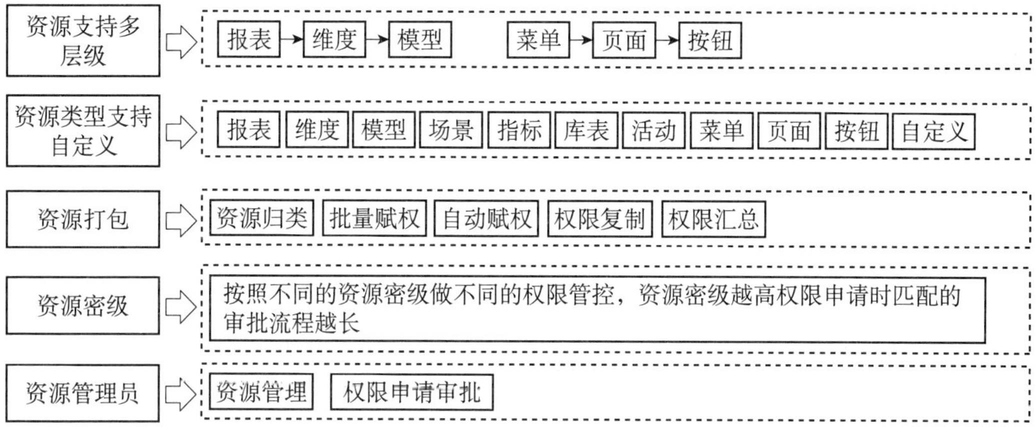

图 7-4　资源中心

表达式：当把报表给用户赋权时，设置表达式为 limit 10，表示当前用户在该报表其他权限的基础上再进行限制，只能返回前 10 条记录。

权限合并：一个用户拥有多个角色，多个角色的同一资源的权限鉴权时按照规则自动合并；规则解析时，权限数据不冲突时取合集，冲突时按照优先级取对应的值。

黑白名单：支持按照特定的规则，对某人针对某资源全面开发和封禁，黑白名单策略的优先级最高，黑名单高于白名单。

权限中心如图 7-5 所示。

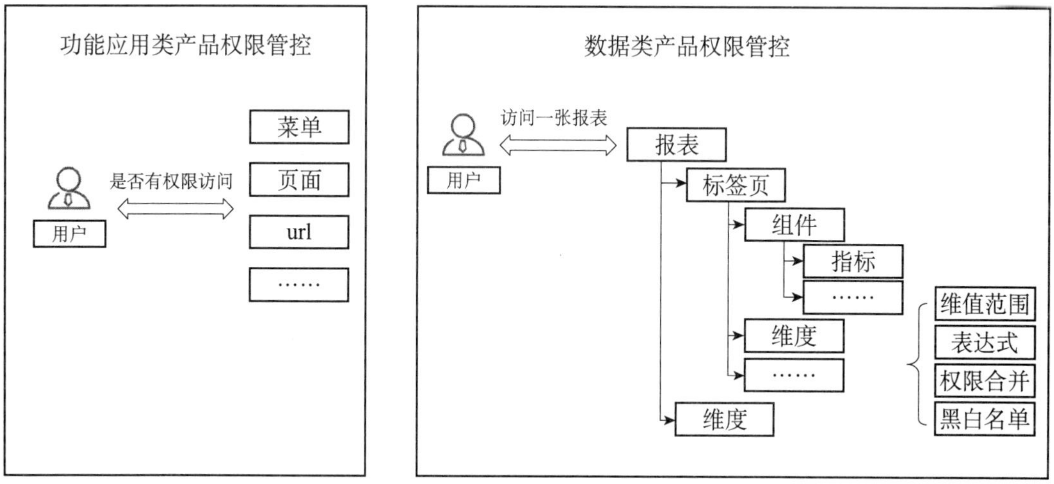

图 7-5　权限中心

作为一个通用的数据安全平台，各个业务线的各种定制需求不可能都满足。目前在系统架构上已支持提供多个可插拔的 Plugin 服务，在通用服务的基础上实现定制的权限管控。后续将针对权限、审批、审计提供 Plugin 开发规范，支持接入的系统在现有的基础上进行定制开发。总体架构与展望如图 7-6 所示。

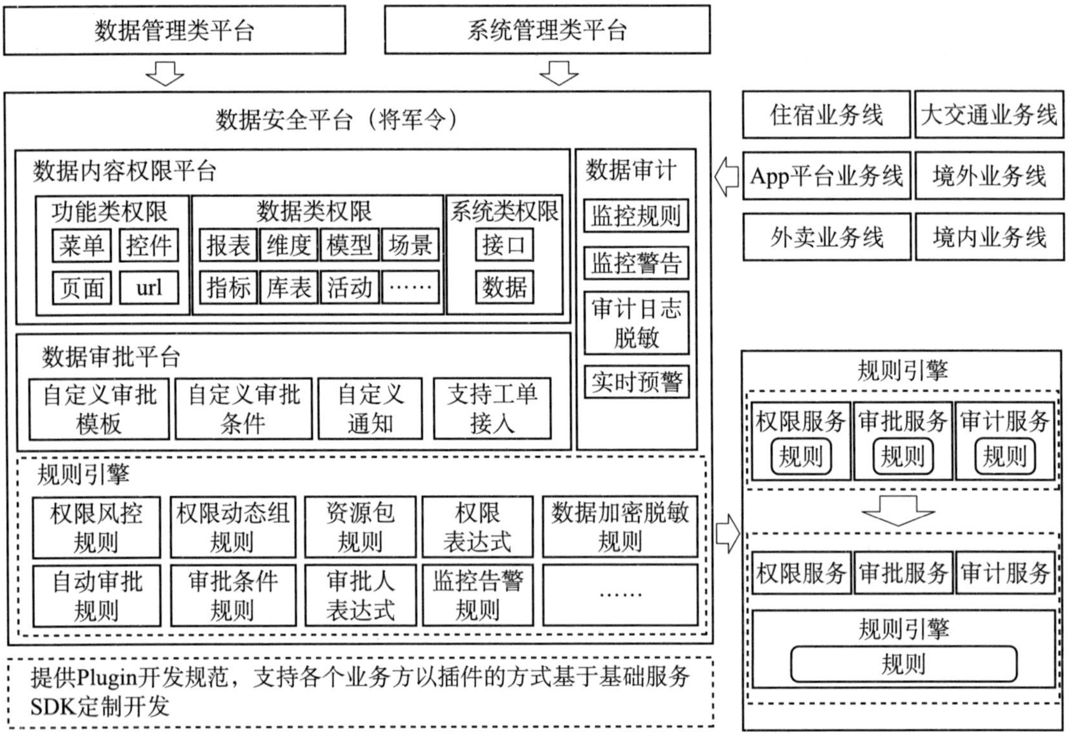

图 7－6　总体架构与展望

项目总结

大数据时代，充满着机遇，但也带来了挑战，数据安全问题是无法回避的，大数据安全与传统数据安全之间存在着一定的区别，尤其对于财经大数据信息，在实际应用过程中更应该注意数据信息的安全问题。大数据安全的相关立法正在逐渐完善，我们要熟悉法律法规的相关要求，保护好大数据时代下的隐私。

素养课堂

数据安全案例

大数据安全是信息化时代国家安全的重要组成部分。我国目前已建立起大数据安全总体法律法规体系，包括《中华人民共和国国家安全法》《中华人民共和国保守国家秘密法》《中华人民共和国网络安全法》《中华人民共和国数据安全法》《中华人民共和国个人信息保护法》等，为维护国家安全提供了制度基础。

近年来，企业或个人未合规利用网络和未合规处理数据而致法律责任的案例频发。2023 年 2 月，厦门公安机关接到某科技公司报案称，其公司信息系统被攻击，导致大量用户信息泄露。经查，犯罪嫌疑人马某发现该科技公司信息系统中的交易记录等信息具有经济价值，遂指使杨某、陈某等人，通过黑客手段入侵该系统，非法获取大量公民个人信息，并转卖至李某涛、刘某海、黄某南等人。李某涛利用上述信息，通过拨打骚扰电话、邮寄产品等方式，向受害人进行精准营销。3 月，厦门公安机关组织集中收网抓捕行动，抓获犯罪嫌疑人 7 名，涉案金额 200 余万元。此外，厦门公安机关还依法对该科技公司未履行网络安全保护义务的行为给予行政处罚。

吕某某系北京某科技公司的 IT 高级工程师，负责该公司网络机房与服务器管理。2022 年 7 月，吕某某从公司离职。因离职前曾与公司负责人员发生矛盾，吕某某怀恨在心。2023 年 5 月 18 日晚，吕某某在家中使用其原有的管理员账号和密码，通过其本人手机登录该公司的共享服务器账户，修改管理员密码，并删除共享服务器磁盘中的数据和操作日志。2023 年 5 月 19 日，北京某科技公司发现大量工作数据丢失，影响正常工作开展，后为恢复数据共计花费 12 万余元。2023 年 9 月 27 日，北京市昌平区检察院对吕某某以非法控制计算机信息系统罪提起公诉。2023 年 11 月 8 日，北京市昌平区法院做出一审判决，以非法控制计算机信息系统罪判处吕某某有期徒刑三年，缓刑五年，罚金三万元。

随着信息网络技术的发展，储存在手机、电脑、服务器中的数据信息成为公司的重要财产。企业应当建立严密的网络数据安全保护体系、完善的网络数据安全合规制度，加强对数据信息的制度管理和技术防护。员工离职时若有不满或争议，可以通过与公司协商、投诉、申请劳动仲裁、诉讼等合法途径解决，千万不能一时冲动，为泄愤删除或修改原公司数据，影响原公司生产经营活动，否则可能面临刑事处罚。

课后自测

一、单项选择题

1. 下面关于大数据安全问题，描述错误的是（　　）。

A. 大数据的价值并不单纯地源于它的用途，而更多地源自其二次利用

B. 对大数据的收集、处理、保存不当，会加剧数据信息泄露的风险

C. 大数据成为国家之间博弈的新战场

D. 大数据对于国家安全没有产生影响

2. 下面关于手机软件采集个人信息的描述错误的是（　　）。

A. 在我们的日常生活中，部分手机 App 往往会“私自窃密”

B. 有的 App 在提供服务时，采取特殊方式来获得用户授权，这本质上仍属“未经同意”

C. 在微信朋友圈广泛传播的各种测试小程序是安全的，不会窃取用户个人信息

D. 手机 App 过度采集个人信息呈现普遍趋势，最突出的是在非必要的情况下获取位置信息和访问联系人权限

3. 关于大数据安全与国家安全的说法，错误的是（　　）。

A. 大数据信息意义重大，已然成为国家博弈的新战场

B. 保护大数据信息的安全，并不意味着不允许数据的流通

C. 自媒体平台是个人媒体，不会削弱国家主流意识形态传播

D. 数据跨国流通中，若失去数据主权势必影响国家主权

4. 关于大数据保护基本原则的说法，错误的是（　　）。

A. 数据主权原则是大数据保护的首要原则

B. 数据保护原则的主旨是确认数据为独立的法律关系主体

C. 数据自由流通原则，是指法律应该确保数据作为独立的客体能够在市场上自由流通，而不对数据流通给予一些不必要的限制

D. 数据安全原则是指通过法律机制来保障数据的安全，以免数据面临遗失毁坏、不法接触、篡改变更或者泄露滥用的风险

二、多项选择题

1. 传统的数据安全的威胁主要包括（　　）。

A. 计算机病毒　　B. 黑客攻击

C. 数据信息存储介质的损坏　　D. 数据复制

2. 大数据安全表现出与传统数据安全不同的特征，具体来说包括（　　）。

A. 大数据成为网络攻击的显著目标

B. 大数据加大隐私泄露风险

C. 大数据技术被应用到攻击手段中

D. 大数据成为高级可持续攻击（APT）的载体

3. 下面关于隐私泄露问题的描述，正确的是（　　）。

A. 大数据时代下的隐私与传统隐私的最大区别在于隐私的数据化，即隐私主要以“个人数据”的形式出现

B. 用户在使用搜索引擎时，搜索引擎可以精确地刻画出该用户的“数字肖像”

C. 通过数据预测，可以预测个体“未来的隐私”

D. “数据痕迹”往往永远无法彻底消除，会被永久保留记录

4. 常见的用户隐私保护策略有（　　）。

A. 数据加密　　B. 个人信息权限控制

C. 匿名化处理　　D. 数据保险和信用保障

三、判断题

1. 网络浏览记录、发表言论、点赞等行为并不构成隐私。（　　）

2. 身份认证是判断被认证对象是否属实或是否有效的一个过程，主要通过知识类认证方式、资产类认证方式以及本征类认证方式三种方式来判别。（　　）

3. 应用在线购物数据时，剥离出与用户身份有关的信息后再进行数据处理，属于隐私保护策略中个人信息权限控制策略。（　　）

4. 数据自由流通原则，是指法律应该确保数据作为独立客体能够在市场上自由流通，而不对数据流通给予任何限制。（　　）

参考文献

[1] 刘化君，吴海涛，毛其林，等．大数据技术［M］．北京：电子工业出版社，2019.

[2] 黄源，董明，刘江苏．大数据技术与应用［M］．北京：机械工业出版社，2020.

[3] 林子雨．大数据技术原理与应用：概念、存储、处理、分析与应用［M］．3版．北京：人民邮电出版社，2021.

[4] 张雪萍．大数据采集与处理［M］．北京：电子工业出版社，2021.

[5] 陈康，武永卫，余宏亮，等．大数据存储技术［M］．北京：人民邮电出版社，2021.

[6] 林子雨．数据采集与预处理［M］．北京：人民邮电出版社，2022.

[7] 杨尊琦．大数据导论［M］．2版．北京：机械工业出版社，2022.

[8] 王伟．基于计算机大数据的信息安全处理技术分析［J］．网络安全和信息化，2022（8）：138-140.

[9] 徐梦瑶．大数据中的隐私流动与个人信息保护研究［J］．东南大学学报：哲学社会科学版，2022（s1）：46-49.

[10] 汪迎春．大数据时代个人信息安全的风险分析与防范研究［J］．信息系统工程，2022（7）：16-19.

[11] 工业和信息化部．《“十四五”大数据产业发展规划》（工信部规〔2021〕179号）［EB/OL］．［2021-11-30］．https://www.miit.gov.cn/jgsj/xxjsfzs/wjfb/art/2021/art_a7a3ea67af254d13a6a07d5a098e727f.html.